纺织服装高等教育"十三五"部委级规划教材

浙江省示范性高等职业院校建设教材

服装职业教育项目课程系列教材　系列教材主编：张福良

品牌女装设计与技术

Brand Women's Clothing Design and Technology

主　编◎卓开霞　　副主编◎侯凤仙　　马艳英

U0377547

东华大学出版社

·上海·

图书在版编目(CIP)数据

品牌女装设计与技术/卓开霞主编. —上海:东华大学出版社,2015.7
ISBN 978-7-5669-0808-7

Ⅰ.品… Ⅱ.卓… Ⅲ.女服—服装设计—高等职业教育—教材
Ⅳ.TS914.717

中国版本图书馆 CIP 数据核字(2015)第 140970 号

责任编辑 马文娟
封面设计 戚亮轩

品牌女装设计与技术

PINPAI NVZHUANG SHEJI YU JISHU

主 编 卓开霞
副主编 侯凤仙 马艳英

出版:东华大学出版社(上海市延安西路 1882 号,200051)
本社网址:http://www.dhupress.net
天猫旗舰店:http://dhdx.tmall.com
营销中心:021-62193056 62373056 62379558
印刷:上海锦良印刷厂
开本:787mm×1092mm 1/16 印张:19.75 字数:632 千字
2015 年 8 月第 1 版 2020 年 8 月第 2 次印刷
ISBN 978-7-5669-0808-7
定价:68.00 元

目录

项目简介

过程一:女时装设计与技术项目课程介绍 1
过程二:品牌女装产品开发项目任务书与实施计划书 2

项目实施
第一阶段 产品设计 8

知识点一:品牌服装的概念 8
知识点二:品牌服装设计理念与运作 8
过程一:市场调研及流行信息收集 41
过程二:产品设计企划 48
过程三:产品款式设计 54
过程四:样衣生产通知单制作 68

第二阶段 产品制板 70

知识点一:服装样板 70
知识点二:国家服装号型标准及应用 72
知识点三:面料缩率测试与计算 82
知识点四:女装结构设计原理与方法 83
知识点五:样衣试样与评审 136
过程一:分析样衣生产通知单 138
过程二:样衣制板 140
过程三:试样评价及样板修正 180

第三阶段 样衣缝制 184

知识点一:缝针、缝线和线迹密度的选配 184
知识点二:排料的相关知识 185
知识点三:常用零部件缝制工艺 188
知识点四:成衣洗水工艺 202
知识点五:服装质量检验 204
过程一:样衣裁剪 207
过程二:样衣缝制 208

过程三:样衣检验   212

第四阶段　产品的组合搭配与筛选   247

知识点一:服装款式搭配技巧   247

知识点二:服装色彩搭配技巧   248

知识点三:样衣的评审与筛选   254

过程一:样衣的系列组合与搭配   254

过程二:样衣的评审与筛选   258

第五阶段　产品投产准备   261

知识点一:产品订货会及促销相关知识   261

知识点二:推板相关知识   263

知识点三:工艺单制作及生产流程的相关知识   267

过程一:产品订货会与促销方案   268

过程二:投产产品的系列样板制作   272

过程三:投产产品大货工艺单制作   302

附表   307

参考文献   310

前　言

十多年来,在高等职业技术教育的改革与发展过程中,无数位教育工作者不断探索适合于中国职业教育的教学模式和教学方法。本教材编者致力于项目化教学数载,在结合同行建议和实践经验的同时,以构建"以能力为本位"教学理念为指引,在《女时装设计与技术》的基础上编写了本书,其中不仅根据企业产品开发过程重新梳理了教材内容,而且还补充了必要的基础知识点,重点强调专业知识和职业技能的结合,培养学生实践动手能力。

项目化课程教学是探索工学交替、项目引领、任务导向等方面结合的一种教学模式。以工作任务为中心,让学生在完成工作任务的过程中学习理论知识,发展综合职业能力。品牌引领,团队协作是该课程教学实践的特点,这是针对市场对人才需求的变化及高职人才培养目标提出的。本课程在教学过程中经过多次与品牌企业的合作,把品牌产品开发任务分解成教学任务,学生直接接受企业的任务和设计、技术主管指导,教学中完成整个产品开发的环节,使学生全面了解未来产品开发工作的程序,从中积累一定的工作经验,也锻炼了设计能力。当项目完成设计与制作后,模拟品牌订货会,组织学生进行小型作品秀和品牌促销活动,也让学生了解到企业产品促销推广的手段。

高等职业技术教育目前是发展的最好时机,项目课程教学也已有相当成熟的经验可借鉴。该教材是项目化教学的配套教材,其中先前的《女时装设计与技术》一书是 2008 年出版使用的,书稿问世以来受到很多同类院校的好评,为同专业的教学改革提供了参考资料。现在通过编者和他的团队多年的实践又出版了本教材,该书在产品设计阶段,根据企业的产品开发过程,对品牌调研和品牌案例部分加入了很多新的内容;在技术部分添加必要的基础知识,便于学生查阅必要的数据和资料。书籍的编写中,卓开霞、侯凤仙老师共同执笔编写了项目简介部分,完成了教学任务和企业真实项目转化对接的过程,这一部分是决定项目实施的关键,如果不能结合实际,反复多次推敲,会影响项目实施进程。侯凤仙执笔编写了项目实施中的第一阶段:产品设计;第四阶段:产品的组合搭配和筛选;第五阶段:产品投产准备中的过程一。卓开霞老师执笔编写了项目实施中的第二阶段:产品制板;第五阶段:产品投产准备中的过程二。马艳英老师执笔编写了项目实施中的第三阶段:样衣缝制;第五阶段:产品投产准备中的过程三。

在教材编写的过程中,不仅得到了很多同事的帮助和建议,同时,也得到了很多企业设计师和学生的大力支持。在此要特别感谢陈尚斌老师为我们提供了结构上关于长度和围度设计极限的相关内容；吴利波设计师在企业设计理念和原创设计资料方面给予了帮助；李信波和顾旭芬同学帮助对学生习作的图片进行描绘，使手稿的图片清晰度提高，对此我们都深表谢意；最后，还要感谢学院领导的大力支持，使我们顺利完成了教材的编写工作。

教学改革是永恒的课题，我们只能尽心尽力去做。在教材的使用过程中，肯定还会有各种问题，在此祈请各位同仁能提出宝贵意见，我们将感激不尽。相信在大家的帮助下，通过实践，反复修改，本书会更加完善。

编者

项目简介

过程一：女时装设计与技术项目课程介绍

一、女时装设计与技术项目课程的性质

女时装设计与技术项目课程是服装设计与工艺技术专业的专业核心课程,课程通过女装产品开发项目的开展,集设计、结构、工艺、电脑绘图等多方面的知识于一体,将授课内容与企业实际产品开发项目联系在一起,通过模拟仿真的工作环境,给学生创造参与企业实践工作的机会,在一定时间范围内学生可以根据项目开展的需要自行组织、安排自己的学习行为,以训练学生的专业技能。

二、女时装设计与技术项目课程的特点

品牌引领,任务导向,团队协作是该课程教学实践的特点,课程通过将教学内容任务化,把专业知识和企业产品开发任务相结合,有效地解决了传统教学中理论与实践相脱离的弊端。在教学过程中,通过典型的职业工作任务,以工作任务为中心,让学生在完成工作任务的过程中学习理论知识,发展综合职业能力。同时,学生还可以概括性地了解他所学的职业的主要工作内容是什么,了解到自己所从事的工作在整个工作过程中所起的作用,并能够在一个整体性的工作情景中认识到他们自己能够胜任的有价值的工作。

三、女时装设计与技术项目课程的教学目标

女装产品的开发需要经过产品的设计、产品制板和样衣制作及展示订货的过程,这个过程涵盖了女装产品的设计和技术的相关知识。学生通过对品牌女装的设计、结构、工艺一整套模拟企业产品开发的项目的课程内容的学习,了解了女装成衣化生产的内在规律,具备独立完成女装的款式设计、打样、制作"三位一体"的综合能力,对服装企业的产品开发、生产有一个全面

的认识和实践。同时,通过项目的开发,要求培养学生的创造能力、交流沟通能力、团结协作能力和良好的职业道德,提高学生的综合素质。

过程二:品牌女装产品开发任务书与实施计划书

一、品牌产品开发任务传达

品牌女装产品开发前设计总监要将开发任务非常明确地传达给设计团队,传达内容包括品牌文化、任务分工、时间控制表、订货展示形式等。

(一)品牌文化

品牌文化的传达主要是让新老设计师明确所开发产品的品牌定位、品牌故事、品牌风格等。

1. 品牌定位

品牌定位是品牌相对竞争品牌而言在消费者头脑中所占据的位置,也是品牌的一个自画像,品牌定位过程就是通过市场调研尤其是对竞争品牌的市场调研,分析大众消费心理和特征,认识品牌自身的优缺点,制定相对应的营销措施,确定下一季节产品的构成方案。

2. 品牌故事

品牌故事是品牌发展的历史及其传递的精神,以特定的故事形式或其它具有一定显示度的方法的展现,是品牌文化的一部分,品牌故事往往以故事特有的方式感染人,形成联想和暗示。品牌故事也有许多形式,如真实故事、虚拟故事、名人效应等。

3. 品牌风格

品牌风格是一个品牌区别于其他名牌的根本所在。是品牌产品所要表现出来的艺术趣味、生活方式等等。品牌的风格决定了一个品牌的内涵和本质,品牌风格的确定离不开品牌的定位、消费群体等各种因素。

(二)任务分工(图1)

让每个组员明确自己的任务,将设计任务分解量化、找出开发难点、相互协助、落实协作部门和人员、利用各种资源等。

(三)时间控制表

是保证产品开发顺利进行的有效措施,每项工作都要有序进行,即市场调研时间表、资料信息收集表、设计画稿时间表、画稿审核时间表、样板制作时间表、样衣制作时间表、样衣审核时间表、面辅料到位时间表、订货展示时间表。

(四)订货展示形式

是如何把产品向代理商和商场主管们很好的展示,传达品牌的最佳形象。订货展示形式主要有静态展示、动态展示等形式,不同形式各有优点,静态展示能很好地展示服装的细节和工艺,以及服装色彩和组合搭配,设计师、营销人员和代理商能直接交流,使代理商和销售人员掌握设计点;动态展示通过模特的表演能更好地展示服装的着装效果,以达到视觉记忆深刻的

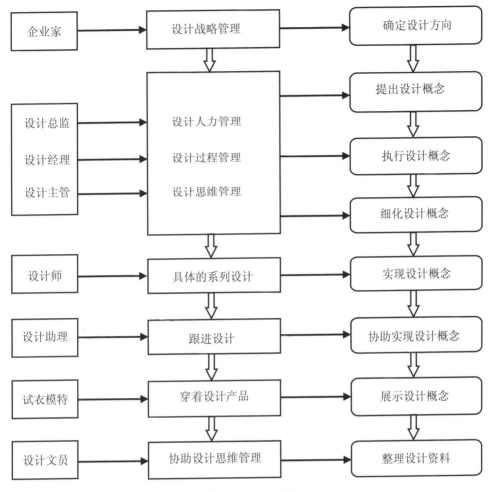

图1 任务分工图

目的。往往这两种形式结合运用效果最佳。

二、项目实施计划

项目实施计划书就是把教学和企业的产品开发任务有机结合起来,在考虑项目要求、教学课时、学生特点、学生人数等多种因素的前提下,将企业的产品开发项目转化成合理的教学项目,让学生在完成项目任务中学习知识、训练技能。

■ 案例:

ZJ·FASHION 产品开发任务和实施计划

一、ZJ·FASHION 品牌简介

ZJ·FASHION 是宁波某纺织品有限公司旗下的自主品牌,该公司是宁波首批从事纺织品、服装的贸易公司。主要经营梭织、针织服装、家纺、布料、纱线的进出口和自主品牌的经营。

(一)公司优势

商业思维、注重成效、去繁就简、追求卓越(Business minded，to see results，simple solutions，to be the best)，是公司的性格。

品牌依靠集团公司的强大资金和网络支持，雄厚的资金和人力资源是品牌的一大优势。

公司通过精细的成本控制，大规模的生产、销售，以价格适中品质精良给消费者提供时尚优质的产品，是品牌的又一优势。

（二）品牌诠释

ZJ·FASHION追求个性、独立、休闲、时尚的生活方式，她把国际时尚融入到东方文化中，柔美的线条，随意的情调，自由的组合，体现出浪漫、个性和创意的风格。

品牌为充满自信且有着良好个人修养的时尚女性服务，追求人本理念和优雅时尚的生活方式是品牌价值的体现。通过对现代天然面辅料的挖掘使用以及对国际流行趋势敏锐的捕捉定位，不盲从流行但恰入时尚，随意的可搭配性为个性独特的女性开拓了个人服饰形象的再造空间。

（三）产品定位

核心年龄层：25～45岁的时尚女性，其中30～40岁为主要目标群，占货品总量的70%（案例图1）。

目标消费群：有中等以上收入的白领阶层和具有时装鉴赏力的时尚女性。

消费追求：高雅的品味，休闲的穿着理念，随心所欲的搭配风格，节奏明快的时尚风格。

（四）销售方式

ZJ·FASHION立足中等以上收入消费群体，以宁波市区为中心，辐射周边地区，以专柜、专卖、加盟为主要销售渠道，脚踏实地，步步为营，为品牌的发展赢得美誉。

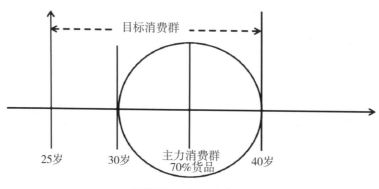

案例图1 产品消费群

（五）参考品牌

ISSEY MIYAKE（三宅一生）、OTT、Vol3、例外（结构）、JNBY、La pargay（工艺）、Giorgio Armani。

（六）款式设计原则

强调丰富、随意的可搭配性，强调服饰搭配的再造空间，借鉴解构主义风格，让每一款具有张力和个性。

二、ZJ·FASHION项目（2014秋季产品开发）实施计划

（一）产品开发主题

品牌继续延续固有的风格，突出自然的、创意的、解构主义的和现代工艺的特点。在2015秋季主要推出了三个主题：

主题一：永恒岁月。

抹除记忆中的历史，让时间和时空凝聚，直到黑与白的极端。

设计者能够以独具匠心的手法，对办公室的空间设计与活动在此空间的女人们浑然一起，黑白灰搭配、笔挺有型、建筑风格是阐述这一主题的主要元素。

主题二：数字时代。

我们生活在一个图像和数字当道的世界，我们对图像的加工，比如分解、解构、扭曲、拆分和叠加等手法，使我们对真实的自然和数字世界难以区分，工程蓝图变形处理、网络线条、方格面料和手工细节装饰是阐述这一主题的主要元素。

主题三：现代假日。

快节奏的现代生活，让假期变成了一种奢侈，人们在适应瞬息万变的世界的同时，从来没有忘记忙里偷闲，放慢脚步，思考过去，用极简表达休闲的元素，强调简洁的线条和外衣廓形，数码印花的女人味实足的衬衣来与简洁风格搭配，配中性裤装，形成了刚中带柔，柔中带刚的都市女性知性独特的美。

（二）具体安排

参与人数：13级一个班，共36名学生；3名教师任课

课程要求：根据品牌的主题分6组，最后要求完成以下五条。

1. 每组一份市场调研报告（各人有自己的调研内容）；

2. 每人至少5款设计定稿；

3. 每人完成4款样衣生产通知单和样板制作；

4. 每人完成4款样衣和生产工艺单；

5. 每组完成文本1册。

计划任务：最后完成成品样衣144件，要求打样180件（案例表1）。

案例表1 计划任务表

开发品类	要求打样数量	最终确定样衣
上衣（外套、背心类）	打样42款	36～42款
衬衫类	打样24款	22～25款
连衣裙（背心裙）	打样18款	10～14款
裤子（长、短裤）	打样36款	28～32款
短裙	打样24款	18～21款
针织（针织衫、毛衫）	打样36款	27～30款
合计	180款	140～164款

每组外套6～7件、衬衫类3～4件、连衣裙1～2件、裤子5～6条、半身裙3～4条、针织衫5～6件

具体操作：学生设计稿由教师确定后再进行制板、样衣制作。最后每组将所制作

服装相关的资料整理成册(文本)。

对企业的要求：

(1)能提供部分样衣供学生参考；

(2)能提供一些资料和空白表单，以便学生能根据企业的要求工作；

(3)适当提供学生参观、学习的机会；

(4)能安排公司设计总监解读品牌设计计划书，相关设计师能给学生作指导；

(5)能提供给学生样衣缝制的面料。

(三)产品开发进度(案例表2)

案例表2　产品开发进度表

月份	日期	任务
9月	9月4日	分组，成衣设计原理，产品设计原理，产品组合方法
	9月8日—9月9日	企业调研，了解产品风格；相关品牌调研 确定主色彩风格，确定推出的主要产品系列
	9月9日—9月22日	确定设计方案，设计基本款
9月—10月	9月23日—10月25日	采购样衣材料，首批样衣制板，坯样试制
10月—11月	10月26日—11月3日	首批样衣试穿，改进款式和工艺，第一次评选样衣
11月—12月	11月3日—11月18日	采购样衣材料，继续样衣制板，坯样试制，完善款式设计方案
	11月18日—12月15日	加工成系列样衣
	12月15日—12月17日	学生作业评价，企业选款、评价，准备动态表演，模拟订货会

(四)设计任务和课时分配对照表(案例表3)

案例表3　设计任务和课时分配对照表

阶段任务		项目教学内容						课时分配		备注
								理论	实践	
女时装设计与技术项目	一、准备阶段	项目任务分析、分组，下达小组任务(6学时)						6		各组同时进行
	二、实施阶段	组别/工作任务	上衣组(外套、背心类)	裤子组(长、短裤)	衬衫类组	连衣裙组(背心裙)	短裙组	针织(针织衫、毛衫)	/	/	
		项目调研分析	16	16	16	16	16	16	6	10	
		产品款式设计	28	28	28	28	28	28	14	20	
		制版技术，产品制板	56	56	56	56	56	56(做其他组服装)	20	36	
		工艺分析，样衣制作	48	48	48	48	48	48(做其他组服装)	10	26	
	三、评价与样衣筛选	各小组成果评价，撰写总结报告(6学时)						2	4	
	四、展示与评价	成衣订货会，文本展示；项目教学成果总结(6学时)						/	6	
	合计学时	160学时，其中理论58学时，实践102学时						58	102	

思考与练习：

1. 女时装设计与技术项目概念是什么？

2. 产品开发时主要有哪些时间控制表？

3. 写一篇自己对品牌服装的认知日记，文体不限（约 1000 字）。

4. 作为设计师应该具备哪些品质？

项目实施

第一阶段 产品设计

知识点一:品牌服装的概念

一、品牌的涵义

品牌就是一种符号,是识别不同产品属性的标志。品牌具有一定的形象和知名度,是有一定的商业信誉和产品系统或服务系统。品牌不同于商标,商标通常用来区别同类产品,为了是产品能成为现在销售体系中流通的商品而使用的,商标仅仅用来表示商品,不能用来表示服务。品牌则不仅可以代表商品,也可以表示不同的服务体系。商标是品牌的符号,品牌是商标的外延。

二、品牌服装

品牌服装就是以品牌理念来经营的服装产品。即具有一定的市场认识度、形象较为完整的并具有一定商业信誉的服装产品系统。

服装品牌代表着服装产品的某种属性和风格。品牌的核心价值根植于企业文化,表现于外部界面的可以是有型的产品,也可以是无形的创新机制,不仅是卓越的产品质量,也是完美的营销服务,甚至是企业一种先进的经营理念,它包含了服装企业的宗旨,经营理念、价值观、管理制度、工作环境和精神面貌;它是一种价值,一种资产,是地位的象征和质量的保证,是企业形象管理的法规,也是保证服装品牌统一性、审美性和实用性的规范保障。

知识点二:品牌服装设计理念与运作

一、产品的设计理念和风格定位

(一)设计理念的涵义

理念一词源于哲学范畴,意即看法、思想,是思维活动的结果。设计理念是指设计的主导思想和着眼点,是设计的价值主张和设计思维的根本所在。设计理念是时代的产物,每个时代都有与之相适应的设计理念。设计理念又是设计师个人思考的结果,与设计师个人的价值取向、设计经历和艺术涵养有很大关系。设计理念借助于现代科学技术的发展成果,出现了更加技术化和技术复制化的倾向。品牌服装设计理念只是艺术设计理念的一个分支,其形成和变化必然受到后者的影响和制约,了解设计理念的概念,对于品牌服装设计理念确立具有指导意义。《品牌服装设计》(刘晓刚,2007.6 东华大学出版社,p171)中把典型的设计理念总结为以下几种:

极端主义

极端主义是指在设计理念上延续以前一些设计理念的基本概念,在表现方法或技术手段上走极端路线,求得近乎极致的完美,其更多的成分是技术至上主义。

中庸主义

中庸主义是指安于现状的,拒绝激进色彩的设计主张,中庸主义有较好的市场性,社会基础颇为扎实。中庸主义的变体为保守主义。

唯美主义

唯美主义是指忽略实用功能的、强调形式美感的设计理念。虽然它考虑各个方面的平衡关系,但它更强调艺术设计的规律,宁可舍弃功能也要服从美的原则。唯美主义的变体为新古典主义。

现实主义

也称实用主义,是指根据主流社会的品位,重视设计产品固有价值的设计理念,强调功能性和艺术性结合、尊重价值与价值规律。现实主义的变体为后现实主义。

科技主义

也称技术主义,是指注重技术美感的设计理念。在设计中,常常过分依赖新技术新材料的应用,是"科技至上主义"的拥护者,有本末倒置之虞。

功能主义

是指将设计产品的功能性视为唯一的设计理念。忽略形式美感、材料美感和技术美感的作用,认为只有最合适的功能才是设计的真谛。

先锋主义

是指激进的、致力于探求前所未有的形式的设计理念,先锋主义将凡是出现过的、似曾相识的设计作品一概视为糟粕,标榜自己藐视一切传统的保守的理念,孜孜不倦地寻找新的表现方式,认为"最新奇的才是最好的"。

人本主义

人本主义是指以人的需要为出发点,以人体工学为设计依据的设计理念。人的生理需要、心理需要、生活需要、认同需要等都是其设计的准绳。

(二)设计定位

设计定位是服装设计的第一步,一个企业的产品设计定位,应该包含以下几方面的内容:

1. 产品的档次、定价:服装产品的档次、定价决定了服装面辅料的选购。

2. 消费群体:包括消费对象的年龄层次、性格特征等因素。

3. 穿着场合:如职业装、休闲装、居家服等。

4. 销售地点:不同的销售地点的市场特征是不同的,因此在确定产品定位时必须考虑销售的地点。

5. 产品的种类：针对不同的消费群体和着装场合，产品种类的划分和数量的分配是不同的。

(三)设计风格

设计风格是指在设计理念的驱使下，设计作品所表现出来的艺术趣味。影响设计风格的因素有主观和客观两个方面的内容。主观方面是指创作者的创作追求；客观方面是指时代、民族、阶级乃至载体对创作的规定性。由于生活经历、立场观点、艺术素养和个性气质的不同，创作者在处理题材、熔铸主题、驾驭风格载体、描绘形象、运用表现手法和语言等手段方面都各有特色，从而形成作品的个体风格。个体风格是在经过了大量艺术实践，在时代、民族、阶级的风格的前提下形成的。

(四)品牌设计理念与其他诸元素

1. 设计理念与工业时代

设计理念有很多设计师个人的东西，但又有深深的时代烙印。个人设计理念的形成来自于两个部分，一是设计师本身的艺术观和设计经验。从设计的先期表现来看，设计是一种集多种知识于一身的思维活动，其后期表现才是借助于表现技能的物化过程，设计经验在其中起着举足轻重的作用。二是工业时代的社会生产力水平和技术进步。由于设计是不同于纯艺术的生产活动的一部分，设计的表现离不开生产技术的支持。一个再好的设计想法，没有合适的技术表现手段也会前功尽弃，同样，如果没有先进的生产技术为背景，也很难产生基于这一生产技术的设计。因此，不现实地超越现今生产技术水平的设计只能被看作是"科学幻想"。

在工业化时代，具有革命性设计理念突破的标志是包豪斯(Bauhaus)设计运动，这个设计运动是当时在第二次工业革命背景下，人们的思维对传统设计理念冲击后留下的产物，因此，它提出的"实用至上"的功能主义设计概念一直影响至今，特别强调设计与工艺的结合，认为"艺术家和工艺技师之间在根本上没有任何区别，工艺技术的熟练对于每一个艺术家来说都是不可缺少的"。

如今，我们的社会进入了被称为"后工业时代"的时期，生产技术更趋完美，为设计思维的扩展提供了更为广阔的表现舞台，迸发出令人炫目的技术美感。反对传统设计理念的思潮更加突出，强调技术与生活的关系密不可分，因此，在人们感叹技术为生活带来极大便利的同时，今后的人们将更多地成为技术的奴隶，设计师在这一时代的创新又成了新追求。

2. 设计理念与企业文化

企业文化是指运用文化的特点和规律，以提高人的素质为基本途径，以尊重人的主体地位为原则，以培养企业经营哲学、企业价值观和企业精神等为核心内容，以争取企业最佳社会效益和经济效益为目的的企业精神、发展战略、经营思想和管理理念，是企业员工普遍认同的价值观、企业道德观及其行为规范。企业文化在企业发展过程中逐步形成和培育起来，具有本企业特色。可以说，有企业就有企业文化。

在品牌这个社会化和商业化事物中，设计理念应该服从企业文化的需要。虽然设计理念更多地属于设计师个人的思维结果，但是，既然企业文化得到企业员工普遍认同，那么，作为企业成员之一的设计师的职业行为也必须符合企业文化的总体需要。因此，企业文化指导设计理念。

3. 设计理念与流行文化

流行文化来源于波普文化，是指按照一定节奏和周期，在一定地区甚至全球范围内的不同社会阶层中广泛传播起来的文化，其载体包括时装文化、消费文化、休闲文化、奢侈文化、物质文化、生活方式、都市文化、亚文化、大众文化以及群众文化等,是一个内容丰富、成分复杂的总概念。流行文化借助于数字化和网络化的途径,越来越表现出符号化和虚拟化的特征。

当代流行文化的形式和内容的相互关系发生了颠倒现象,将其对形式的追求列于比内容更加优先的地位,出现了不断翻拍同一部老电影之类现象,对于服装中的离奇变化也就不难理解了。

流行文化对设计理念的影响很大,其更加商业化的特征与服装商品的特征不谋而合,虽然设计理念介入了设计师个人特质而可能高于带有大众色彩的流行文化,但是,设计理念始终不能离开流行文化的摆布,甚至完全俯首于流行文化。这个不争的事实也正好提醒设计理念的倡导者,即使其设计理念极端的新颖前卫,也必须拥有一定的民众传播基础,不然,只能成为孤掌难鸣的高调。另外,两者之间的关系也说明了流行文化是设计的重要灵感源。

二、市场调研与信息收集

(一)市场调研

市场调研是指为了提高产品设计、生产和销售决策质量、解决存在于产品产销各环节中的问题或寻找机会等而系统地、客观地识别、收集、分析和传播信息的工作。为企业提高决策质量、发现和解决各环节中的机遇和问题提供信息依据。通常我们可以将市场调研工作分为以下七个步骤:

1. 明确市场调研的目的

我们调研的目的是什么? 是新产品开发,还是为企业下一步营销推广决策提供依据等等,这些都是必须明确的,只有目标明确的市场调研才能得到有价值的决策信息,做到有的放矢,才能减少企业决策的偏差。

2. 调研计划(方案)

确定调研目的之后,就要制定详细的调研计划或者是调研方案,调研计划的目的是为了在调研执行过程中工作有条不紊,尽量减少一些不必要的偏差,在调研计划中我们要确定调研方法,调研对象,以及需要准备的工作和达成共识的内容。

3. 调研实施计划

(1)调研所需物品、人员分工及费用等

(2)时间

×月×日:与公司高层会议沟通,明确当次调研目的

×月×日—×月×日:调研方案、调研计划及调查问卷的制定

×月×日—×月×日:获取调研对象及公司内部员工工作支持名单,各部门支持(如:培训部、市场部、客服部等);

×月×日—×月×日:试调研;

×月×日—×月×日:正式实施调研;

×月×日—×月×日:数据收集、汇总整理;

×月×日—×月×日:汇总调研结果,写调研报告;

×月×日—×月×日:总结反馈。

(3)组织单位名称

4. 调查问卷

问卷几乎是所有调研过程中主要收集信息的方法,问卷提供了标准化和统一化的信息收

集程序。问卷可以让我们更加快捷地达到调研目的。所以说问卷的设计是市场调研的重要一环。要得到你想要的信息,就要提出确切的问题,通过提问来确定一个问题的价值。问卷的提问方式有封闭式和开放式两种,我们可以先设计问卷初稿,通过事前实验调查,再修改正式的问卷调查表。

网络问卷时目前较为流行的一种调查问卷形式,借助互联网平台,问卷覆盖面会是传统调查问卷的很多倍,能得到更多的反馈信息。但需要提及的是网络问卷中回答问题的对象不一定是业内人士,所以得到的信息需要去分析均衡。

5. 调研管理

能够管理好一个调研是调研执行准确的保障,为了最后得到的信息的准确性,首先要对调研人员进行培训和沟通,使之能够准确地掌握调研方法和信息的运用。主要包含以下几个方面:

每场调研活动都要有一个总的协调负责人,负责整个调研方案的策划、实施,使整个调研活动顺利开展。

(1)网络问卷需要专门的客服人员来回答感兴趣顾客的提问;

(2)方案制定、问卷设计,实施计划等;

(3)参与人员的培训沟通;

(4)调研过程中运用的方法;

(5)费用及礼品的落实;

(6)整个调研的费用预算;

(7)调研信息的汇总、分析及调研报告等;

(8)其他事项。

综合来说,调研管理就是对整个参与到调研中来的调研人员的管理,使其能够精准地执行整个调研计划,保证我们调研数据的准确性和完整性,同时还可以控制成本并严格按照时间计划开展调研。为了我们整个的调研结果,必须严格管理,明确分工,按流程进行工作。

6. 撰写调研报告

调研报告主要包括调研背景、企业介绍、调研目的,调研方法、地点及调研结果等部分。

7. 总结反馈

并不是说一个调研活动结束了,调研报告出来了,这个项目整体就结束了,我们还必须对这个调研活动进行一个整体的总结和反馈。总结我们在整个调研活动过程中有什么优点? 缺点又在哪里? 有什么优势? 有什么劣势? 我们成功了,我们成功的因素在哪里? 如果不是很成功,哪导致这些的主要因素又在哪里? 在以后的调研活动中,如果遇到类似的问题,要用什么方法去解决,或者说要如何去规避这些问题,才能做到更专业,得出更准确的调研结果。

(二)市场调研报告

1. 市场调研报告格式

市场调研报告由标题、目录、概述、正文、结论与建议、附件等几部分组成。

(1)标题

标题和报告日期、委托方、调查方,一般应打印在扉页上。

关于标题,一般要在与标题同一页上把被调查单位、调查内容明确而具体地表示出来,如《关于××品牌服装的市场调查报告》。有的调查报告还采用正、副标题形式,一般正标题表达调查的主题,副标题则具体表明调查的单位和问题。

（2）目录

如果调查报告的内容、页数较多,为了方便读者阅读,应当使用目录或索引形式列出报告所分的主要章节和附录,并注明标题、有关章节号码及页码,一般来说,目录的篇幅不宜超过一页。例如:

目录

- 调查设计与组织实施
- 调查对象构成情况简介
- 调查的主要统计结果简介
- 综合分析
- 数据资料汇总表
- 附录

（3）概述

概述主要阐述课题的基本情况,它是按照市场调查课题的顺序将问题展开,并阐述对调查的原始资料进行选择、评价、做出结论、提出建议的原则等。主要包括三方面内容:

第一,简要说明调查目的。即简要地说明调查的由来和委托调查的原因。

第二,简要介绍调查对象和调查内容,包括调查时间、地点、对象、范围、调查要点及所要解答的问题。

第三,简要介绍调查研究的方法。介绍调查研究的方法,有助于使人确信调查结果的可靠性,因此对所用方法要进行简短叙述,并说明选用方法的原因。

（4）正文

正文是市场调查分析报告的主体部分。

这部分必须准确阐明全部有关论据,包括问题的提出到引出的结论,论证的全部过程,分析研究问题的方法,还应当有可供市场活动的决策者进行独立思考的全部调查结果和必要的市场信息,以及对这些情况和内容的分析评论。

（5）结论与建议

结论与建议是撰写综合分析报告的主要目的。这部分包括对引言和正文部分所提出的主要内容的总结,提出如何利用已证明为有效的措施和解决某一具体问题可供选择的方案与建议。结论和建议与正文部分的论述要紧密对应,不可以提出无证据的结论,也不要没有结论性意见的论证。

（6）附件

附件是指调查报告正文包含不了或没有提及,但与正文有关必须附加说明的部分。它是对正文报告的补充或更详尽说明。包括数据汇总表及原始资料背景材料和必要的工作技术报告,例如为调查选定样本的有关细节资料及调查期间所使用的文件副本等。

2.市场调查报告的内容

市场调查报告的主要内容有:

第一,说明调查目的及所要解决的问题。

第二,介绍市场背景资料。

第三,分析的方法。如样本的抽取,资料的收集、整理、分析等。

第四,调研数据及其分析。

第五,提出论点。即摆出自己的观点和看法。

第六,论证所提观点的基本理由。

第七,提出解决问题可供选择的建议、方案和步骤。

第八,预测可能遇到的风险、对策。

(三)信息收集与趋势预测

流行信息是设计师把握市场命脉的重要资源。收集流行信息,把握市场的流行动向是品牌服装设计的重要一步。流行信息的收集渠道很多,我们可以从流行市场、媒体、杂志、网络等多方面获取。当然,除了收集流行信息之外,我们还要学会根据流行市场对下一阶段的流行趋势做出估计和判断,以主动适应市场。

三、产品设计

(一)产品设计企划

品牌服装的企划是一个大的、复杂的概念,所有尚未实施的想法、目标、措施、定位等都可以圈定在企划的范围内。企划大都以相关人员草拟方案并集合讨论的形式进行,企划的最终结果以企划方案的形式确定。

品牌服装设计企划不是简单地数据和格式的整理,而是意味着要承担下一季产品销售状况预测、指导设计团队工作、并且要详细规划设计师工作任务等。

企划包括目标企划、情报企划、形象企划、协调企划、项目企划、设计企划、销售企划等,不同的企划书所要陈述的问题是不同的。

目前品牌服装公司的企划案制定除了自己的专业团队共同参与以外,还聘请一些专业设计策划团队参与指导,如目前比较成熟的设计策划团队有法国的贝克莱尔(Peclers)时尚设计咨询公司、英国的 WGSN(Worth Global Style Network)等,这些专业咨询公司能提供海量时装流行趋势和信息,专门为时装及时尚产业提供网上资讯收集、趋势分析以及新闻服务,帮助企业追踪目标品牌,关注时装名店、设计师、时尚品牌、流行趋势及商业创新等动向。这些专业团队的加入,对品牌产品设计的企划案的预测准确度起决定性的作用,目前国内很多品牌企业都借助专业设计咨询团队来完成企划案的制定。

(二)基本廓型与款式内结构

1. 服装廓型发展概述

能留下深刻记忆的艺术作品都有值得记忆的廓型,无论建筑、雕塑、油画,还是涉及艺术和音乐,服装廓型也是如此。服装的廓型是指服装外部造型的剪影,廓型是服装造型的根本,廓型用来区别和描述服装的重要特征。服装造型的总体印象是由服装的外轮廓决定的,它进入视觉的速度和强度高于服装的局部细节,不仅表现了服装造型风格,也表达了人体美;不仅是单纯的造型手段,而且也是时代风貌的一种体现,它作为一种单纯而又理性的轨迹,是人类创造性思维的结果。

服装的廓型能给人以深刻的视觉印象。美国美学理论家鲁道夫·阿恩海姆(Rudolf Arnheim)在其著名的《艺术与视知觉》一书中阐释:"三维的物体边界是由二维的面围绕而成的,而二维的面又是由一维的线围绕而成的。对于物体的这些外部边界,感官能够毫不费力地把握到。"服装作为视觉艺术，首先呈现在人们视野中的是剪影般的轮廓特征。

服装廓型在不同的时代发生着不同的变化，廓型往往在一段时间内保持不变或渐渐演变，然后是突然间剧变。它的变化常常与当时社会、政治和经济的影响有密切联系，这种联系在某一特定时期占主导地位的服装形状上能清楚地看到。比如，哥德式建筑的顶尖风格就在当时的高顶帽和尖跟鞋上反映出来。

文艺复兴时期女装以明显的 X 型廓型流行，有裙撑让廓型定型，配有羊腿袖、糖葫芦袖、切口式袖和轮状领（图 1-1）。

巴洛克时期和洛可可时期，女装的廓型以钟型、巴斯尔型和大 A 型廓型为突出特点，配高跟鞋、蕾丝花边、拖裙等装饰（图 1-2）。

图 1-1　X 型廓型　　　　图 1-2　A 型廓型　　　　图 1-3　S 型廓型

19 世纪和 20 世纪的著名服装设计师对廓型的创造性改变产生了很大的影响，形成了时装设计的新潮流。查理·弗莱德瑞克·沃斯（Charles Frederick Worth）于 1860 年设计出了束腰裙装，1870 年设计出臀垫，取代了克里诺林裙撑，创造出比以前更舒适的 S 型廓型（图 1-3）。

可可·夏奈尔（Coco Chanel）从 1912 年开始创造了一种时髦的运动型服装。他使宽松筒式女礼服（宽松直筒连衣裙）、套装、男式快艇长裤、运动上衣和针织服装流行起来。

玛德琳·维奥内（Madeleine Vionnet）从 20 世纪 30 年代开始在服装界产生影响，她用史无前例的"斜裁"技术，设计出了紧贴人体曲线的、简洁、流畅外形的服装，她还以设计考尔领口和吊带领口而闻名（图 1-4）。

克里斯特巴尔·巴伦夏加（CristobaI Balenciaga）创作的优雅而又戏剧性的廓型，重视整体造型。1939 年他开发出垂肩线、紧箍腰线和圆臀线条。1956 年他又通过提高前片下摆线、降低后片下摆线的方法创作出新的形象（图 1-5）。

1945 年，皮尔·巴尔曼（Pierre Balmain）使喇叭裙风靡一时。他创造出苗条优雅的线条，并为美国市场设计出更加轻便的线条。他以连衣裙和披肩而扬名。

1947 年，克里斯汀·迪奥的"新外观"以细腰和金属衬紧身衣为突出特点，裙片较大，这种突显女性特征的服装同实用主义的战争年代的服装形成强烈反差。由于外形酷似 8 字，所以称之为"8"字廓型。1954 年引入的 H 型廓型把胸提高，把腰线低至臀部，字母中间的一笔就是腰线。1955 年又推出 A 型和 Y 型。1956 年推出箭型（arrow line）和磁石型（magnet line）。他 1957 年的布袋型呈宽松的筒式形状，纺锤型（spindle line）为更从容、更现代的穿着方式绘制出

图 1-4　考尔领口　　　　　　　　图 1-5　巴伦夏加型

一幅蓝图。

　　伊夫·圣·洛朗极具影响力的是他创作的现代廓型,尤其是他把传统的男装风格融入女装设计,即裤套装、吸烟装外套和大衣。他 1958 年的梯形轮廓线创造出对 20 世纪早期廓型产生影响的窄肩紧身胸衣和宽下摆裙。

　　到了 20 世纪 60 年代,最大的变化是女性开始穿 A 型童装式衣服、超短裙和超短裤。设计师用新材料进行超前廓型的试制,他们越来越多地受到传统装束和民族服饰的影响。裤型从 50 年代的"宽松裤"变成了小喇叭裤和大喇叭裤,而且一直持续到 70 年代。廓型和发式都在向几何图形方向发展。

　　70 年代中期,裤型变直,裙子又回到了膝盖。柔和的西装样式和宽松型形成了自然廓型。80 年代早期的风格特点是大海和浪漫,运动装成为日常装,形成了新的、体现人体的廓型。80 年代中期,阔肩"力量"型装扮居主导地位,廓型因而转向 V 型。

　　由于纺织技术的发展和纺织机械的更新,当今设计师们利用新技术新工艺对廓型不断地改变着,创造出变化的廓型,使服装款式不断出新。

　　2. 廓型分类

　　(1)字母型:根据外廓型形象的用字母的形状来定义(图 1-6)。

　　(2)几何型:根据外廓型形象的用几何图形的形状来定义(图 1-7)。

　　(3)物象型:就是外形似物品的形状(图 1-8)。

　　3. 款式内结构设计

　　服装款式内结构是相对服装外廓型而言的,廓型是外形,内结构是具体的设计表现方法,用平面材料的裁剪、拼接、支撑和堆积等手段解决材料与人体的依附和空间设置,都是属于款式的内结构设计。在服装设计中,内结构是不可或缺的基础要素。服装的内轮廓是服装外轮廓以内的零部件的边缘形状和内部结构的形状,如领子、口袋、裤襻等零部件和衣片上的分割线、省道、褶裥等内部结构均属内轮廓设计的范围。当一个外轮廓确定以后,可以在这个外轮廓中进行许许多多的内轮廓设计。有时,内轮廓和外轮廓的轮廓线是公用的,难分你我。一般

X型　　　　　　H型　　　　　　A型

Y型　　　　　　O型　　　　　　T型

图 1-6　字母型

梯型　　　　　圆型　　　　　方型　　　　　三角型

图 1-7　几何型

| 花瓶型 | 铅笔型 | 吊钟型 |

图 1-8　物象型

来说，服装外轮廓变化的余地不如服装内轮廓变化的余地那么大、那么多样，设计者在此大有用武之地，内轮廓设计更加纤巧精细、更能反映设计者独到之匠心。如图 1-9 所示，简单的短袖上衣和短裙可以通过改变款式内结构变化出很多款。

图 1-9　款式内结构设计

较为复杂的款式也可以通过改变款式内结构变化出很多款，这也是设计师进行产品扩展设计的基础，熟练地应用款式内结构设计，能提高产品设计质量，品牌主管能挑选最佳款式，如图 1-10 所示。

内结构设计包含三方面的因素：功能性结构、科学性结构和审美性结构。

（1）功能性结构

图 1-10　款式内结构设计

首先是穿着舒适的内在功能。服装结构的概念依据自然人体而建立,充分了解人体的静止状态,活动状态,是进行设计之前的必修课。正常穿着的服装首先应具备合体、舒适、便于活动等功能性特点;其次是附加和扩展的服装外在功能,以适应不同的人造环境和自然环境。

(2)科学性结构

服装材料大多是柔软的纺织品,而非可以随意切割、粘贴的纸张或金属,所以必须确定服装的裁剪、缝制、整烫等加工技术的可实现性以及服装制成后的牢固实用,所以每条设计线和分割线都要考虑其使用的科学性,让每条设计线既满足款式变化的要求,又要满足造型的需求,使每条内设计线科学合理。

(3)审美性结构

服装结构设计如同建筑设计,充满变化。正是通过在结构技术上的突破和创新,人类造就了服装史上千变万化的款式。审美是促进结构变化的一大动因,求新求变、喜新厌旧的人类共同心理追求,推动着时尚的前进,表现在结构设计上也是如此。产品设计是在前期的市场调研、色彩策划、面辅料调研的基础上确定的,可以有类似的外轮廓,形成一种鲜明的特色,如 A 型的长风衣、A 型的短外套、A 型的喇叭裤、A 型的短裙形成的一个系列。有些品牌在整个季度的新产品中都使用相似的外轮廓,以便形成一种独特而可识别的产品风格。如近几年迪奥女装的外轮廓总是呈现 X 型,突出胸部,收紧腰部,扩大臀部,整体上塑造了性感妖娆的女性形象。所以女装内结构设计总是以审美为准则而进行设计。

服装廓型和内结构设计是整体和局部的有机搭配,服装设计师要把握服装的整体造型、色彩及面料的选择,但这几个方面往往被国际流行趋势和本品牌的设计计划所制约,对于身处激烈市场竞争环境的设计师来说,把握廓型,精心设计内结构部分是提高品牌竞争力的有效措施。

4.流行廓型

每个季节的主流廓型就是该季节的畅销产品,作为设计师要努力去捕捉流行信息,及时对流行做出反应,调整产品的组织结构,达到很好的卖点。流行廓型一直在细微变化,每年除了经典的款式外,都会有数个流行廓型被推出。

2015 年秋冬整体廓型

在"存在"这一主题中,有两种风格来体现人与自然的默契,一种风格是领略冰冻的景观,以水晶的形态和骤降的气温为灵感,采用唯美的冰冷色调,冰山绿色和雪青色为主色调,该风格可以给与一个名称——冰雪凝结,如图 1-11 所示。

图 1-11　2015 年秋冬整体廓型——冰雪凝结

高领毛衣配长裤,硕大的绞花毛衫与宽脚口中裤搭配,白色羽绒服配冰绿色短裙,都是该风格的亮点。

另一种风格是在风霜侵袭的荒凉山脉之中,以冬日的森林树木和动物皮毛为灵感,原生态是主要角色,采用略带暖色的色调,烟灰盒树皮咖色为主色调,该风格可以给一个名称——狂野格调,如图 1-12 所示。

粗针毛衫配马海毛短裙,毛衣连衣裙与长靴,裘皮大衣配印花皮裤,超大围巾配短上衣,不对称设计也是亮点。粗犷中带有精致手工艺,原生态中又无时无刻的展示人工技巧。

图 1-12　2015 年秋冬整体廓型——狂野格调

2015 年秋冬毛针织衫廓型(图 1-13)

1. 铅笔廓型毛衫连衣裙,与长靴相配,成为这一季节的经典。

2. 10 针距大绞花高领毛衣配印花皮裤,粗狂中带有精致手工艺,颜色可用深夜蓝色,或者冰绿色。

3. 长开襟毛衫,将流苏用于门襟螺纹处做装饰,灰白相间,形成渐变。

4. 起圈针织工艺用于上衣片,形成较强的装饰效果,颜色多用雪青淡紫色、冰绿色和白色相间。

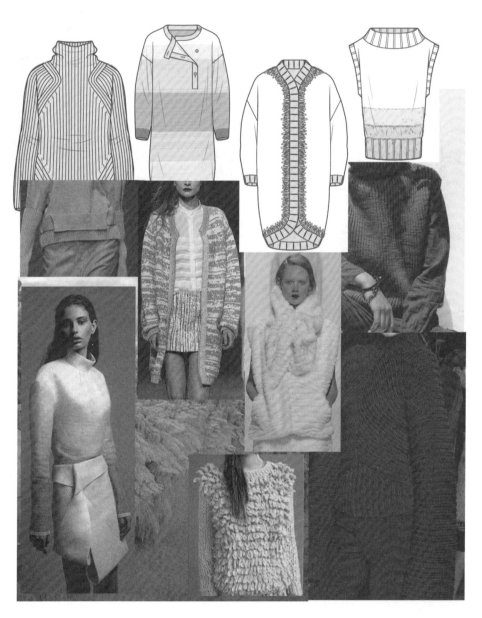

图 1-13 2015 年秋冬毛衫廓型

2015 年秋冬衬衫廓型(图 1-14)

1. 超短箱型衬衫在这一季节成为搭配主角,配小立领或者圆立领,白色和冰绿色依然是主要色彩。

2. 不对称超长衬衫,各种不同造型的衬衫下摆,形成这一季节的特色。

3. 透明硬纱短袖衬衫,宽松放量加腰间抽碎褶。

4. 连领和包裹领都是主要领型,暗门襟、圆摆,白色、冰绿色为主色。

图 1-14　2015 年秋冬衬衫廓型

2015 年秋冬连衣裙/短裙廓型(图 1-15)

1. 超长及地连衣裙配船型领,简洁明了,冰灰色和雪青淡紫色更显飘逸妩媚。

2. 透明硬纱碎褶连衣裙,与本季节的透明硬纱衬衫相配套,形成这一季节的特色。

3. 超长腰裙与超短上衣搭配,流畅型裙摆增强动感。

4. 美人鱼式长裙和短裙,与本季节箱型超短上衣配,采用细条纹面料或者绗缝线迹,增强视觉张力。

5. 绗缝填充面料铅笔裙,手帕式裙摆,略带高腰,也是搭配箱型上衣的佳款。

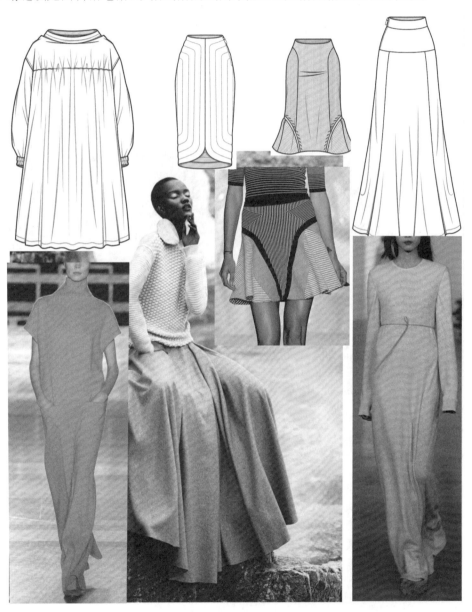

图 1-15　2015 年秋冬连衣裙/短裙廓型

2015 年秋冬长裤/短裤(图 1-16)

1. 宽裤脚长裤,双袋盖装饰,现代高新技术处理的薄纱面料和混纺面料,让裤装也飘逸洒脱。

2. 深色锥形裤在这一季节又重新得宠,与超短上衣相配,干练精神。

3. 百慕大短裤继续流行,可用水洗真丝、粗纺呢料、灯芯绒、皮革面料产生不同效果。

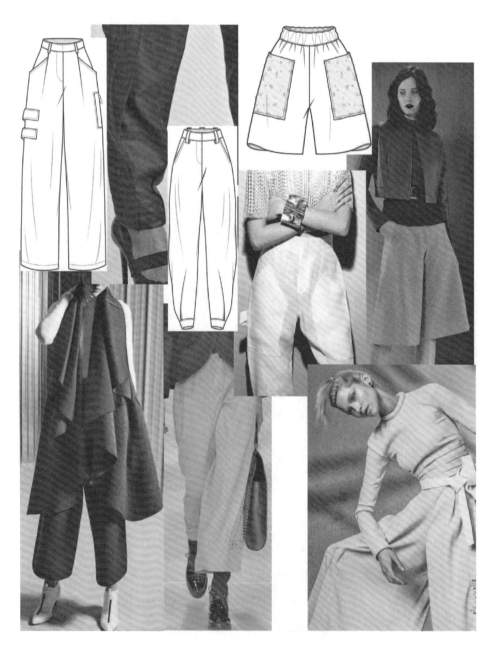

图 1-16　2015 年秋冬长裤/短裤廓型

2015 年秋冬夹克/外套廓型(图 1-17)

1. 绵羊革大衣,皮草滚边装饰,落肩、七分袖都是这个季节长采用的设计手法。

2. 荷藕式羽绒服,超大尺码,灰色和银色为主打色彩。

3. 不对称短夹克是这一季节的新款,配七分袖,超大口袋与衣片融为一体。

4. 皮草装饰,滚边、绗缝都是工艺细节处理的重要手法,色彩上深浅混搭,款式上长短混搭。

图 1-17 2015 年秋冬夹克/外套廓型

(三)色系的策划

1. 产品色系策划理论

作为服装设计三大构成之一的色彩在现代品牌成衣设计中显得越来越重要,一些品牌甚至把某些色彩作为其品牌辨别的重要依据,在一年四季中永恒的使用这几种色彩,形成自己特有的服装品牌文化,并给人以一种强烈的品牌印象。美国流行色彩研究中心的一项调查表明,人们在挑选商品的时候存在一个"7 秒钟定律"：面对琳琅满目的商品，人们只需 7 秒钟就可以确定对这些商品是否感兴趣。在这短暂而关键的 7 秒钟内，色彩的作用占到 67%，成为决定人们对商品好恶的重要因素。可见视觉色彩形成了人的第一印象。而另外，每一种颜色本身还有不同的语言，代表着人们不同的感情情绪，不同的色彩搭配更是丰富了人们的情感，一件好的产品在色彩的选择上，能让人引起思想的共鸣，情感上的互动，再触动消费。可见运用好的色彩，准确地传达产品信息，显得尤为重要。

品牌成衣的色彩策划是品牌企划的构成部分，是成衣最重要的外部特征之一，往往决定着产品在消费者脑海中的去留命运，而它所创造的低成本、高附加值的竞争力是更为强大的。同样一种成衣，色彩上的差别往往使其在受欢迎程度上截然不同，在国际品牌本土化的趋势下，在成衣同质化现象日益加剧的今天，成衣凭借精心策划的色彩，往往能成功地在第一时间跳出来，快速锁定消费者的目光，也直接关系到一个品牌是否能够成功的将其产品销售并获取利润，为品牌带来全方位的超强效果。

（1）品牌成衣色彩策划

色彩成系列推出上市：

国外品牌在色彩成系列方面一直很成熟，每个季节都会根据权威机构的流行信息和自己的品牌特点推出自己的系列色彩，近几年来国内品牌成衣在色彩策划方面也有很大进步，每个季节推出的产品都是成色彩系列的产品。色彩成系列推出有利于提升品牌形象，便于工业化生产，建立自己特有品牌文化。

以色彩搭配为基础选择基本色：

一个色系中的每个色都是相互关系的，在做色彩策划时困难的不是选择哪个色作主色或次色，而是与这一色相关的色彩，而这些相关的色彩恰恰在成衣组合搭配和卖场陈列搭配时起着重要作用，一个品牌成衣在这个季节中是否能达到最佳陈列搭配，主要取决于前期的色系策划，所以考虑色彩组合搭配已成为品牌成衣色彩构成的另一个特点。这一特点也是符合美学基本原则的，法国美学家狄德罗的"美在关系"说就能解释这一特点，他认为"美总是随着关系而产生，而增长，而变化，而衰退，而消失。"，服装色彩也是如此，当色彩形成了良好恰当的"关系"时，就会产生美感，这种关系就是色彩搭配。英国艺术批评家拉斯金也曾这样阐述："每一种颜色都会因为你在另外一个地方多加了一笔而发生变化。举例说，某种局部的色彩，虽然它在一分钟之前看上去还是暖的，当你又在另外一个地方涂上了一层更暖的色彩时，它立即就会变冷。你刚把它涂下去的时候，它看上去或许是很和谐的，但当你再在它旁边涂上一种别的颜色时，它立即显得不调和起来。"色与色之间不是孤立的存在，而是一种互为依托、互为条件、互为作用、互为制约、互为影响的关系。

在这一色彩构成特点中色彩不仅仅体现一组色彩的搭配关系，还体现整个季节的产品色彩搭配，如果是春夏季产品，色彩选择除了符合流行趋势外，还要符合季节特点，淡色调、冷色调和中性色调应该占主流，淡色调往往不是鲜艳的，但与少量较强的色彩搭配时，就会变得活泼而更加艳丽，相邻色彩搭配使用时，其相互影响更加明显。总之，目前国内成熟的品牌成衣在进行策划时都能重视搭配组合这一特点。

色彩策划蕴含品牌文化：

品牌文化作为服装品牌的灵魂，贯穿于品牌经营管理的各个方面：产品开发、营销渠道、广告宣传、店铺零售等，每一环节都要体现服装品牌文化的内涵，色彩策划也不例外，在确定色彩方案时如何把最新的流行色彩体现在产品风格里面,也就是品牌风格文化决定流行色的取舍,而不是流行色决定风格文化的取舍。这一特点在现代品牌成衣色彩策划中体现很明显。例如我们选择的目标品牌的定位如下:

核心年龄层:30~40岁的时尚女性

目标消费群:有中等以上收入的白领阶层和具有时装鉴赏力的成熟女性

消费追求:高雅的品味,休闲的穿着理念,随心所欲的搭配风格。

那么,它的色系推出时多以中性色为主,在选择当季的流行色时也会选择适合这个年龄层的并且适合白领阶层的审美特点,如果脱离品牌文化来单纯考虑流行色的话,就会远离品牌的消费群体,那么再好的色彩系列也对相对固定的客户来说没有太大的吸引力。究其原因,服装正日渐脱离实体产品的属性而成为文化衍生品,消费者早已不再简单满足于产品的质量和款式,更多的需求表现在对品牌所传递出的文化信息是否欣赏,对品牌文化是否认同,而这是决定消费者品牌态度的关键所在。蕴含品牌文化的色彩已成为色彩策划时的重要参考依据。

(2)品牌成衣色彩策划的构思过程

有序的色彩构思过程是多系列产品所必需的,这是对色彩进行规划的理性阶段。色彩构思过程主要是探讨产品的具体的色彩关系。系列产品色彩结构是将这种色彩关系扩大到整个季度的产品,如整季产品的色调倾向、色彩的组合关系等。

色彩构思过程是在一种整体的感觉和氛围下进行的,是确定的、理性的,通过深入的思考将色彩概念固化、细化的结果。在进行色彩构思时要考虑的因素很多,包括品牌的整体风格定位(整体色彩风格)、时间因素(季节的推移)、空间因素(卖场色彩)、上/下装单款色彩搭配、整个季度中各个款式的色彩搭配等。

色彩策划的构思过程所遵循的原则:

色彩策划的构思过程以品牌风格、色彩概念为指导方向,遵循色彩构成的原理。色彩策划的构思过程将整个季度的新产品视为一个整体,注重各产品之间的色彩关系,注重整体色彩的布局与搭配,注重色彩组织中的色彩位置、空间、比例、节奏、呼应、秩序等相互之间的关系,它们之间的相互关系所形成的美的配色,必须依据形式美的基本规律和法则,使多样变化的色彩构成统一和谐的色彩整体。

A. 色彩的秩序

色彩的美首先是由色彩配置关系中的秩序性而产生的,有秩序的配色可以使人愉悦,它是由适当处理色彩的整体与局部关系、统一与变化而构成的。所谓整体色彩统一,是指将性质相同或相似的色彩要素组织在一起,形成一种一致的或具有一致趋势的感觉,体现了各个色彩要素的共性或整体关系。比如采用纯度相近的色彩系列,夏奈尔品牌常年推出经典的黑白系列,其色彩纯度为零;高田贤三的品牌则经常推出高纯度的色彩艳丽的服装。所谓局部色彩变化,是指将性质相异的色彩要素组织在一起,形成显著对比,体现各个色彩要素个性上的对立关系。如夏奈尔的黑白系列,就会在色彩的面积比例上寻求变化,并加入其他的黑白图案丰富产品,如条纹、格子图案等;而范思哲品牌则在色彩纯度都很高的情况下,加大色相的对比,形成强烈的对比效果。

B. 色彩的比例

比例是指对象的各个部分彼此间的匀称性、对比性,是和谐的一种表现,它包含着比率、比较、相对的含义。色彩构思中色彩的比例包含着两方面的意义:

一是色彩本身之间的对比与调和程度的比例关系;二是与色彩有关的整体与局部、局部与局部之间的数量关系以及色彩面积、色彩位置、色彩排列顺序等的比例关系。

色彩构思过程中色彩的比例直接关系到品牌整体色彩形象的传达,主色调的比例也决定着色彩的偏向。例如,红色系产品,当只有 1 件时,在新产品系列中只起到点缀、辅助的作用;当纯红色的产品扩大到 10 件、20 件甚至 100 件的时候,其对消费者的感情效应、视觉冲击力、刺激性,将会大不相同。因此,色彩的比例是影响品牌色彩形象的重要因素。色彩比例的确定,应根据前期确定的色彩概念,即要求某种颜色在其中担负什么角色,发挥多大作用来权衡。在色彩关系不变的前提下,调整色块的面积、形状、位置、数量等关系,主色调会发生变化。在有限的色彩条件下,用色比例不同、主次不同、位置不同,均能变化出丰富多样的配色效果。借助变换色调的处理手法,使不同功能、不同种类的服装组成彼此有相互关联的配套系列,非常经济、科学。

C. 色彩的平衡

色彩的平衡是指色彩组织构成后,视觉上感觉到的平衡状态,或称视觉平稳安定感,体现了色彩分割布局上的合理性和匀称性。色彩的平衡主要是由色彩的明暗与轻重、明度强弱、面积大小比例、位置排列方式等基本因素组成,是直接影响色彩构思的整体平衡感的基本因素。在具体的色彩设计中,只有当重色与轻色、明色与暗色、前进色与后退色、膨胀色与收缩色适当变化其面积位置关系时,才能取得双方强度上的平衡效果。如:红和蓝绿的配色,会因过分强烈感到刺眼,成为不调和色;可是若把一个色的面积缩小或加白黑,改变其明度和彩度并取得平衡,则可以使这种不调和色变的调和。纯度高而且强烈的色与同样明度的浊色或灰色配合时,如果前者的面积小,而后者的面积大也可以很容易的取得平衡。将明色与暗色上下配置时,若明色在上暗色在下则会显得安定;反之,若暗色在明色上则有动感效果。

当适当使用强烈补色关系时,同样能给视觉上带来一种满足的平衡感。它是一种对立倾向的综合,具有戏剧性;它将画面的紧张度引向高潮,使人在紧张感中意识到整体的平衡。如果这种补色关系过分强烈而失去调和,会造成不平衡感。因此,可适当调整其比例或加黑(白)改变其明度和纯度,或用黑、白、灰分隔等手法取得平衡感。总之,凡是带有美感的东西往往给人以完整而平衡的舒适感。不同的色彩组合成多样而统一的色调时,也会给人以平衡感。

常用色彩平衡方法:

方法一对称平衡:左右对称衣服上的各种色彩能在视觉上取得的平衡,称之为对称平衡,可以使服装表现为庄重、大方和平稳安定。

方法二非对称平衡:为了追求变化,服装的款式往往采取非对称的形式,但由于色彩的强弱、轻重在人们的视觉上表现为相对稳定的感觉,这种配色相对平衡称之为非对称配色平衡。

方法三上下平衡:用上下的色彩比例关系取得平衡,叫上下平衡。在配色的上下平衡中,上轻下重具有安定感,为广大中老年人所喜爱;而上重下轻容易产生运动感,产生一种富有生气的不平衡的美,为年青人所青睐。

方法四前后平衡:服装前后的平衡也很重要,前后色彩表现出来的平衡感的确存在。因在不同角度欣赏都能体现完美,故前后平衡在服装配色中有较高的要求。

方法五不平衡:服装在色彩上没有取得平衡,称为不平衡。是根据人的不同审美观来进行的一种搭配,这种搭配给人的视觉感总是运动的和未完成的,靠观者的想象来达到最终平衡,一些前卫的、创意的设计中常采用这种手法。

D. 色彩的节奏

节奏一词来自音乐、诗歌艺术形式中,它是随着时间流动而展开的,具有时间的形式和特征,故称之为时间性的节奏。视觉艺术中的雕塑、绘画及设计等作品是随着空间的广延而表现,具有空间的形式和特|征(二维及三维空间),故又称之为空间性的节奏。两者都是有秩序、有规律的反复和变化,是秩序性美感形式的一种。色彩构思中的节奏感,是通过色彩的色相、明度、纯度、形状、位置、材料等方面的变化和反复,表现出有一定规律性、秩序性和方向性的运动感。当人们的视线随着色彩造型的不同部分之间反复移动时,就会产生节奏感。

色彩构思中的色彩节奏可以形成不同的性格,有静的节奏,也有动的节奏;有微妙的节奏,也有雄伟的节奏;有温柔的节奏,也有强烈的节奏;有强、中、弱的色彩组合,也有中、强、弱的色彩构成。同时,不同性格的节奏表现出不同的色彩气氛,不同强度的色彩节奏表现出不同的运动感觉。

色彩构思中色彩的反复所形成的节奏,对消费者起着四种作用:
- 便于零售空间的展示,在展示中产生色彩的视觉美感;
- 创造款式间的相互搭配,并给消费者二次再造形象的空间;
- 可增强色彩在消费者的视觉记忆中的延续性与熟悉感;
- 有节奏的色彩能让产品的组合充满动感,增强穿着者的活力。

E. 色彩的呼应

色彩的呼应就是在系列产品中求得色彩的全面和谐,还要照顾色彩之间的比较与呼应关系。在色彩构思过程中,呼应是使色彩获得统一、协调的常用方法。配色时,任何色彩的出现都不应是孤立的,它需要同一或同类色彩彼此之间的相互呼应,或者色彩与色彩之间的相互联系性。具体地说,就是一个颜色或数个颜色在不同部位的重复出现,使之你中有我、我中有你,这是色彩之间取得调和的重要手段之一。

色彩的性质是不稳定的和互相依赖的,在一定的空间和时间范围内,会因为受到邻色的影响而发生变化。在绿颜色旁适当搭配一块红色,颜色明显;在淡红色旁搭配一块红色,颜色和谐;在阳光下,红色鲜明;在灯光下,红色晦暗。如将绿纱罩在红色物体上,呈现出的颜色显冷色调;如将黑纱罩在红色物体上,呈现出的颜色则显暖色调,这些都说明了颜色是受外界影响而发生变化的。

在色彩构思时,要考虑色彩之间的关系,当各种色彩互相搭配时,不应有明显的冲突,灰暗的色彩可以衬托鲜明的色彩,如果没有灰暗的色彩衬托,鲜明色彩的特征也显现不出来。在色彩构思时,应将亮的色彩和暗的色彩、暖的色彩和冷的色彩、强烈的色彩和柔和的色彩的色量和比例关系结合在一起来考虑。只有这样,才能在色彩构思上既有差别,又可以形成各种不同的和谐效果。

色彩构思的内容:

色彩策划的构思过程主要要考虑整个产品系列主色调;每个色系中具体的色彩比例;单系列中款式的色彩组成这三方面的内容。它具体规定了每个系列可使用的大部分色彩,留有小部分的调节空间,可在后面的系列设计中微调。

色系的主色调是产品色彩构思的主线,色彩构思中色彩的总倾向、总特征是直接传达整体品牌概念的重要因素。就像论文的中心论点一样,当确定了中心论点后,论据、论证均是围绕中心论点展开的。

2. 产品色系提炼过程

(1)分析国际流行色资讯

国际流行色的预测是由总部设在法国巴黎的"国际流行色协会"完成。国际流行色协会各成员国专家每年召开两次会议,讨论未来十八个月的春夏或秋冬流行色定案。协会从各成员国提案中讨论、表决、选定一致公认的三组色彩为这一季的流行色,分别为男装、女装和休闲装。除了国际流行色协会的流行预测外还有《国际色彩权威》International Color Authority ,国际纤维协会 International Fiber Association ,国际羊毛局 International Wool Secretariat ,国际棉业协会 International Institute For Cotton,美国棉花公司 Cotton Incorporated 等实力机构发布流行预测,以供各国的设计师和企业参考。

分析国际流行色资讯在国内品牌成衣色彩策划中是很重要的一个环节。不可否认,欧美等国家是流行和时尚的发源地,加之中国服装多年来在国际贸易中形成的廉价商品形象很难突破,要想树立强势的本土时尚文化,决非一朝一夕可以期待的。通过对北京、上海、杭州等高档商场的调研发现,放眼望去几乎发现不了中文标识,整个商场充斥着国际品牌,充斥着洒脱的洋文标识,充斥着时尚的国际模特,而且这种国际品牌本土化现象还是有增无减,营业额也普遍比国内品牌好,出现了本土服装品牌和洋品牌竞争处于劣势的局面。

近几年来有实力的品牌公司都会组织设计师们参加一些知名的国际服装节和法国 PV 展,通过这些服装发布会和展览获得一些流行色信息,然后再依据中国流行色协会的咨询,根据自己的品牌特点作出自己的色卡。一些国际大牌其品牌文化沉淀多年,形成了自己独特的品牌个性和对流行的把握,他们每年会在国际流行趋势发布会上推出自己的秀场,通过这些秀可以开拓视野,借鉴和学习国际大牌流行色和色系组合的方法,再把这些色彩本土化、创新化,推出适合自己的当季流行色系。

(2)分析色彩心理性和社会性因素

色彩是很微妙的东西,它们本身只是对光的折射而形成的物理现象,但人类在长期生活实践中赋予了色彩许多含义,形成了色彩的社会性;人的视觉器官对色彩产生生理反应,这种反应作用于人的心理,产生了相应的色彩的心理性。这样原本无生命的色彩便有了独特的表现力,人们在色彩世界里充满了想象,所以在品牌成衣色彩策划中要充分地考虑这一因素。如以下部分色彩语言:

A. 红色的色感温暖,性格刚烈而外向,是一种对人刺激性很强的色。红色容易引起人的注意,也容易使人兴奋、激动、紧张、冲动、还是一种容易造成视觉疲劳的色。常用配色:

(a)在红色中加入少量的黄,会使其热力强盛,趋于躁动、不安。

(b)在红色中加入少量的蓝,会使其热性减弱,趋于文雅、柔和。

(c)在红色中加入少量的黑,会使其性格变的沉稳,趋于厚重、朴实。

(d)在红中加入少量的白,会使其性格变的温柔,趋于含蓄、羞涩、娇嫩。

B. 黄色的性格冷漠、高傲、敏感、具有扩张和不安宁的视觉印象。黄色是各种色彩中,最为娇气的一种色。只要在纯黄色中混入少量的其它色,其色相感和色性格均会发生较大程度的变化。常用配色:

(a)在黄色中加入少量的蓝,会使其转化为一种鲜嫩的绿色。其高傲的性格也随之消失,趋于一种平和、潮润的感觉。

(b)在黄色中加入少量的红,则具有明显的橙色感觉,其性格也会从冷漠、高傲转化为一种有分寸感的热情、温暖。

(c)在黄色中加入少量的黑,其色感和色性变化最大,成为一种具有明显橄榄绿的复色印象,其色性也变的成熟、随和。

(d)在黄色中加入少量的白,其色感变的柔和,其性格中的冷漠、高傲被淡化,趋于含蓄,易于接近。

C. 蓝色的色感冷嘲热讽,性格朴实而内向,是一种有助于人头脑冷静的色。蓝色的朴实、内向性格,常为那些性格活跃,具有较强扩张力的色彩,提供一个深远、平静的空间,成为衬托活跃色彩的友善而谦虚的朋友。蓝色还是一种在淡化后仍然似能保持较强个性的色。如果在蓝色中分别加入少量的红、黄、黑、橙、白等色,均不会对蓝色的性格构成较明显的影响力。

D. 绿色是具有黄色和蓝色两种成份的色。在绿色中,将黄色的扩张感和蓝色的收缩感相中庸,将黄色的温暖感与蓝色的寒冷感相抵消。这样使得绿色的性格最为平和、安稳。是一种柔顺、恬静、满足、优美的色。常用配色:

(a)在绿色中黄的成分较多时,其性格就趋于活泼、友善,具有幼稚性。

(b)在绿色中加入少量的黑,其性格就趋于庄重、老练、成熟。

(c)在绿色中加入少量的白,其性格就趋于洁净、清爽、鲜嫩。

E. 紫色的明度在有彩色的色料中是最低的。紫色的低明度给人一种沉闷、神秘的感觉。常用配色:

(a)在紫色中红的成分较多时,其知觉具有压抑感、危险感。

(b)在紫色中加入少量的黑,其感觉就趋于沉闷、伤感、恐怖。

(c)在紫色中加入白,可使紫色沉闷的性格消失,变得优雅、娇气、充满女性的魅力。

F. 白色的色感光明,性格朴实、纯洁、快乐。白色具有圣洁的不容侵犯性。如果在白色中加入其它任何色,都会影响其纯洁性,使其性格变的含蓄。常用配色:

(a)在白色中混入少量的红,就成为淡淡的粉色,鲜嫩而充满诱惑。

(b)在白色中混入少量的黄,则成为一种乳黄色,给人一种香腻的印象。

(c)在白色中混入少量的蓝,给人感觉清冷、洁净。

(d)在白色中混入少量的橙,有一种干燥的气氛。

(e)在白色中混入少量的绿,给人一种稚嫩、柔和的感觉。

(f)在白色中混入少量的紫,可诱导人联想到淡淡的芳香。

我国地大物博,民族众多,不同区域的消费群体由于生活习惯、文化传统和历史沿革不同,其审美需求也不同。例如,品牌消费群体多以沿海和南方城市为主,由于多年来这些地区接触国际时尚潮流更多,接受国际潮流的速度也相对快,在做色系时偏向于淡的、成熟的、稳定的色彩;如果消费目标群主要是内地城市,这些地区承袭传统的本土文化多一些,受我国传统色彩审美的左右程度也大,那么在色系中要能满足这一部分人的审美需求,如果不去考虑消费群体的这些审美特点,一味地追求完美的色彩,不以引起消费者色彩情感共鸣为原则的话,那么推出的色彩系列要么超前,要么落后,都不能踩到市场的最高卖点,也就谈不上策划的成功。

剖析流行色的成因,其原因也是落脚到了色彩的心理性和社会性因素这点上。哲学家康德在他的《实用人类学》中说道:"人的一种自然倾向是,在自己的举止行为中,同比自己重要的人进行比较（儿童同大人比较，身份低的人同身份高的人比较），这种模仿的方法是人类的天性，仅仅是为了不被别人轻视，而没有任何利益上的考虑，这种模仿的规律就叫流行。"，也就是说流行是由模仿而产生的，我们常说的时装领袖在流行中充当色彩潮流的倡导者，多数群众模仿，随之推动着色彩潮流向前发展。通过下面的图表更能说明色彩从创新—兴起—流行—广为接受—消退—萎缩等流行的全过程（波线高度表示接受人群的多少，竖线表示每个阶段的长短）（图 1-18）。

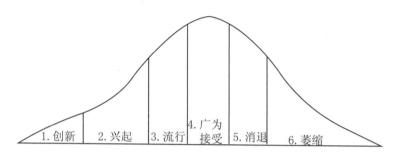

图 1-18　流行曲线图

了解了人类的这一天性和流行的过程，在做色彩策划时就会更多的以人为本，考虑消费群体的心理需求，推出当季被消费者广为接受的色系。

（3）调研自己品牌当季的畅销色和常规色

色彩的流行常常带有惯性，当季流行的色彩在下一季节中会有一段时间的延续，所以分析研究自己品牌当季的畅销色和常规色作为下一季节色彩策划的一个依据也是可取之处。

畅销色是要有可靠的调研数据的，要根据销售部的数据统计、客户的民意测验、召开代理商意见反馈会议、设计师讨论等方法收集数据，然后把大量的信息资料汇总起来，得出当季的畅销色，作为下一季节的主色之一。值得注意的是，如果汇总的是夏季的畅销色，要作为秋季的色彩应该加以处理，根据季节要降低明度加深色度，不能用夏季的色彩直接用于秋季的色彩。常规色是品牌定位时选择的，是许多年顾客认同的沉淀，如果目标消费群定位年轻的时尚休闲派，那么牛仔色彩、白、淡黄、金银色都会是常规色；相反，如果目标消费群定位于成熟的时尚一族，那么以夜空黑色、银灰色和富贵的暖色调为主色。通过对当季的畅销色和常规色加以综合分析研究，再结合流行趋势，策划的色系应该是安全系数最高、最适合自己品牌的色卡。

3. 产品色系确定

确定当季可用色彩时，理论上讲应该是色彩越少越便于批量生产并能降低生产成本，但实际上是很难做到的，要满足一个季节的陈列搭配，满足大多数客户的喜好，色系总是会变得丰富多彩。所以，在确定色系时取色是比较关键的，选取一组色时要考虑这几方面的关系：

第一，和上一季节色彩的衔接关系。季节和季节是相对独立但又是相互联系的，款式也在季节交替时春夏或秋冬有相互重叠的，色彩不能出现断层，应该把当季的畅销色保留在色系中，改变其色度和亮度就可以用于下一季节的色系。

第二，和其它色组的联系。虽然每组色的色相可以不同，但是要选择能把每组色联系起来的色，这些色可以是品牌常用色，让常用色在每个色组里都出现；也可以是两组色中的对比色搭配，利用对比色作为过渡色，这样两组色就有了联系，也会产生更好的色彩效果，因为这种配色是最显眼,最生动,但同时又是较难掌握的色彩搭配方法。大胆的运用对比色搭配,有兴奋、欢快、精神、生动的效果。

第三,和流行色彩的同步。在色组中流行色是必不可少的,每个季节权威机构和媒体都会推出许多组流行色,选择适合自己的有色彩设计价值的色才是最好的,比如今年的中性色调占流行比例大,那么在色组中或者在其中一组色中加大深夜黑、蒸汽灰、烟灰色、天空灰、银光色等色彩比例,既符合当季的流行,有很好和其它色组搭配,这样的流行色则是最佳选择。

(四)面料的选择

1. 面料基本知识

面料可由两大类组成:针织物与梭织物。由于在编织上方法各异,在加工工艺上,布面结构上,织物特性上,成品用途上,都有自己独特的特色,在此作一些对比。

(1)织物组织的构成

针织物:是按纱线顺序弯曲成线圈,再把线圈相互串套而形成织物。纱线形成线圈的过程,可以横向或纵向地进行,横向编织称为纬编织物,而纵向编织称为经编织物。

梭织物:是由两条或两组以上的相互垂直纱线,以90°角作经纬交织而成织物,纵向的纱线叫经纱,横向的纱线叫纬纱。

(2)织物组织基本单元:

针织物:线圈就是针织物的最小基本单元,而线圈是由圈干和延展线呈一空间曲线所组成。

梭织物:经纱和纬纱之间的每一个相交点称为组织点,是梭织物的最小基本单元。

(3)织物组织特性:

针织物:因线圈是纱线在空间弯曲而成,而每个线圈均由一根纱线组成,当针织物受外来张力,如纵向拉伸时,线圈的弯曲发生变化,而线圈的高度亦增加,同时线圈的宽度却减少,如张力是横向拉伸,情况则相反,线圈的高度和宽度在不同张力条件下,明显是可以互相转换的,因此针织物的延伸性大。

梭织物:因经纱与纬纱交织的地方有些弯曲,而且只在垂直于织物平面的方向内弯曲,其弯曲程度和经纬纱之间的相互张力,以及纱线刚度有关,当梭织物受外来张力,如纵向拉伸时,经纱的张力增加,弯曲则减少,而纬纱的弯曲增加,如纵向拉伸不停,直至经纱完全伸直为止,同时织物呈横向收缩。当梭织物受外来张力以横向拉伸时,纬纱的张力增加,弯曲则减少,而经纱弯曲增加,如横向拉伸不停,直至纬纱完全伸直为止,同时织物呈纵向收缩。而经、纬纱不会发生转换,与针织物不同。

(4)织物组织的特征:

针织物:能在各个方向延伸,弹性好,因针织物是由孔状线圈形成,有较大的透气性能,手感松软。

梭织物:因梭织物经、纬纱延伸与收缩关系不大,亦不发生转换,因此织物一般比较紧密,硬挺。

(5)织物组织的物理机械性:

针织物:织物的物理机械性,包括纵密、横密、面密度、延伸性能、弹性、断裂强度、耐磨性、卷边性、厚度、脱散性、收缩性、覆盖性、密度。

梭织物:梭织物的物理机械性,包括经纱与纬纱的纱线密度、布边、正面和反面、顺逆毛方向、织物覆盖度。

2. 面料二次设计

服装仅仅从款式上造型上的变化已经无法满足人们对服装的新渴望和新需要,于是提升空间较大的面料二次设计引起了设计师们的注意。

服装面料的二次设计,也可称为面料的再造,指设计师根据服装设计的需要,对现成的面料进行加工和改造,使之产生精致优雅的艺术魅力和新意。

著名服装设计师吴海燕曾经说:"服装设计师的工作,首先是从织物面料设计开始的。一块好的面料往身上一披,随便一个造型就是一件很好的时装。经过二次设计的面料更能符合设计师心中的构想,因为本身它就已经完成了服装设计一半的工作,同时还会给服装设计师带来更多的灵感和创作激情。"许多设计师都已经意识到面料的二次设计往往成为服装设计成功与否的重要因素,也是许多参赛选手在服装大赛中脱颖而出的重要手段。在第一届中国青年服装大赛上,吴海燕以一台充满东方文化精神的"鼎盛时代"的表演捧得"兄弟杯"金奖而归。其中大量的真丝手绘就是这一系列服装的最大亮点,服装面料的二次设计在其中体现得淋漓尽致,从而使服装大放异彩。真丝手绘面料的系列服装设计"鼎盛时代"不但成就了设计师的梦想,也给予了我们强烈的心灵震撼力和无限的遐想空间,就是当时的评委专家也一致认为这是一个创举,具有国际水平。再如世界顶级的服装设计大师三宅一生,这位有服装界哲人美称的设计大师始终站在艺术与实用的交汇点上,运用面料的二次创造使他的作品简洁而丰富。三宅一生在褶皱面料运用上造诣很高,他总是细心揣摩面料的潜能,因而对其作造型变化,如著名的"一生褶",就面料体现了二次创意的无限魅力,从而使他设计的服装受到了世界上许多女性的欢迎。

面料的二次设计对于品牌服装增加服装商业附加值有着重要作用。中国作为世界纺织大国,纺织服装产业是我国最具国际优势和一定竞争优势的行业,但是一直以来,纺织面料生产的粗放式经营和产品中低档定位,又过分依赖劳动力成本优势和资源的优势,面料的花型设计不够时尚,难以给人新的感觉。可如今的纺织界需要多元化、个性化的面貌,对面料的要求正走向一个以创意性为主流的设计趋势。面料视觉肌理二次开发正弥补了这一缺陷,因为它顺应并满足了瞬息万变的市场个性化、多元化需求,也成为我国纺织产品结构调整和产业升级的有效途径。面料二次设计从提升面料的视觉审美风格和艺术品味来提高面料的附加值和竞争力,来达到满足消费者的个性化艺术和情感消费需求。

面料的二次设计也是款式设计的延伸,一般来说经过二次设计的面料在市场上是无法找到的,因为在二次设计的面料都具有变化的、生动的、立体的、多样化的、复杂的等特点,二次设计后用的面料进行服装设计时,它可用于服装的局部,起到画龙点睛的作用,也就是服装的设计点,并与款式设计相呼应,以产生美感。

图 1-19 中的面料二次设计主要用高温塑型技术、3D 打印成型技术、激光切割和激光镂空技术,一块普通的闪光丝或者人造皮革,通过这些技术的处理后展现在我们面前完全是新的肌理效果和新的视觉感受。

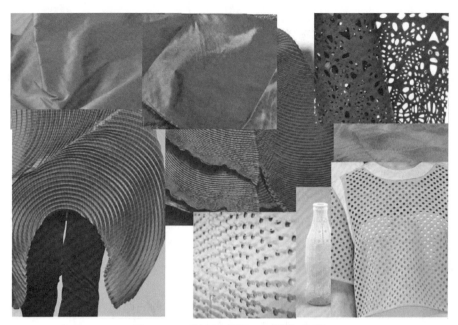

图1-19　面料二次设计——镂空、褶皱

面料二次设计也可用于系列服装当中，这样的服装更应强调的是面料二次设计后的新颖独特的魅力，也就是说面料已经诉说了更多的设计语言。印花也是二次设计的一个重要手法。近几年数码印花技术大大提高，印花成本大幅度降低，很多品牌都采用数码小批量多花色印花（图1-20）。

图1-20　面料二次设计——印花

3. 面料的选择

季节的特点基本确定了面料选择的方向。因为面料会占用很多流动资金,因此面料选择是设计部门值得研究的项目,也是采购工作较复杂的部分,所以在限定品种数量的面料中设计出丰富有致的产品是设计总监和整个设计团队的功力所在。面料选择时应注意:

(1)价格因素

面料的价格是决定服装产品生产成本的最主要因素。一般,面料的价格范围根据产品档次而定,如某服装品牌对新季度面料价格的规定是:90%的面料价格不能超过既定价位的上限,5%的面料价格可以稍高一些,5%的面料价格可以更高一些。10%的面料之所以可以贵一些,是因为它们担负着产生亮点、吸引消费者、提升整体产品形象的作用。

(2)品种因素

由于考虑到工业化生产,面料的品种不宜太多,也不能太少。多则占用大量的资金,也为生产部和采购部增添很多工作量;少则体现不出产品的丰富性,吸引力下降。因此,必须将面料的品种、数量控制在企业的生产能力范围内。

(3)厚薄因素

遵循季节变化的原则,随着季节的推移,天气变化,面料的厚薄比例也有变化。以春夏季为例,采用的面料从厚到薄,随着时间的推移,较厚的面料所占比例越来越小,较薄的面料所占比例越来越大。

(4)工艺因素

根据印染工艺的不同,可分为单色面料和花色面料。根据是否需要后加工,可分为完成面料(完全不需要后处理的面料)、普通后处理面料(如需普通洗涤的各种斜纹布、需预缩的普通针织布等)、特殊后处理面料(如需特殊洗涤的牛仔布、需要热轧处理的起皱布等)。选择面料工艺的一般原则是,大多数面料采用普通工艺,少数面料可采用特殊工艺。

(五)装饰工艺的实现

常用的图案、装饰工艺技术有下列手法:

1. 加法设计:包括刺绣、缀珠、扎结绳、褶裥、各类手缝的作用。

(1)刺绣

彩绣:是我们最为熟悉、最具代表性的一种刺绣方法。其针法有300多种,在针与线的穿梭中形成点、线、面的变化,也可加入包芯,形成更具立体感的图案。

网眼布绣:是在网眼布上按照十字织纹镶出规则图案的刺绣方法。

抽纱绣:是将织物的经纱或纬纱抽去,对剩下的纱线进行各种缝固定形成透视图案的技法。抽纱绣的方法大体可分为两类,一是只抽去织物的经或纬一个方向的纱线,称为直线抽纱;二是抽去经或纬两个方向的纱线,称为格子抽纱。

镂空绣:是在刺绣后将图案的局部切除,产生镂空效果的技术。

贴布(拼布)绣:是在基布上将各种形状、色彩、质地、纹样的其他布组合成图案后贴粘固定的技法。贴布绣还可以与其他刺绣技术结合起来,给服装增添意想不到的效果。

褶饰绣:是用各种装饰和装饰针迹绣缝形成一定的衣褶形式的刺绣技法。

绳饰绣:是在布上镶嵌绳状饰物的技术。

饰带绣:是把带状织物装饰于服装上的技艺。有使用细而软的饰带进行刺绣的方法也有将饰带折叠或伸缩成一定的造型镶嵌于衣物表面的方法。

珠绣:是将各种珠子用线穿起来后钉在衣物上的技艺。表现华贵和富丽,采用珠绣是最好的装饰手法。

镜饰绣:是将小镜片缝绣于衣物上的技艺。

(2)缀珠

是将各类的珠子穿成链子的形式悬挂于服装的需要部位。

扎结绳:运用各种不同原料,粗细的绳子,通过各种扎、结的方式来达到设计要求。

(3)褶裥

利用工艺手段和其他方法把面料部分抽紧或者折整齐的裥,形成面料的松紧和起伏的效果。

(4)各类手缝

绗缝:具有保温和装饰的双重功能。在两片之间加入填充物后缉线,产生浮雕图案效果。可以均匀填充絮填材料后进行绗缝,也可选择性地为了增强图案的立体效果在有图案的部位填充絮填材料。

皱缩缝:将织物缝缩成褶皱的装饰技艺。现在皱缩缝常用来装饰袖口、肩部育克、腰带等。

细褶缝:在薄软的织物上以一定的间隔,从正面或反面捏出细褶,表现立体浮雕图案的技艺。

裥饰缝:将细密的阴裥、顺风裥排列整齐,以一定的间隔缉缝,横向用明线来固定褶裥,然后在横线之间重新叠缝裥面,使折痕竖起产生褶裥造型变化的装饰技艺。另外还可在缉缝的横线上饰以刺绣针迹等。

装饰线迹接缝:用刺绣线迹将布与布拼接起来,形成具有蕾丝风格的一种装饰技艺。主要用于服装中分割线的装饰,特别在素色布料的情况下,丰富了织物的肌理变化。

2. 减法设计:镂空、撕、抽纱、烧洞、磨损、腐蚀等。

(1)镂空:用剪刀在面料上剪出若干个需要的空洞以适应设计的需要。

(2)撕:撕是用手撕的方法做出材料随意的肌理效果。

(3)抽纱:是依据设计图稿,将底布的经线或纬线酌情抽去,然后加以连缀、形成透空的装饰花纹。

(4)烧洞:烧洞是利用烟头在成衣上做出大小、形状各异的孔洞来,孔洞的周围留下棕色的燃烧痕迹。在面料处理时,利用以上的各种技法可以再造出既带有强烈的个人情感内涵,又独具美感和特色的材料。由这些面料制作的服装更具个性和神采。

(5)磨损:利用水洗、砂洗、砂纸磨毛等手段,让面料产生磨旧的艺术风格,更加符合设计的主题或意境。

(6)腐蚀:利用化学药剂的腐蚀性能对面料的部分腐蚀破坏,再进行设计深加工。

3. 其他手法:印染、手绘、扎染、蜡染、数码喷绘

(1)印染:在轻薄的织物上制版印花,把设计者的创作意图直接印制在面料表面,具有独特的艺术效果,适合少量的时装的手工印花,灵活便利易于操作。

(2)手绘:运用毛笔、画笔等工具蘸取染料或丙烯涂料按设计意图进行绘制,也可用隔离胶先将线条封住,待隔离胶干后,用染料在画面上分区域涂色,颜色可深可浅、有浓有淡,很有特色。手绘的优点是如绘画般地勾画和着色,对图案和色彩没有太多限制,只是不适合涂大面积颜色,否则,涂色处会变得僵硬。手绘一般是成衣上进行。

（3）扎染、蜡染：扎染是一种先扎后染的防染工艺。通过捆扎、缝扎、折叠、遮盖等扎结手法，而使染料无法渗入到所扎面布之中的一种工艺形式。蜡染是一种防染工艺，是通过将蜡染融化后绘制在面料或衣服上封住布丝，从而起到防止染料浸入的一种形式。

（4）数码喷绘：图案通过计算机进行设计，可以随心所欲，充分体现设计师的个性，然后通过数码喷绘技术印出来，色彩丰富，可进行2万种颜色的高精细图案的印制，并且大大缩短了设计到生产的时间，做到了单件个性化的生产。

4. T恤图案设计

进行T恤图案设计首先必须掌握T恤印花的基本工艺，还要了解生产者的印花技术水平及所用的T恤印花设备。例如，彩色面料的T恤一直是采用水性胶浆涂料印花的，但如果生产者掌握了热固塑胶印墨的生产技术并购置了相应的设备（主要为T恤印花机、红外烘干器、红外T恤烘炉等），他就可以采用热固墨对彩色面料T恤进行印花进行加工。而胶浆印花与热固墨印花对图案的设计有不同的要求，胶浆只能进行简单的色块图案印花，热固墨则可以采用加网过渡阶调印花，不仅可以在白色T恤上进行原色加网印花，还可以在深色T恤上进行专色加网印花。设计人员设计的图案如果与生产者所掌握的技术工艺不相符，则印刷出来的图案达不到设计者的原创的意图和效果，甚至根本无法施印。因此，T恤设计师必须是T恤印花工艺的熟练掌握者，特别是优秀的T恤设计师必将十分关注世界上最新T恤印料和印花设备的发展状况及其技术特点，以便以最快的速度采用最新的科技成果生产出新颖别致的T恤来。

T恤图案设计时往往最先考虑三个问题：品牌风格的要求；采用最新的T恤印花技术达到独特出彩的艺术效果；最佳的成本利润率。

T恤印花中常用分色加网印刷技术，近年来，电脑桌面出版系统的普及和竞争使分色加网的制作费用大幅降低，这一进步如同印刷业中的由凸版印刷进步到胶版印刷，T恤设计人员摆脱了色块图案的设计限制（胶浆印花除外），拥有了更大的创作空间，不论是照片效果、绘画效果还是喷绘效果都可以很方便地通过加网网版印刷技术在T恤上得到再现。这是当代科技的进步，同时也对T恤设计人员提出了掌握数字化技术的要求。

（1）制版稿制作

制版稿又可称为黑白稿、分色稿、制版底片等。其主要功能就是晒制感光印刷模版，因此，制版稿必须绘制在透光的基片上，其图像为不透光的墨层（黑色或红色），基片的透光性和墨层的遮光密度是决定制版稿质量的关键指标。制版稿图像的形成主要采用手工绘稿、手工或机械刻稿、感光拷贝、激光照排、打印机印稿等制作方法，但也有采用对普通纸稿进行透光处理（如上油）后作为制版稿的。

A. 分色

T恤设计分色方式主要为两大类：专色分色与原色分色。

专色分色是指以任一专门调配好的颜色单独作为一个印刷色，由这样的若干专色经过套色印刷形成彩色图像。我们平常所讲的五套色印刷、十二套色印花，就是指由五个专色或十二个专色依次套印而形成彩色图像印刷制品。但是，专色的数量并不就等于是图像的色彩数量，因为专色也是可以叠印的，所以五个专色也可以印出六色甚至七色八色的图案来。专色印刷主要用于色块印刷，其对自然景象的反映只能是摸拟而非还原，这是与原色印刷最大的区别。但随着加网印刷技术的发展和新型墨的开发，近几年专色加网印刷又异军突起，特别是在T恤印花中,当前国际上最新潮的 T 恤图案最先进的 T 恤印花技术已不是原色印花而是专色加网印花了,即在彩色特别是黑色 T 恤上进行多套色专色加网印花。

原色分色是指将自然色彩的图像分解为三原色(品红、青、黄),以便进行三原色阶调印刷从而达到还原物体映像的目的。自然界任何色彩都是由三原色所构成,所以从理论上讲采用青、品红、黄、三块色版就可以印出逼真的还原图像来,但是由于各种因素的限制三原色印刷品又是很难达到这一点的。因此在实际印刷中通常采用的是四色印刷,即三原色加黑色。近几年在国际上为了更逼真地还原色彩,在四色印刷的基础上又发展了六色印刷、七色印刷,其原理是在四色的基础上再将复合色橙、紫、绿等色分离出来,以便在印刷中降低灰度达到高保真的效果。为了与专色印刷进行区分,通常把对自然色彩的图案通过光学或数字化技术进行分色而进行的还原印花都称为原色印刷(可以理解为还原色彩印刷),它与光学、色彩学上的原色(仅为三原色)概念是有区别的。

原色印刷与专色印刷并非不相容。在国际上,彩色印刷的最新发展就是原色与专色相结合进行专原色印刷,其发挥了二者之所长,相得益彰,具有更高级的印刷效果,属于精品印刷。这在 T 恤印花中也得到了充分的发挥。一件 T 恤印花,除了四原色外,再配上几套专色、发泡印花和水晶浆印花,就会产生立体感强的效果,重点印花部位色彩斑斓,光彩夺目。

T 恤设计师进行设计构图时一般都会给出印花的要求,拿到这样的设计稿后只要按其要求进行分色即可。设计师了解专色印花和原色印花的制作工艺是很重要的,这直接影响图案设计效果。

B. 印花制版稿分色

印花制版稿分色是用于感光制作相应的分色网印版的。对其质量要求一是基片透光性能好,二是图像遮光密度高,三是各分色片之间的对位套色精度要准,还有图像线条边缘光洁整齐、网点饱满清晰。

(a)多套色分色片定位一般都采用十字线为基准,但是在晒版过程中常常容易把分色片放反,或是正反面搞错,或是图形上下颠倒,如果采用的是左正右斜的方法打定位十字线,即左边为+,右边为×,这样就杜绝了差错。

(b)由于红撕膜价格比较贵,且不容易购买到,因此可以用红色自粘纸代替。只要将红色自粘纸贴在 PVC 薄膜(复在原稿或线条稿上)上,即可用刻刀刻绘了。由于红色自粘纸的透光性远不如红撕膜,所以灯光绘图桌的灯光应明亮一些。这样,即可达到价格低廉、遮光效果好,而且线条光洁,不怕水湿,更妙的是修改方便——只要揭掉重新贴刻即可,而红撕摸是不可以重新刻的,墨绘也只能做小的修改。

(c)如果二块印花色版的图案不相连接或套印,可以考虑将两个色稿绘在一张膜片上,晒版时晒制二块版,A 版封闭 B 图案、B 版封闭 A 图案。甚至也可以晒制一块版,在 AB 图案间加一隔墨带,用一块版同时印二色。

C. 手工制稿

手工制稿是最基本的传统方法,主要为手工绘稿和手工刻稿。

手工制稿工具主要有:灯光绘图桌(OA 桌)、绘图墨水笔、绘图圆规、三角板、曲线板、刻纸刀、钢尺、绘图 PVC 薄膜、PCV 薄膜绘图墨水、红撕膜、红色自粘纸等。

灯光描稿桌,光源一般为日光灯,如采用白炽灯,则应该用磨砂玻璃或在玻璃下面贴一层拷贝纸,这样光线才比较柔和不伤眼睛。如在家中或临时场所需进行描图,应急的办法是将方凳反放在地上，四支凳腿上放一块玻璃，下面放一盏台灯，就可以使用了。

绘图墨水笔，多采用针管笔，笔头直径 0.2～1.3mm。

钢尺用于刻红撕膜和自粘纸。用三角板，曲线板等绘图时，应将斜边面朝下，以避免墨水被尺边拖带。

一般的绘图墨水不可以用来绘制膜片，因为其干燥慢、牢度差、遇水溶化雨天返潮。绘制 PVC 膜片最好采用特制的薄膜绘图墨水，用签字笔也可以描图。

手工绘稿之前务必用肥皂把双手清洗干净，因为手上的油脂若沾在膜片上会影响墨水的绘涂。

要根据所用浆料及套印顺序来进行绘图。印花胶浆具有遮盖力，因此其各色稿的图形接触线可以多叠印一些，甚至浅色色稿可以作为深色图形的打底色。如面料颜色较深可以考虑打白底，胶浆印花分色稿的绘稿顺序与其印花工序正好相反，即先画深色稿，再画浅色稿，最后是白底稿。

水浆主要用于印白色 T恤，为透明性质的印花涂料，因此分色稿各色稿之间的按触线的叠印为 1～2mm，如叠印过多则容易出现二色叠印的复合色。画稿顺序为先画具有轮廓线的色稿（通常为黑色），然后以这张膜片为基准，由浅色到深色依次绘稿。

发泡印花版的分色片要留有发泡浆鼓胀的余地，高泡约 1～2mm，低泡约 0.5～1.0mm。

手工绘(刻)稿的基本要求是线条流畅、平滑、光洁，绘描的墨稿一般都必须要用刻刀进行修整，特别是尖角部位。

D. 电脑数字化制稿

随着电脑科技和生产的发展，电脑数字化设计与绘稿、制稿在我国已相当普及。与手工绘稿刻稿、照相制稿相比较，它具有更高的质量、更快的速度、更方便的制作、日益低廉的成本等优势，特别是其分色加网的质量远超过手工和光电制作的水平，已成为广泛应用的制作手段。

在电脑上进行 T恤图案的设计、分色、加网、出片等一系列工作，都要通过操作专业的图文设计软件和出版软件来完成。通用型软件如 Adobe LIIustrator、photoshop、CoreIDraw 等主要用于图像文字的设计制作，但如采用专业网版印刷软件将会更方便。

通过电脑对 T恤图案进行数字化处理的程式一般为：图文输入—设计编辑—出效果彩稿—分色—加网—设定加网角度—输出。

如果交给专业人士去制作，一定要将一些技术要求告之：

(a)分色意图。是原色分色还是专色分色或是专原色分色等，一定让制作人员清楚。

(b)加网。T恤印花加网一般为 60线以下，对加网线数的限定取决于印料的生产特性、面料质地和颜色等因素。胶浆印花通常不适宜于加网印花，特殊情况下采用加网印花技术，加网线数应在 40线以下。水浆印花的加网线数一般为 50线左右。热熔墨的加网线数可在 35～60线之间选择，如果面料颜色较深可采用 35～45 的线数以求印墨遮盖力强一些，发泡墨、水晶墨加网线数宜粗不宜细，打白底的线数应粗于其他印色的线数。由于热熔墨的永不塞网特性，70～80线的网版也是可以采用的。T恤印花的网点形态通常采用椭圆形、圆形网点。

(c)T恤加网的角度一般为间隔 15°通常由 5°开始。隔 20°开始第七色的加网角度（仍然相隔 15°）。

(d)特别要提醒制作人员注意，要出正阳片即正面的阳图片，这与通常印刷制版稿不同。

输出的主要方法有：

（a）打印机绘稿。喷墨打印机、激光打印机和喷蜡打印机均可使用，激光打印机的购置成本较高但使用成本略低，喷墨打印机购置成本低但墨的使用成本高，而喷蜡打印机（也称干式打印机）的购置成本使用成本均高。就绘制胶片的质量而言，喷蜡打印机最佳，激光打印机也不错，喷墨打印机较差。

（b）刻字机刻稿。即利用电脑刻字机在红色（黑色）自粘纸上刻出图案后再贴在PVC簿膜上，但刻字机刻稿的精度不如打印机，只可用于套色要求精度不高的印刷。

（c）激光照排版。激光照排版是制作胶片质量最高的方法。只是由于激光照排版设备相当昂贵，只有具一定规模的制版中心才会配置，所以一般都是将编辑好的软件送到制版中心去出片。价格要高于打印机绘稿，但质量要好得多。

过程一：市场调研及流行信息收集

企业产品的定位取决于市场的需求和企业的综合能力。市场调研是为了了解企业产品的定位、风格，以便更好的制定设计目标，把握服装风格；而流行信息是把握市场命脉的重要资源，当设计师明确了设计的目标之后，收集相关的流行资讯，把握市场的流行动向是产品设计的重要前提。

一、品牌设计理念和产品定位、风格的调研

设计理念是指导设计行为的行动纲领，设计理念与设计结果成因果关系。人的行为源于思维，有什么样的思维，就有什么样的行为；而产品的定位和风格是一个品牌赖以生存的法宝，也是品牌服装追求的根本。品牌设计理念及产品的定位、风格在产品开发中起着重要的作用，因此，在品牌产品设计之前，有必要对产品的设计理念、定位和风格进行调研。

二、相关品牌的调研

相关品牌是指与品牌的设计定位和设计风格相近的服装品牌，也包括企业品牌的一些参考品牌（同本品牌的设计定位和设计风格相近但档次更高的服装品牌）。对于相关品牌的调研，主要是要了解相关品牌服装的款式结构特点、色彩的应用与搭配、装饰细节和工艺特点等，以取长补短，增强自身品牌产品的市场竞争力。

三、国际流行资讯及信息的收集

国际流行咨询和信息是服装产品款式设计和色彩选择与面料应用的风向标，正确地把握流行趋势是服装产品设计中重要的一步。国际流行咨询和信息的收集包括国际流行趋势、流行色、流行款式与廓型和面辅料流行信息及服饰搭配等信息的收集。

四、市场调研报告

调研报告是市场调研的最后一个阶段，也是十分重要的一个阶段。调查的数据、资料等经过分析、归纳和总结之后,为我们提供了基本的依据,但是我们还是要把调研研究的成果用文字及图表的形式表达出来,形成报告,为公司领导做出有效的策略提供参考。

调研报告主要包括调研背景、目的,调研方法、地点、调研内容及调研结果等部分。

■ **案例：**

ZJ·FASHION 产品开发前目标品牌市场调研报告

一、网络调研

调研时间：2014.7.8

调研地址：百度百科、WGSN 流行资讯网站、YOKA 时尚网

调研内容：

1. 了解品牌风格

2. 初秋系列和秋冬系列主打色系比较

3. 该季节的款式特点和工艺细节处理

调研品牌：三宅一生(Issey Miyake)2014 初秋/2014 秋冬系列

网络调研资料汇总：

1. 品牌风格

三宅一生(Issey Miyake)用一种最简单、无需细节的独特素材把服装的美丽展现出来,其品牌时装一直以无结构模式进行设计,摆脱了西方传统的造型模式,而以深向的反思维进行创意,掰开、揉碎,再组合,形成惊人奇突的构造,同时又具有宽泛、雍容的内涵。用"解构主义"设计风格形容该品牌是最恰当不过,品牌借鉴东方制衣技术以及包裹缠绕的立体裁剪技术,在结构上任意挥洒,任马由缰,释放出无拘无束的创造力激情,往往令观者为之瞠目惊叹。

三宅一生(Issey Miyake)打破高级时装及成衣一向平整光洁的定式,以各种各样的材料,如日本宣纸、白棉布、针织棉布、亚麻等,创造出各种肌理效果,其品牌总是以前卫、大胆的设计形象展示给钟情的客户。

三宅一生(Issey Miyake)主要消费群是 30～55 岁的时尚女性,具有内敛的风格,追求用钱买不到的审美自信的女性。

2. 初秋系列和秋冬系列主打色系比较

三宅一生(Issey Miyake)2014 年秋冬季产品以"壮丽的丛林生活"为灵感主题,

通过对 YOKA 时尚网站和 WGSN 世界时尚资讯网站发布的信息资料归纳,对三宅一生(Issey Miyake)2014 初秋和秋冬的色系进行归纳如下(案例图 1～案例图 3)：

(1)灰绿色系——2014 初秋和 2014 秋冬

案例图 1　2014 灰绿色系——初秋、秋冬

(2)红咔色系——2014 初秋和 2014 秋冬

案例图 2　2014 红咔色系——初秋、秋冬

（3）灰色系——2014 初秋和 2014 秋冬

案例图 3　2014 灰色系——初秋、秋冬

从以上色系我们可以看出，虽然设计时分成两个波段-初秋和秋冬季节，但产品从色彩上是相互延续，协调搭配；随着季节的变化，总体色彩的明度逐渐降低，色度也逐渐灰度增加，整个色彩都围绕着灵感主题"壮丽的丛林生活"来设计。

3. 款式特点和工艺细节

ISSEY MIYAKE(三宅一生)2014 年初秋和秋冬产品，以大自然的色彩和树木、树叶等肌理为灵感，通过图案变形，设计出近似几何图案的印花和提花面料，具体的款式如下：

2014 年初秋典型款式(案例图 4～案例图 6)：

在这一季节里，ISSEY MIYAKE(三宅一生)设计师宫前义之带推出的外衣主要以箱型和蚕茧型廓型为主，配以铅笔裤，撞色绲线装饰，以树木的年轮为灵感的抽象几何图案，在设计上实现了复杂与简约的平衡。

案例图 4　2014 灰绿色系——初秋

案例图 5　2014 红咔色系——初秋

案例图 6　2014 灰色系——初秋

2014 年秋冬典型款式(案例图 7～案例图 9)：

在这一季节里,工艺上 ISSEY MIYAKE(三宅一生)应用了蒸汽塑型技术仿照树木的肌理定型,色彩丰富的提花织物外套以及懒洋洋的大翻领外衣,呈现出一种扇形或者圆形的效果,让人联想起棕色或者绿色的树。

案例图 7　2014 灰绿色系——秋冬

案例图 8　2014 红咔色系——秋冬

案例图 9 2014 灰色系——秋冬

4. 总结

经过对 ISSEY MIYAKE(三宅一生)网络资料调研,从中能学到大师们和成熟品牌在设计中统一的设计风格、无限的创意理念和对自然的尊重。同时在设计中利用新技术创造新面料,及时普通的面料也会进行二次再造,使服装款式耳目一新。

网络上海量的时装资料不仅填补了我们对服装品牌认知上的空白,也让我们得到了色彩策划和款式细节设计的重要参考资料。ISSEY MIYAKE(三宅一生)是 ZJ. FASHION 品牌的目标参考品牌,主要借鉴该品牌在廓型和设计细节方面的优势,在接下来的设计中,应该学习他们面料创意的优点,充分发挥服装技术优势,设计具有特色的新款。

二、商圈调研

调研时间:2014.6.8

调研地址:宁波天一广场商圈、万达广场、银泰百货

调研内容:

1. 了解品牌的主题风格

2. 了解当季主要款式

3. 了解品牌女装的工艺细节处理

4. 店铺视觉陈列

调研品牌:例外(EXCEPTION)

1. 主题风格

例外(EXCEPTION)品牌总是带着对世界、对生活、对生命的思考,把服装融入到艺术与设计中,素、雅、适是对例外风格最好的概括,表现了例外对生活的追求。例外(EXCEPTION)以其质朴纯净的服装语言和返观心源的人文艺术形态,引领着自然、生态、纯真之生活方式的复归。一直坚持环保为主,手工为基的原则,保护自然环境并珍重文化的继承与流传。

例外(EXCEPTION)的消费群层次是 25~45 岁的知识女性,具有一定艺术品味而又热爱时尚的女性。

2. 主要款式

例外(EXCEPTION)品牌 2014 年夏季产品,通过对实体店面调研,了解了该品牌本季节的主推款式主要以裙为主,如案例图 10 所示。

案例图 10　例外 2014 年夏季款式

例外 2014 年夏装设计灵感源于"淡"字的蕴意。"淡"字由水和火构成,水和火也是世界构成的基本元素。当水与火相遇,在两极相融的均衡状态里,孕育生生不息的自然万物。淡系列面向生命原点,澄净自我,回归平淡。

色彩运用上,以蓝与红比喻水与火。造型上,淡系列以 A 型和 H 型为主体廓型,回归身体的极简设计手法,呈现优雅而大气的东方女性气质,自由、浪漫,以平淡之心融入更广大的世界。"淡"系列以印花、重绣、手钩、碧纹染等特色工艺,将大自然风貌展现于图案与肌理之上,展现水与火相生的大自然秀丽之美,呈现出丰富的层次感和流畅的肌理效果。

3. 面料特点

例外(EXCEPTION)品牌采用棉、麻、丝、毛等天然材质,以天然方法染整,强调环保、自然、朴实的生活方式。面料细腻的肌理展开丰富的变奏,经过水洗磨毛的表面效果一方面表达穿着者的生活态度和个性的向往,一方面又刺激穿着者的灵感。

4. 工艺细节处理

在工艺细节处理上常采用手工艺来增加质感,如案例图 11 所示,右边裙子褶皱的叠加;提花绣花的应用。右边的款式斜门襟,手工钩边,产生自然的褶皱效果,与长裙的褶皱相配。黑色上上衣领口和袖口采用抽纱镂空工艺,镂空后的效果打破了黑色的厚重,多了女人的柔美。

5. 店铺视觉陈列

例外(EXCEPTION)品牌店铺设计概念主要来源于洞穴式构造,传达人之本源的意境,店外将弧形的拐角搭配细细的线条装饰,层层包裹,体现品牌大气包容的东方哲学思想和审美情趣。店内采用原木做为主要的装饰材料,条纹的流线性装饰体现了女性的柔美,用木料来装饰,不一样的色调,晕染出别具一格的人文风雅。门口采用开放式,敞开胸怀迎接尊贵的宾客,希望顾客感受到空间带来的纯净、质朴,在这里能驻足、歇息、静思、修炼(案例图 12)。

案例图 11　例外 2014 年夏季款式细节

案例图 12　例外店铺视觉陈列

6. 总结

　　经过这次实体商圈的市场调研,让我们更好地了解了例外(EXCEPTION)品牌的设计风格、服装款式、工艺细节等,不仅弥补了我们对服装品牌认知上的短缺,也让我们体会到了东方文化之博大精深，只要深入挖掘都能得到很好地设计灵感。这次调研为我们设计 ZJ. FASHION 品牌服装找到了方向。

> **思考与练习：**
>
> 1. 通过网络资源调研 ZJ. FASHION 品牌的国外参考品牌一个，然后写一篇调研报告。要求：
> (1)详细了解品牌风格；
> (2)归纳品牌色彩策划细节，把握款式特点；
> (3)条理清晰，数据正确，图文并茂，字数不少于 1000 字，提交电子文档和打印稿。
> 2. 实体商圈调研 ZJ. FASHION 品牌的国内参考品牌一个，然后提交照片一组，要求：
> (1)店铺视觉陈列照片一组，配有文字解说；
> (2)具体款式细节图片一组；配有文字解说；
> (3)小组调研团队照片一张，说明参加者姓名和分工。

过程二：产品设计企划

品牌服装设计企划不是简单地数据和格式的整理，而是意味着要承担下一季产品销售状况预测、指导设计团队工作、并且要详细规划设计师工作任务等。

大概念的企划包括目标企划、情报企划、形象企划、协调企划、项目企划、设计企划、销售企划等，不同的企划书所要陈述的问题是不同的。

具体的品牌产品的设计企划相对大概念的企划范围要小一些，主要要确定品牌产品风格定位(DNA)、产品消费对象、本季节产品设计主题、产品的类别、定价、色系的选择，主要的款式特点及面辅料的选择方向等因素。

一、品牌服装设计主题、风格的确定

服装设计主题和风格的确定是指产品的设计风格和设计主题的定位，产品设计企划中要求将系列产品的主题理念、设计风格具象化，并通过看得见的形象及与服装产品有关的四周的气氛，将本季提出来的设计概念，包括主题理念和设计风格加以诠释。

二、色系的策划

品牌服装在色系策划时要考虑预测机构每年发布的流行色，在确定色系时应选用萌芽色，同时要根据自身品牌的风格、设计定位选择流行色组中合适明度、纯度的色彩，同时为了使整体配色效果丰富且具有层次感，应当选择无彩色或者起对比、调和作用的相关色彩作为辅助色。

产品色系的策划包括色系提炼和确定两个过程，在确定色系的过程中，注意既要与流行色同步，又要与上一季的色彩衔接，同时还要注意各组色系之间的相互关系。

三、款式特征的确定

根据品牌的设计主题和风格确定服装的款式特征,然后在设计款式时再根据确定的主要特征做内部细节结构的设计。

四、面辅料方向的确定

根据品牌的定位和风格确定主打面料及辅助面料,同时要考虑面料肌理、纹理、印绣花图案以及与之搭配的各种辅料等。

五、产品类别数量的确定

根据产品的销售季节确定所要设计的产品以及各类别的产品数量及所占总设计量的比例。

六、其他相关内容的确定

是指上述几项内容中没有提到的一些内容:如与服装风格能协调搭配的各种配饰、产品开发的进度、各部门的分工等。

■ **案例:**

ZJ·FASHION 2015 年产品开发前设计企划

一、流行情报解读企划

关注国际流行趋势是每个品牌必做的功课,情报企划是必不可少的。ZJ·FASHION 品牌对流行情报一项非常重视,在每个季节开始设计前都要进行一次时尚头脑风暴,聘请权威机构来预测未来的流行趋势,本季节的流行情报解读安排如下表(案例表 1):

案例表 1 流行情报解读时间表

时 间	内 容	解读者	备 注
9 月 4 日	反馈巴黎 PV 展面料流行动向	ZJ·FASHION 品牌总监	每年设计总监和主要设计师都参加巴黎 PV 展、伦敦 pure 展、巴黎成衣展、佛罗伦萨 piti uomo 展而获取第一手流行信息
9 月 5 日	2015 秋冬女装流行趋势	Beclers(贝克莱尔)公司中国时尚策划主管	法国 Beclers(贝克莱尔)公司是目前全球著名的时尚策划公司之一,参与国内很多公司的产品企划,有丰富的经验
9 月 7 日	2015 秋冬女装趋势信息分享	WGSN 世界时尚资讯公司中国代表	英国 WGSN 世界时尚资讯公司是目前全球比较权威的时尚资讯网站,海量的时尚信息对开拓设计师的思路很有帮助
9 月 8 日	2014 秋冬销售分析	ZJ·FASHION 营销总监	上一季节的销售数据对本季节的产品开发有很重要的参考价值,在会上设计师们将会了解到详细的销售数据
9 月 9 日	讨论	ZJ·FASHION 品牌总监	经过时尚头脑风暴后,总监组织讨论,归纳总结,为品牌的产品主题企划做好准备

二、产品开发主题企划

ZJ•FASHION 品牌继续延续固有的风格,突出自然的、创意的、解构主义的和现代工艺的特点。在 2015 年秋季主要推出了三个主题:主题一:永恒岁月;主题二:数字时代;主题三:现代假日。

主题一:永恒岁月。抹除记忆中的历史,让时间和时空凝聚,直到黑与白的极端。设计者能够以独具匠心的手法,对办公室的空间设计与活动在此空间的女人们浑然一起,黑白灰搭配、笔挺有型、建筑风格是阐述这一主题的主要元素(案例图 1)。

案例图 1　主题一:永恒岁月

主题二:数字时代。我们生活在一个图像和数字当道的世界,我们对图像的加工,比如分解、解构、扭曲、拆分和叠加等手法,使我们对真实的自然和数字世界难以区分,工程蓝图变形处理、网络线条、方格面料和手工细节装饰是阐述这一主题的主要元素(案例图 2)。

主题三:现代假日。快节奏的现代生活,让假期变成了一种奢侈,人们在适应瞬息万变的世界的同时,从来没有忘记忙里偷闲,放慢脚步,思考过去,用极简表达休闲的元素,强调简洁的线条和外衣廓型,数码印花的女人味实足的衬衣来与简洁风格搭配,配中性裤装,形成了刚中带柔、柔中带刚的都市女性知性独特的美(案例图 3)。

三、产品开发数量企划

产品开发数量以及大货生产的数量是根据前一季度的销售数据和店铺拓展情况而定的,ZJ•FASHION 品牌 2015 年秋季产品计划完成成品样衣 180 件,投产样衣 144 件。具体的单品企划见案例表 2。

案例图 2　主题二：数字时代

案例图 3　主题三：现代假日

案例表 2　单品企划数量表

本季开发数量（144 款成品，打样 180 款，草图 1800 款）36 人				
类别	设计草图	打样款	确定款	参与学生
衣（外套、背心类）	400	40	35	8
衬衫类	300	30	25	6
连衣裙（背心裙）	220	22	17	4
裤子（长、短裤）	380	38	28	8
短　裙	200	20	14	4
毛　衣	300	30	25	6

产品开发数量的比例根据品牌的主打产品和核心款决定,秋季产品一般上衣外套和裤子的比例较高,具体货品数量所占比例如案例图4所示。

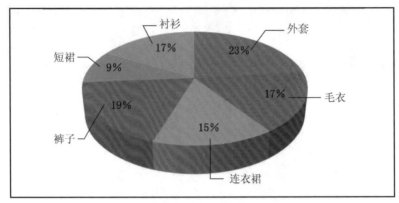

案例图4　产品数量比例

四、产品波段上市企划

产品开发以上市时间为主线进行设计,也可以以产品类型为主线进行设计。以上市时间为主线设计有其诸多优势:

1. 有利于南北市场波段供货。由于我国地域辽阔,南北方气候跨度较大,因此设计部门首先完成第一波上市产品的设计和确认是很重要的一步,这样的计划为生产部留有足够的生产和组织货源的时间,也能保证品牌产品整体风格的推出。

2. 有利于设计部及时调整产品结构。当第一波产品开发结束后,经过筛选、审核、确认,如果发现产品比例不当或者产品类型不足时可以及时调整,进而在第二波和第三波的产品设计中进行补充。

3. 有利于完整的把握产品系列感。按波段时间进行设计,避免了单款设计的缺点,使完成的款式都能成系列推出,也能更好的把握服装的相互搭配。

因此每个品牌对产品波段上市企划都很重视,上市的波段也根据季节和气温的变化开发不同的款式,

ZJ·FASHION 品牌 2015 年秋季产品的波段上市企划见案例表 3。

案例表 3　波段上市企划表

类别	日期	第一波上市数量	第二波上市数量	第二波上市数量
上衣(外套、背心类)	35	15	10	10
衬衫类	25	15	5	5
连衣裙(背心裙)	17	6	6	5
裤子(长、短裤)	28	10	10	8
短裙	14	6	4	4
毛衣	25	10	8	7

案例表 3 是 2015 年秋季波段上市的数量,从表中可以看出,第一波段、第二波段和第三波段上市的款式数量不是均衡平分,而是有所区别,其原因是:上衣(外套、背心类)、裤子(长、短裤)、毛衣在两个波段中都是主要产品,所以每个波段的数量基本相等,只是在选用面料时第一波段的产品要比第二波段稍薄一些;第三波段靠近新年

和春节,因此连衣裙的上市数量几乎是平均分配;衬衫类则第一波段的数量多于第二和第三波段,这些类别的服装适合初秋穿着,第二和第三波段的衬衫也要用较厚的面料制作。

五、产品款式设计日程企划

产品款式设计企划在整个企划中是最重要的一项。它决定着该季节产品开发的质量和数量,也决定着下一季节的销售情况,是品牌的命脉。案例表 4 是 ZJ·FASHION 品牌的产品款式设计日程企划,学生也跟随企业的进度开始设计。

案例表 4　款式设计日程企划表

月份	日期	企业设计日程	学生设计日程
9 月	9 月 4 日—9 月 9 日	解读主色彩风格 确定产品主题 收集主题概念款式	企业调研,了解产品风格 相关品牌调研 解读主色彩风格 确定推出的主要产品系列
	9 月 9 日—9 月 22 日	确定设计方案 设计基本款	确定设计方案 设计基本款
9 月—10 月	9 月 23 日—10 月 25 日	面辅料采购 首批样衣制板、坯样试制	采购样衣材料 首批样衣制板、坯样试制
10 月—11 月	10 月 26 日—11 月 3 日	首批样衣试穿、改进款式和工艺 第一次评选样衣	首批样衣试穿、改进款式和工艺 第一次评选样衣
11 月—12 月	11 月 3 日—11 月 18 日	继续样衣制板、坯样试制	采购样衣材料 继续样衣制板、坯样试制 完善款式设计方案
	11 月 18 日—12 月 15 日	制作样衣工艺单,跟单	加工成系列样衣
	12 月 15 日—12 月 17 日	样衣完善,整体搭配 订货会	学生作业评价 企业选款,评价 准备动态表演,模拟订货会

思考与练习:

1. 通过对流行趋势、流行主题及概念款式的研究及通过 ZJ·FASHION 品牌企划的案例学习,制定详细的下一季产品设计企划案,要求收集提炼概念款式,作业用 PPT 格式,以电子文档上交。

2. 分组讨论各组的设计计划,按照周课时来制定详细计划,特别要确定每周的审核款式的具体时间,以电子文档形式上交。

过程三：产品款式设计

根据 ZJ·FASHZON 2015 年产品开发前设计企划中的案例表 3 的产品波段上市企划,设计开发一般以波段的方式展开,首先要完成第一波段的款式设计。由于我国地域辽阔,南北方气候跨度较大,因此设计部门首先完成第一波上市产品的设计和确认是很重要的一步,这样的计划为生产部留有足够的生产和组织货源的时间,也能保证品牌产品整体风格的推出。在开始具体款式设计时,就会面对具体的问题,比如,在大主题下,每个主题的基本款式、基本款式确定后的拓展款式设计、面辅料的选择以及装饰图案的确定。

一、基本款的设计

在产品开发中确立基本款式的设计是重要的第一步,主要从基本款廓型、基本款面辅料选择、基本图案设计以及款式内部结构设计等方面来确定整个季节的产品组成,要像建筑师那样,考虑设计元素、构建廓型、设计合体性和结构,最后进行装饰、加工等。

二、面料的选择

面料选择的好坏直接影响到款式效果的实现。在第一波段产品设计中,由于是夏末和秋初的过渡,这一波段选择面料时要轻薄和透气性好的面料,另外还要根据基本款的款式特点,再结合品牌的定位和风格选择合适的试样面料。

三、款式的拓展设计

在确定了品牌产品的基本款式之后,要对各个服类进行款式的拓展设计,在拓展设计过程中,是每个设计师发挥个人创意才能的时机,但也是品牌产品开发中比较难的一个环节,往往在实际拓展设计中都会出现款式太靠近概念款式,感觉似曾相识,没有新亮点。所以,在这个阶段,设计总监要经常和设计团队进行头脑风暴,并要经常走时尚街区、参加各类时尚活动而得到灵感,开发出具有创意且能让新工艺应用得当的款式。

四、装饰图案设计

图案、装饰工艺技术在服装产品开发设计中尤为重要,优秀设计师在设计装饰图案时不仅要精通选择面辅料的技巧,还应掌握图案、装饰工艺技术,使服装给人耳目一新的感觉,让图案起到画龙点睛之效果。随着新技术的应用,在图案设计方面也是日益变化,比如随着数码技术的推广,把多色印花变得简单而且仿真效果极佳,这使得设计师能尽情发挥;又如蒸汽塑型技术的推广,把褶皱定型变得容易很多,在款式设计中褶和省可以合二为一,款式廓型定型可以随心所欲。

ZJ・FASHION 2015 年秋装款式设计

一、基本廓型

根据 ZJ・FASHION 品牌企划的主题，通过对各种信息的研究提炼，设计小组共同确定了 2015 年秋季基本廓型如下。

1. 加长箱型

加长箱型廓型是该季节的流行廓型之一，与铅笔裤、高领毛衣搭配，伴着轻盈的步伐动感十足（案例图 1）。

案例图 1　加长箱型

2. 镂空半透型

激光切割技术的广泛应用使镂空变得容易了许多,采用激光切割,配以透明面料,形成若隐若现的效果(案例图 2)。

案例图 2　镂空半透型

3. A 字型

宽松飘逸的造型依赖松弛的大筒裤和面料柔软的长风衣,层次感是这一造型的动人之处,连衣裙也是营造 A 字型的理想款式,短上衣配大摆裙更能体现该廓型的风格(案例图 3)。

案例图 3　A 字型

4. 铅笔型

裁剪合体的裤装配以修身的毛衫,随意成型的毛衫裙都是此造型的塑造能手,铅笔型会显得穿着这干练而又不失柔美,体型姣好的女性穿铅笔型套装能充分展示形体美(案例图 4)。

案例图 4　铅笔型

5. 超短型

宽脚口裤的再度流行,超短上衣也跟随成为这个季节的主角。柔软面料的大脚口长裤与短上衣搭配,飘逸洒脱(案例图 5)。

案例图 5　超短型

6. 不对称型

不对称型是 2015 年的主要流行廓型,可以是下摆的不对称,也可以是上下、里外搭配服装的不对称,变化丰富,层次鲜明,能很好地张扬个性(案例图 6)。

案例图 6 不对称型

二、基本款式

基本款式大多由设计总监和主设计师通过网络和市场调研后选出的具有代表性的款式,如以下基本款式图则是设计总监归纳 ZJ·FASHION 品牌的款式特点收集款式图①。

1. 外套基本款式设计（案例图 7）

案例图 7　外套基本款

2. 马甲基本款式设计（案例图 8）
3. 衬衫基本款式设计（案例图 9）

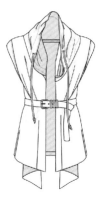

案例图 8　马甲基本款　　　　　　案例图 9　衬衫基本款

---

①http://www. wgsn. com/search/image_library

4. 短裤基本款式设计（案例图10）

案例图 10　短裤基本款

5. 长裤基本款式设计（案例图11）

案例图 11　长裤基本款

6. 短裙基本款式设计（案例图12）

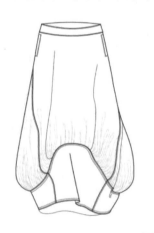

案例图 12　短裙基本款

7. 连衣裙基本款式设计（案例图 13）

案例图 13　连衣裙基本款

8. 毛衫基本款式设计（案例图 14）

案例图 14　毛衫基本款

三、款式拓展设计

款式拓展设计是每个设计师都需要参与的工作,按照设计企划任务进行分配,分组设计,ZJ·FASHION 品牌拓展设计是按照服装品类来进行设计的,下面是设计师和部分学生的设计作品。

1. 外套款式拓展设计（案例图 15）

案例图 15　外套拓展款

2. 马甲款式拓展设计（案例图 16）

案例图 16　马甲拓展款

3. 衬衫款式拓展设计（案例图 17）

案例图17　衬衫拓展款

4. 裤装款式拓展设计（案例图18）

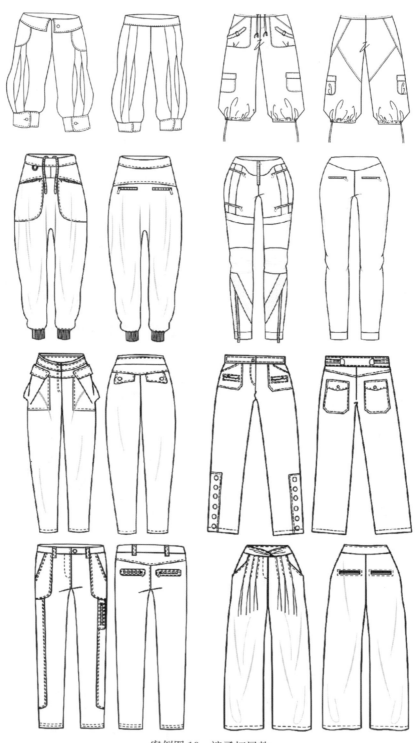

案例图18　裤子拓展款

5. 短裙款式拓展设计（案例图 19）

案例图 19　短裙拓展款

6. 连衣裙拓展设计（案例图20）

案例图 20　连衣裙拓展款

7. 毛衫及针织衫款式拓展设计（案例图 21）

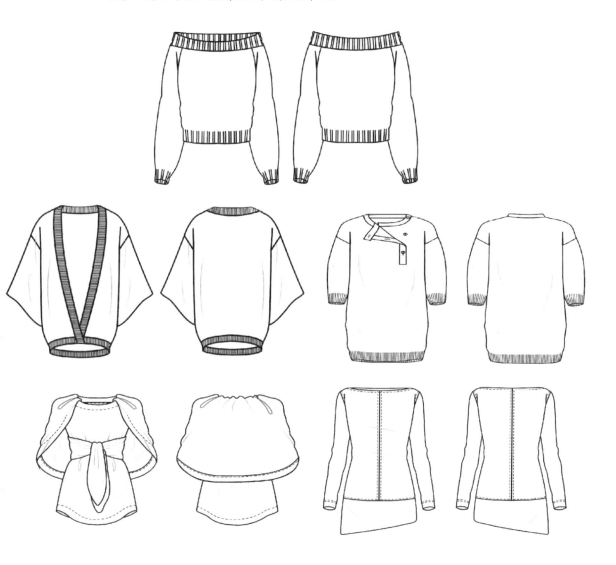

案例图 21　毛衫及针织衫拓展款

过程四：样衣生产通知单制作

样衣试制是生产企业的技术部门根据设计师所画的款式效果图或客户的来图、来样及其他相关要求，结合自身的条件所进行的实物样衣试制。其目的是通过样衣试制，充分了解产品特征，为更好体现设计意愿和客户的要求，摸索和总结一套既能符合生产条件、又能保证产品质量的科学、有效的生产工艺和操作方法，以修正不合理的因素，总结出一份合理、有效的生产技术文件，用以指导大批量生产。

在内销产品的生产企业中，样衣试制必须有设计部门下达给技术部门的生产样衣任务书，即样衣生产通知单。设计师在完成款式设计后，要编写样衣生产通知单，作出款式平面图，说明款式特点、规格要求以及相关的工艺要求等，并附上面辅料小样，交付技术部门试制样衣。

样衣生产通知单的内容包括以下几个方面：

1. 款式编号：是一个款式用于区别其他款式的标志，便于生产各方查询使用。编号的方法在不同的企业均有所不同，但都包含了一定的信息。如：产品的服类、日期等。

2. 下单日期和完成日期：样衣下单的日期和计划要求完成的日期。

3. 款式平面结构图（正、反）、款式说明：强调款式特点、细节设计，以帮助板师对款式的理解。

4. 成品规格表：说明样衣各个部位的成品规格以及某些部位小部件的规格，必要时注明测量方式。

5. 面、辅料小样：必要时注明面、辅料的货号、名称、门幅、规格等。

6. 工艺要求：说明样衣中一些需要注意的工艺要求，强调样衣的一些特殊工艺以及成品所需要达到的工艺质量。

7. 后整理要求：对样衣需要作水洗、砂洗等后整理工序处理的情况进行说明。

8. 改样记录：留此一栏以备样衣需要修改时在上面做修改记录，方便在后面的工作中查看。

9. 设计、制板、样衣制作人员签名，以明确分工、落实责任。

思考与练习：

1. 样衣生产通知单的作用是什么？
2. 选择任意一设计款，编写样衣生产通知单。

ZJ·FASHION 样衣生产通知单

款号：WS-08001B	名称：立领休闲短夹克
下单日期：2015.2.1	完成日期：2015.2.8

款式图：

正面

背面

款式说明： 此款为立领短夹克，款型略合体收腰。前襟部有弧形分割，在衣身上下装拉链，不露齿；系腰带，露齿；右衣身有弧形斜向分割。左衣身斜向分割装拉链，不露齿；系腰带，露齿；右衣身前后各弧形斜向分割。根串带襻。后背弧形育克，后中分割装拉链。衣身前后片分割对齐；袖子为两片袖。袖头分割与衣身分割对齐，袖中线下口开口装拉链。立领，上口略张开，装4个串带襻，系带装饰。

改样记录： 1. 领深加大（8cm改为8.5cm）
2. 衣长加长5cm（50cm改为55cm）
3. 后背育克分割的弧线弧度要改得略微平滑一些
（样衣试穿后填的改样记录。）

规格表（M码） 号型：160/84A） 单位：cm

部位	尺寸	部位	尺寸	部位	尺寸
衣/裤/裙长	50/55	肩宽	39	挂肩	41
胸围	94	领高	6	前胸宽	
腰围	84	前领深	8/8.5	后背宽	38
臀围		前领宽	8.5	下摆宽	
袖长	60	后领深	2.5	裤脚口宽	
袖口	24	后领宽	9	立裆深	

工艺说明： 衣片分割缝合及装拉链处缉明线，宽度0.6cm，装领服贴，领子硬挺，领、系带宽4cm，串带襻长5cm，宽1cm，腰系带宽6cm，串带襻长7cm，宽1.5cm。下摆、袖口缉缝宽2.5cm。样衣要求缝线平整，缉线宽窄一致，整洁无污渍，无线头。

面料： 本白色斜纹棉布

辅料： 配色美丽绸120cm，幅宽110cm
配色无纺衬50cm长白底铜拉链60cm，幅宽110cm
25cm长白底铜拉链3条
配色涤纶线
8mm古铜色按扣1个
7.5cm古铜色腰带扣1个
8mm古铜色气眼6个

绣花印花： 无

水洗： 无

设计：陆亚芳	制版：王炼洋	样衣：王炼洋

第二阶段 产品制板

知识点一:服装样板

一、样板定义

样板简单的说就是生产制作服装的图纸,又称纸样、纸板等,是服装生产中裁剪、缝制和后整理等工序中不可缺少的标样。是产品的规格、造型和工艺的主要依据。样板应用于工业化批量生产中时称之为工业样板,也称系列样板。

二、服装工业制板

服装工业制板是提供合乎款式要求、面料要求、规格尺寸和工艺要求的一整套利于裁剪、缝制和后整理的纸样(PATTERN)或样板的过程。

款式要求是指样板的款式要与客户提供的样衣或经修改的样衣、款式图的式样及设计师的设计稿相符合。

规格尺寸是指根据样板所制作的成衣规格要同根据服装号型系列而制定的样衣尺寸或客户提供的生产该款服装的尺寸相一致,它包括关键部位的尺寸和小部位尺寸等。

工艺要求是指缝制、熨烫、后整理的加工技术要求需在样板上标明。

服装工业制板并不是简单的做一个样板,它是提供符合工业生产所依据的标准的一个过程,包含了绘制样板、试制样衣、样衣的审视和评价、样板修正、确认样板及制作系列板几个步骤。如样衣评审中发现的问题较多,样板的改动较大,则需要重新试制样衣,然后再评审,直至确认,制作成系列样板(图 2-1)。

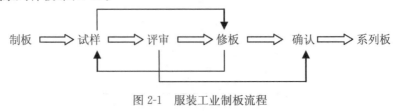

图 2-1 服装工业制板流程

三、服装工业样板

(一)服装工业样板与单裁单做的区别

单裁单做是指满足某一特定人体的要求,对象是单独的个体,由一个人单独完成,常常忽略了制板的许多过程,尤其是样板的标识和裁片单。

服装工业样板研究的对象是大众化的人、具有普遍化的特点。成衣的工业生产是由许多部门共同完成的,这就要求服装工业样板详细、准确、规范,能够让各个部门(裁剪、缝制、整烫和包装)按纸样进行生产。总的来说,服装工业样板要严格按照规格标准、工艺要求进行设计与制作,裁剪纸样上必须标有纸样绘制符号和生产符号,有些还要在工艺单上详细说明。

(二)工业样板的作用

服装工业样板是服装工业制定技术标准的依据,是裁剪、缝制和部分后整理的技术保证,是生产质检部门进行生产管理、质量控制的重要技术依据。

(三)服装工业样板的分类(表 2-1)

表 2-1　服装工业样板分类

工业样板									
裁剪纸样					工艺纸样				
面料样板	里料样板	黏衬样板	内衬样板	辅助样板	修正样板	定位样板	定型样板	定量样板	辅助样板

1. 裁剪纸样

(1)面料样板:要求结构准确,纸样上标识正确、清晰。

(2)里料样板:里料样板一般比面料样板大 0.2~0.3cm,谓之坐缝量,长度一般短面料纸样的一个折边,也有些服装会使用半里。如里子与面子之间还有内衬,如棉夹克,里子纸样应更长些,以备缲好内衬棉后做一定的修剪。

(3)黏衬样板:衬布有有纺与无纺、可缝与可粘之分,根据不同的面料、部位、效果,有选择的使用衬布,衬布样一般要比面料小 0.3cm。

(4)内衬纸样:介入大身与里子之间,主要起到保暖的作用,毛织物、弹力絮、起绒布、法兰绒等常作为内衬,内衬经常绗缝在里子上,但挂面的内衬是缝在面子上的。

(5)辅助纸样:一般较少,只是起到辅助裁剪的作用。例如,夹克中松紧长度样板,用于挂衣的织带长度样板等(也可归类于工艺纸样中的辅助样板)。

2. 工艺样板

(1)修正样板:主要用于校对裁片,如在缝制西服之前,裁片经过高温加压黏衬后会发生热缩变形等现象,这就需要用标准的纸样修剪裁片。另外,对格、对条的衣片也需要修正纸样,由于大批量开裁时会造成条、格的错开,所以要每件对条、对格修剪裁片(有时可归类为裁剪纸样)。

(2)定位样板:在缝制过程中用于确定某些部位、部件位置的样板,主要用于不易钻孔定位的高档毛料产品的口袋、扣眼、省道等位置的定位。定位板多以邻近相关部位为基准进行定位,通常作成漏花板的形式。定位板有净样、毛样、半净半毛样之分,主要用于半成品中某些部位的定位,定位纸样与修正纸样有时两者合用。

(3)定型样板:主要在缝制过程中,用于掌握某些小部位、小部件的形状的样板。例如,西服的前止口、领子,衬衫的领子、贴袋等。定型纸样一般使用净样板,缝制时要求准确,不允许有误差。定型纸样的质地应选择较硬而又耐磨的材料。

定型板根据用法可分为三种:画线模板,缉线模板,扣边模板。

(4)定量板:用于衡量某些部位宽度、距离的小型模板。

(5)辅助样板:在缝制与整烫过程中起辅助作用的样板。例如,腰的净样板,用于整烫、定位。裤口净样板,用于校正裤口大小,以保证左右一致等。

知识点二:国家服装号型标准及应用

一、号型的内容

(一) 号型定义

服装号型是服装长短和肥瘦的标志,是根据正常人体体型规律和使用需要,选用最有代表性的部位,经过合理归并设置的。

"号":是以 cm 表示的人体身高(从头顶垂直到地平面)。其中也包含颈椎点高、坐姿颈椎点高、腰围高等各主要控制部位数值。"号"是设计服装长度的依据。

"型":是以 cm 表示的人体净胸围或腰围。其含义同样包含相关联的净臀围、颈围、总肩宽等主要围度、宽度控制部位数值。

(二)体型分类

为了解决成年装上、下装配套难的矛盾,从 GB1335—1991 服装国家标准制订起,将成年人号型分为 Y、A、B、C 四种体型,并进行合理搭配,四种体型是根据胸围和腰围的差值范围分档的(表 2-2)。全国及分地区女子各体型所占的比例见表 2-3。

表 2-2　胸围和腰围的差值范围分档表

成人体型分类表(胸腰差=胸围−腰围)		
体型代号	男性胸腰差(B−W)	女性胸腰差(B−W)
Y	22～17	24～19
A	16～12	18～14
B	11～7	13～9
C	6～2	8～4

Y 型是胸围大、腰围小的体型,称运动体型。

A 型是胖瘦适中的标准体型。

B 型是胸围丰满、腰围微粗的体型,也称丰满型。

C 型是腰围较粗的较胖体型(胸围丰满)。

表 2-3　全国及分地区女子各体型所占的比例(%)

地区＼体型	Y	A	B	C	不属于所列4种体型
1.华北、东北	15.15	47.61	32.22	4.47	0.55
2.中西部	17.50	46.79	30.34	4.52	0.85
3.长江下游	16.23	39.96	33.18	8.78	1.85
4.长江中游	13.93	46.48	33.89	5.17	0.53
5.两广、福建	9.27	38.24	40.67	10.86	0.96
6.云、贵、川	15.75	43.41	33.12	6.66	1.06
全国	14.82	44.13	33.72	6.45	0.88

(三)号型标志

服装号型的标志:号与型之间用斜线分开,后接体型分类代号。例如:女 160/84A,其中 160 表示人体身高 160cm、84 表示净体胸围 84cm、体型代号 A 表示胸围减腰围的差数(女子为 18～14cm)。

市场上销售的服装商品必须标明按体型分类的号型。套装中的上、下装必须分别标明号型。在服装结构设计制图的成品规格中,也必须先表明该品种、款式是什么体型和号型,才能正确地进行结构设计及制图、推板和制板。

(四)号型系列

号型系列组成:号型系列是以各类体型的中间体为中心,以同一种规律向上、下依次递增或递减组成。而服装规格则是以此系列为基础,按品种、款式等需要的放松量进行结构尺寸设计。

"号"的分档系列:成人的"号"(身高)以 5cm 分档,组成系列;男子的号以 150～185cm 设置范围组成系列;女子的号以 145～175cm 设置范围组成系列见表 2-4。

"型"的分档系列:"型"(净胸围或净腰围):成人分别以 4cm、2cm 分档组成系列见表 2-4。

按四类体型组成系列:成年男女以身高、净胸围、净腰围,按四类体型分别组成 5.4、5.2 系列见表 2-4。

表 2-4　服装号型系列设置范围表

成人服装号型系列设置范围表(单位:cm)									
	号型系列＼体型分类	号(身高)			型(胸围、腰围)				
		设置范围	档差	档数	型	设置范围	系列	档差	档数
男	Y 型 (22～17)	155～185	5	7	胸围	76～100	5.4	4	7
					腰围	56～80	5.4	4	7
						56～82	5.2	2	14
	A 型 (16～12)	155～185	5	7	胸围	72～100	5.4	4	8
					腰围	56～88	5.4	4	9
						56～88	5.2	2	17
	B 型 (11～7)	150～185	5	8	胸围	72～108	5.4	4	10
					腰围	62～100	5.4	4	10
						62～100	5.2	2	20
	C 型 (6～2)	150～185	5	8	胸围	76～112	5.4	4	10
					腰围	70～108	5.4	4	10
						70～108	5.2	2	20

号型系列 体型分类	号（身高）			型（胸围、腰围）				
	设置范围	档差	档数	型	设置范围	系列	档差	档数
Y 型（24~19）	145~175	5	7	胸围	72~96	5.4	4	7
				腰围	50~74	5.4	4	7
					50~76	5.2	2	14
A 型（18~14）	145~175	5	7	胸围	72~96	5.4	4	7
				腰围	54~82	5.4	4	7
					54~82	5.2	2	14
B 型（13~9）	145~175	5	7	胸围	72~104	5.4	4	10
				腰围	56~92	5.4	4	10
					56~94	5.2	2	20
C 型（8~4）	145~175	5	7	胸围	68~108	5.4	4	10
				腰围	60~100	5.4	4	10
					60~102	5.2	2	20

表上方标题：成人服装号型系列设置范围表（单位：cm）；最左侧纵列：女

（五）中间体及控制部位（表2-5）

中间体是指在大量实测的成人人体数据总数中占有最大比例的体型数值。国家设置的中间体具有较广泛的代表性，是指全国范围而言，各地区的情况会有差别，所以，对中间体号型的设置应根据各地区的不同情况及产品的销售方向而定，不宜照搬，但规定的系列不能变。我们在设计服装规格时必须以中间体为中心，按一定分档数值，在表2-4的设置范围内向上下、左右推档组成规格系列。

表2-5 成人中间体尺寸表

成人中间体尺寸表（单位：cm）

身高/部位 性别	男子				档差		女子				档差	
	Y	A	B	C	5.4	5.2	Y	A	B	C	5.4	5.2
颈椎点高	145	145	145.5	146	4	4	136	136	136.5	136.5	4	4
坐姿颈椎点高	66.5	66.5	67	67.5	2	2	62.5	62.5	62.5	62.5	2	2
全臂长	55.5	55.5	55.5	55.5	1.5	1.5	50.5	50.5	50.5	50.5	1.5	1.5
腰围高	103	102.5	102	102	3	3	98	98	98	98	3	3
胸围	88	88	92	96	4	2	84	84	88	88	4	2
颈围	36.4	36.8	38.2	39.6	1	0.5	33.4	33.6	34.6	34.8	0.8	0.4
总肩宽	44	43.6	44.4	45.2	1.2	0.6	40	39.4	39.8	39.2	1	0.5
腰围	70	74	84	92	4	2	64	68	78	82	4	2
臀围	90	90	95	97	Y.A 3.2 / BC 2.8	Y.A 1.6 / BC 1.4	90	90	96	96	Y.A 3.6 / BC 3.2	Y.A 1.8 / BC 1.6

(六)号型应用

1.对消费者来说,选购服装前,先要确定自己的体型,然后在某个体型中选择近似的号和型的服装。

每个人的身体实际尺寸,有时和服装号型档次并不吻合。如身高 167cm,胸围 90cm 的人,身体尺寸是在 165 号～170 号、88 型～92 型之间,因此,需要向接近自己身高、胸围或腰围尺寸的号型靠档。

(1)按身高数值,选用"号"。

例如:身高   163～167   168～172

       选用号   165   170

(2)按净体胸围数值,选用上衣的"型"。

例如:净体胸围   82～85   86～89

       选用型   84   88

(3)按净体腰围数值,选用下装的"型"。

例如:净体腰围   65～66   67～68

       选用型   66   68

2.服装工业生产企业在选择和应用号型系列时应注意以下几点:

(1)必须从标准规定的各个系列中选用适合本地区的号型系列。

(2)无论选用哪个系列,必须考虑每个号型适应本地区的人口比例和市场需求情况,相应地安排生产数量。各体型人体的比例、分体型、分地区的号型覆盖率可参考查阅详细的服装号型资料。同时,必须注意安排生产一定比例的两头的号型,以满足各部分人的穿着需要。

(3)标准中规定的号型不够用时,实际中这部分人占的比例不大,可扩大号型设置范围,以满足他们的要求。扩大号型范围时,应按各系列所规定的分档数和系列数进行。

3.号型覆盖率的应用

为了指导消费、组织生产,标准中提供了二种服装号型的覆盖率表。

(1)全国各体型比例和服装号型的覆盖率,它是全国成年男子和成年女子各体型人体在总量中的比例,见表 2-6、表 2-7。

表 2-6   全国成年女子各体型在总量中的比例(%)

体型	Y	A	B	C
比例	14.82	44.13	33.72	6.45

表 2-7   全国成年女子服装号型覆盖率

比例(%) 身高(cm) 胸围(cm)	145	150	155	160	165	170
68		0.43	0.64	0.46		
72	0.39	1.39	2.27	1.74	0.62	
76	0.78	2.95	5.25	4.36	1.70	

比例(%) 　　身高(cm) 胸围(cm)	145	150	155	160	165	170
80	1.00	4.13	7.95	7.16	3.02	0.59
84	0.85	3.78	7.89	7.71	3.52	0.75
88	0.47	2.27	5.14	5.44	2.69	0.62
92		0.89	2.19	2.52	1.35	0.34
96			0.61	0.76	0.44	

假如我们要了解全国 A 体型中身高为 160cm、胸围为 84cm 的人体在 100 个人中所占的比例，可以从表中查出 A 型占 44.13％，160/84A 的人体的比例为 7.71％，然后用 44.13％×7.71％，结果等于 3.4％。也就是说在 100 个女子中，160/84A 的人占 3.4％，也可以认为在每 100 件服装中，号型是 160/84A 规格的服装应配置 3.4 件。这对于生产厂家的组织生产，有着普遍的指导意义。

（2）地区各体型的比例和号型覆盖率，它是各体型人在该地区成年男子（或女子）的总量中的比例，见表 2-8、表 2-9。

表 2-8　长江中下游地区女子各体型人体在该地区总量中的比例（%）

体型	Y	A	B	C
比例	16.23	39.96	33.18	8.78

表 2-9　长江中下游地区 A 体型身高与胸围覆盖率表

比例(%) 　　身高(cm) 胸围(cm)	145	150	155	160	165	170
68		0.40	0.72	0.57		
72		1.37	2.63	2.20	0.81	
76	0.63	2.94	6.02	5.39	2.11	0.36
80	0.80	4.00	8.72	8.32	3.47	0.63
84	0.64	3.43	7.98	8.12	3.61	0.70
88	0.33	1.86	4.61	5.00	2.37	0.49
92		0.64	1.68	1.95	0.99	
96			0.39	0.48		

假如我们要了解 160/84A 的人体在 100 个人中所占的比例，用同前面一样的方法来进行计算，查上表可知 39.96％和 8.32％两数，两数相乘等于 3.32％，也就是说，在 100 个女子中，160/84A 的人占 3.32％，即每 100 件服装中可生产 3.32 件号型为 160/84A 规格的服装，其余以此类推。

二、女性人体与服装号型的比例关系

（一）女性各控制部位的量体示意图（图 2-2）

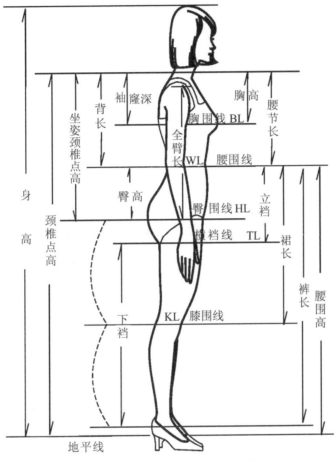

图 2-2　女性各控制部位的量体示意图

（二）我国女性人体长度及围度的比例参考值（表 2-10、表 2-11）

三、服装号型与服装成品规格设计

（一）三围放松量的设计

服装胸围放松量设计是其他围度控制部位规格设计的依据。胸围、腰围、臀围三围放松量的关系：以女装为例，首先按服装款式造型确定胸围放松量；腰围放松量一般大于或等于胸围放松量（大约 1～2cm 左右），在特殊情况下如：腰部需要很合体的时候，腰围放松量可以比胸围放松量等于或小约 1～2cm 左右；臀围放松量一般小于或等于胸围放松量（小约 2cm 左右）。胸围放松量参考值见表 2-12。

表 2-10　我国女性人体长度比例参考值

人体部位	身高	颈长 (领高)	BP位 (胸高位)	腰节长 (腰节长)	手掌长	腰长 (臀高)	全臂长(袖长)		下肢长(腰围高或裤长)			
							上臂长	下臂长	股上长	股下长		
										大腿长	小腿长
头长比例	7	1/4	1	5/3	2/3	5/7	4/3	1	6/5	8/5	4/3
身高比例	100%	3.6%	14.3%	24%	10%	16%	19%	14.3%	17.3%	23%	21%

表 2-11　我国女性人体围度比例参考值

人体部位	头围	颈围 (领围)	上臂围 (袖肥)	手腕围	掌围 (袖口)	腋围 (袖肥)	下胸围	腰围	臀围	大腿围	全裆围 (横裆围)
胸围比例	65%	40%	34%	20%	23.8%	30%	91%	81%	107%	66%	77%

表 2-12　服装胸围放松量设计参考表

单位:cm

胸围加放尺寸＝人体基本活动放松量＋内层衣服放松量＋服装款式造型放松量			
人体基本活动放松量	内层衣服放松量	服装款式造型放松量	
型×(10%～12%)	2π×内层衣服厚度	紧身型	-4～-6
		合体型	-2～+2
		较合体型	+2～+6
		较宽松型	+6～+10
		宽松型	12 以上

(二)服装其他控制部位放松量设计(表 2-13)

表 2-13　服装其他控制部位放松量设计参考表　　　　　　　　　　　单位:cm

款式 控制部位　　季节	夏季		春秋季节		冬季	
	立领	翻领	立领	翻领	立领	翻领
领围 N	+2~+3	+3~+5	+5	+6~+8	+8~+10	+10~+12
总肩宽 S	紧身型	合体型	宽松型	紧身型	合体型	宽松型	紧身型	合体型	宽松型
	−1~−2	+2~+4	+0	+1~+2	+4 以上	+1~+2	+2~+4	+6 以上
备注	无领、无袖根据款式造型可任意设计					

注:此表中"总肩宽 S"行有9个子列,分别对应夏季紧身型/合体型/宽松型、春秋季紧身型/合体型/宽松型、冬季紧身型/合体型/宽松型。

(三) 服装开口围度的设计(表 2-14)

表 2-14　服装开口的最小值围度参考表　　　　　　　　　　　单位:cm

部位	决定因素	平均最小值
袖口	手掌通过的围度	22
领口	头围	55
裤口	脚腕通过的位置	30
裙摆	一般步行时两膝围度 (步距为 62~67)	短裙在膝上 10cm 处围度 90~98
		中裙在膝中点处围度 96~104
		长裙在小腿中段处围度 125~135
		超长裙在踝骨处围度 138~154

(四)常用女下装规格设计参考(表 2-15)

表 2-15　常用女下装成品规格放松量参考表　　　　　　　　　　　单位:cm

部位　　品名	长裤	短裤	女裙
裤长 L	3/5 号+(2~6 或腰宽)	2/5 号−(15~20)	
腰围 W	合体、较合体:型+(0~1) 宽松、较宽松:型+(0~2)	型+(0~2)	型+(0~2)
臀围 H	合体:净臀围+(3~6) 较合体:净臀围+(6~12) 较宽松:净臀围+(16~20) 宽松:净臀围+(20 以上)	合体:净臀围+(3~6) 较合体:净臀围+(6~12) 较宽松:净臀围+(12~18) 宽松:净臀围+(18 以上)	合体:净臀围+(2~4) 较合体:净臀围+(4~5) 较宽松:净臀围+(5~6) 宽松:净臀围+(6 以上)
裙长 L			原型直裙:2/5 号−4

四、服装号型标准在工业样板中的运用

(一)服装号型系列标准是服装工业化生产中的基础标准

服装工业化生产,需要在产品质量、规格、检验等方面作出统一的、规范的技术规定,这些技术规定,统称服装标准,而服装号型标准又是最基础标准,是服装工业化生产制定质量、规

格、检验等技术标准体系的基础和前提,也是国家服装工业组织研究、开发、设计、生产和销售的共同依据。对于组织服装生产有三个方面的突出作用:

1. 号型标准是服装设计,特别是结构设计长短、肥瘦的依据,有了全国统一的标志,使生产、销售和购买更加方便。

2. 号型及主要控制部位数值又是服装成品规格设计的直接依据,使四季服装的规格不受流行款式变化的影响。

3. 号型系列及各控制部位分档数值是工业推板中号型、规格档差(规格差)的基础依据。

三个方面的综合作用,可以保证服装工业生产规范标准,款型结构不走样并提高工作效率和质量。因此服装号型规格标准的优势,直接影响着服装工业化的发展和技术交流。

(二)服装规格系列的设计

国家服装号型的颁布,给服装规格设计特别是成衣生产的规格设计,提供了可靠的依据。服装号型提供的均是人体尺寸,成衣规格设计的任务就是以服装号型为依据,根据服装款式、穿着层次、活动量要求等因素,加放不同的放松量来制订出服装规格,满足市场的需要,这也是我们贯彻服装号型标准的最终目的。

在进行成衣规格的设计时,由于成衣是一种商品,属于商品设计的一部分,它和"量体裁衣"完全是两种概念,必须考虑能够适应多数地区和多数人的体型和规格要求。个别人或部分人的体型和规格要求,都不能作为成衣规格设计的依据,而只能作为一种信息和参考。成衣规格设计,必须依据具体产品的款式和风格造型等特点要求,进行相应的规格设计。所以规格设计是反映产品特点的有机组成部分,同一号型的不同产品,可以有多种的规格设计,具有鲜明的相对性和应变性。

1. 服装规格系列设计的原则

(1)中间体不能变,须根据标准文本中已确定的男女各类体型的中间体数值,不能自行更改。

(2)号型系列和分档数值不能变。

表 2-16～表 2-19 给出女子各种体型号型系列表,以供规格设计时使用。

表 2-16　$\frac{5 \cdot 4}{5 \cdot 2}$ Y 号型系列　　　　　　单位:cm

腰围＼身高＼胸围	Y													
	145		150		155		160		165		170		175	
72	50	52	50	52	50	52	50	52						
76	54	56	54	56	54	56	54	56	54	56				
80	58	60	58	60	58	60	58	60	58	60	58	60		
84	62	64	62	64	62	64	62	64	62	64	62	64	62	64
88	66	68	66	68	66	68	66	68	66	68	66	68	66	68
92			70	72	70	72	70	72	70	72	70	72	70	72
96					74	76	74	76	74	76	74	76	74	76

表 2-17 $\frac{5\cdot4}{5\cdot2}$ A 号型系列　　　　　　　　　　　　　　　单位:cm

A																					
身高 腰围 胸围	145			150			155			160			165			170			175		
72				54	56	58	54	56	58	54	56	58									
76	58	60	62	58	60	62	58	60	62	58	60	62	58	60	62						
80	62	64	66	62	64	66	62	64	66	62	64	66	62	64	66	62	64	66			
84	66	68	70	66	68	70	66	68	70	66	68	70	66	68	70	66	68	70	66	68	70
88	70	72	74	70	72	74	70	72	74	70	72	74	70	72	74	70	72	74	70	72	74
92				74	76	78	74	76	78	74	76	78	74	76	78	74	76	78	74	76	78
96							78	80	82	78	80	82	78	80	82	78	80	82	78	80	82

表 2-18 $\frac{5\cdot4}{5\cdot2}$ B 号型系列　　　　　　　　　　　　　　　单位:cm

B														
腰围 胸围　身高	145		150		155		160		165		170		175	
68			56	58	56	58	56	58						
72	60	62	60	62	60	62	60	62	60	62				
76	64	66	64	66	64	66	64	66	64	66				
80	68	70	68	70	68	70	68	70	68	70	68	70		
84	72	74	72	74	72	74	72	74	72	74	72	74	72	74
88	76	78	76	78	76	78	76	78	76	78	76	78	76	78
92	80	82	80	82	80	82	80	82	80	82	80	82	80	82
96			84	86	84	86	84	86	84	86	84	86	84	86
100					88	90	88	90	88	90	88	90	88	90
104							92	94	92	94	92	94	92	94

表 2-19 $\frac{5\cdot4}{5\cdot2}$ C 号型系列　　　　　　　　　　　　　　　单位:cm

C														
腰围 胸围　身高	145		150		155		160		165		170		175	
68	60	62	60	62	60	62								
72	64	66	64	66	64	66	64	66						
76	68	70	68	70	68	70	68	70						
80	72	74	72	74	72	74	72	74	72	74				
84	76	78	76	78	76	78	76	78	76	78	76	78		
88	80	82	80	82	80	82	80	82	80	82	80	82		
92	84	86	84	86	84	86	84	86	84	86	84	86	84	86
96			88	90	88	90	88	90	88	90	88	90	88	90
100			92	94	92	94	92	94	92	94	92	94	92	94
104					96	98	96	98	96	98	96	98	96	98
							100	102	100	102	100	102	100	102

（3）控制部位数值不能变。

控制部位是指在设计服装规格时必须依据的主要部位。长度方面有身高、颈椎点高、坐姿颈椎点高、全臂长、腰围高；围度方面有胸围、腰围、颈围、臀围、总肩宽。

服装规格中的衣长、胸围、领围、袖长、总肩宽、裤长、腰围、臀围等，就是用控制部位的数值加上不同加放量而制定的。

（4）放松量可以变。放松量可以根据不同品种、款式、面料、季节、地区以及穿着者习惯和流行趋势而变化。

2. 服装规格系列设计的方法

服装规格系列化设计，是成衣生产商品性的特征之一，进行设计时，必须针对某一具体产品加以说明，详细见第五阶段过程二案例一中的裤子规格设计。

知识点三：面料缩率测试与计算

织物在生产过程中，由于机械张力使织物的经纬向产生变形，当外力消失后，织物产生一定的回缩率。同时，服装面料由于所组成的纤维性能及其组织结构、纱线粗细、经纬密度等因素的不同，其缩率也不同，因此，必须先做面、辅料的预缩。

一、面料缩率测试方法

（一）自然缩率测验

将原料包装拆散，取出整匹原料，检查原料的长度和门幅宽度，并作好记录，然后将整匹折叠的原料拆散抖松，放置 24 小时后进行复测，并计算出经纬缩率，一般组织结构松的面料自然缩率较大。

（二）干烫缩率测验

面料不经水的处理直接用熨烫的方法，使原料受热后测定经纬向收缩的程度，这种方法大多用于丝绸面料或喷水易产生水渍的面料。如维纶布、柞丝交织绸等。具体的测试方法是在距原料端部 2cm 处（为防止布头处不正确而避开 2cm），取 50cm×50cm 或 100cm×100cm 的样布一块，按原料所能承受的最高温度，用熨斗来回熨烫后，让其充分冷却，然后测量面料的长度与宽度，按缩率公式计算出经纬缩率。

（三）喷水缩率熨烫（多数面料采用此种方式）

取样方法同上，可取 50cm×50cm 或 100cm×100cm 均可，将样布用清水均匀喷湿，然后用熨斗熨干（千万不能用手拉），并测量长度与宽度，根据公式计算出经纬缩率。

（四）浸水缩率测验

取样方法同上，将面料在水中浸透，对于一些上浆织物，要用搓洗、搅拌等方法给其去浆，使织物充分吸湿。摊平晾干后测量其经纬向的缩水长度，计算收缩率。

（五）整理缩率测验

用于一些要经砂洗、水洗等后整理工序的成衣生产中，取样方法同上，将样品按成品的处理标准进行砂洗、水洗、烘干等工艺处理,取出后测量其长与宽并计算缩率。

二、缩率计算公式

缩率测试一般只是测织物的缩水率与热缩率,其缩率计算公式如下:

$$缩率=\frac{测试前样布的长度/宽度-测试后样布的长度/宽度}{测试前样布的长度/宽度}\times100\%$$

示例:如一块以样布测试前的长和宽 100cm×100cm,测试后的长和宽为 97cm×99cm,那么其经纬向的缩率分别为 3% 和 1%。

经向缩率=(100-97)/100×100%=3%

纬向缩率=(100-99)/100×100%=1%

知识点四:女装结构设计原理与方法

一、裙子结构设计与样板制作

(一)裙子的基本构成

裙子的基本形状比较简单。它是人体直立姿态下,围裹人体腰部、腹部、臀部、下肢一周所形成的筒状结构(图 2-3)。

裙子基本形状的构成因素包括一个长度(裙长)和三个围度(腰围、臀围、摆围),如图 2-4 所示。这四个因素相互之间按一定比例关系组合就可以构成各种各样的裙子。

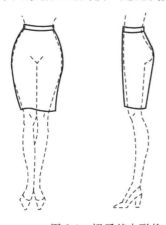

图 2-3　裙子基本形状

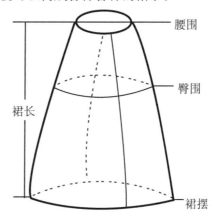

图 2-4　裙子基本构成

1. 裙长

裙长是构成裙子基本形状的长度因素。裙长一般起自腰围线,终点则没有绝对标准。在现代女裙长度中,常见的可分为四种(图 2-5):正常裙长;中裙长;长裙;至膝关节以上为短裙。此外,还有超短裙和拖地裙。由此可见,裙长并不是固定的,属"变化因素",也是裙子分类的主要依据。

2. 腰围

在裙子的三个围度中,腰围是最小的,而且变化量也很小,属"稳定因素"。

3. 臀围

臀围是人体臀部最丰满处水平一周的围度。但由于人体运动,臀部围度会产生变化,所以需要在净臀围尺寸上加放一定的运动松量,同时由于款式造型的变化,还需要加入一定的调节量,因而臀围属"变化因素"。

4. 摆围

裙子下摆一周为摆围。它是裙子构成中最活跃的围度,属"变化因素"。一般来说,裙摆越大,越便于下肢活动;裙摆越小,越限制两条腿动作的幅度。但是,也不应得出裙摆越大活动就越方便的结论。裙摆的大小应主要根据裙子本身的造型、穿着场合及不同的活动方式而作出不同的设计。裙摆的变化也是裙子分类的主要依据。

(二)裙装的分类

1. 超短裙:长度至臀沟,腿部几乎完全外裸,约为 1/5 号+4。

2. 短裙:长度至大腿中部,约为 1/4 号+4。

3. 及膝裙:长度至膝关节上端,约为 3/10 号+4。

4. 过膝裙:长度至膝关节下端,约为 3/10 号+12。

5. 中长裙:长度至小腿中部,约为 2/5 号+6。

6. 长裙:长度至脚踝骨,约为 3/5 号。

7. 拖地长裙:长度至地面,可以根据需要确定裙长,长度大于 3/5 号+8。

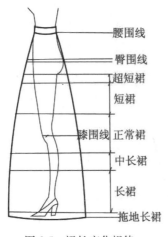

图 2-5 裙长变化规律

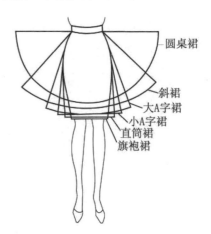

图 2-6 裙摆变化规律

按照整体造型划分的分类方法是从基本结构的角度来划分的,代表了每一类裙子的结构特点,因此是被普遍采用的分类方法。

1. 直裙:结构较严谨的裙装款式,如西服裙、旗袍裙、筒形裙、一步裙等都属于直裙结构。其成品造型以呈现端庄、优雅为主格调,动感不强。

2. 斜裙:通常称为喇叭裙、波浪裙、圆桌裙等,是一种结构较为简单,动感较强的裙装款式。从斜裙到直裙按照裙摆的大小可以分为:圆桌裙、斜裙、大 A 型裙、小 A 型裙、直筒裙、旗袍裙(图 2-6)。

3. 节裙:结构形式多样,基本形式有直接式节裙和层叠式节裙,在礼服和生活装中都可采用,设计倾向以表现华丽和某种节奏效果为主。

(三)裙子结构设计原理

裙子的基本结构较为简单。试想以一块长方形的布围绕下体时,因为人体的腰围与臀围有一定的差值,因此在腰部和臀部之间会产生空隙(图2-7)。

而要想使得这一部分贴合人体,需将这一部分浮余量以省道的形式收掉。这种收省不能集中收于一处,这样会在腰部和臀部不平服,只有将其均匀地收于人体四周,才能使裙面料完全贴合人体(图2-8)。这种臀腰差值的处理便是裙装结构中重点需要解决的问题,这也是裙装的基本结构及其构成原理。

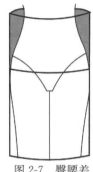

图2-7 臀腰差

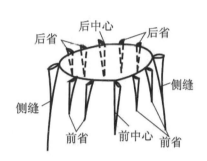

图2-8 裙子省道分配

如何解决臀腰差,如何将其很好地融于款式设计之中,这是进行裙装设计时必须要考虑的问题。一方面要求达到臀腰部位的合体,另一方面为了使款式的变化多样又呈现出多种表现形式。只有掌握其变化的原理,才能识别其内部的结构变化,才可以设计出任意款式的裙子,并对任意款式的裙子进行结构分解。

裙子原型则是基于以上思路作出的。裙原型是可以作为制板工具使用的。因为裙原型上反映的是裙子在人体上最基本的形式:臀围线以上最合身,只有基本放松量,可以加放局部尺寸以求造型变化。臀围线以下是直筒状的,可以向两个方向改变裙子的造型;一个是减少尺寸,下摆收缩;另一个是加大下摆尺寸使其扩张。当然也可以有综合思路使其更富于变化。

从臀围线至腰围线一段的收省数、省位、省的长度和收省量是基于立体裁剪得到的。如果将前后片的缝合处上段也视为自然收省。即消化在两侧缝线上的省量最大,而前后裙片上的省量较小。省道的长度是由相关部位肌肉突起的位置距腰围线的远近决定的。一般前省短、后省长,而前后的两省长度也各不相同,靠近中心线位置的省长,而靠近两侧的省短,如图2-9所示。

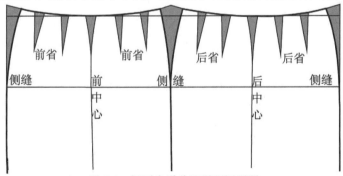

图2-9 裙子省道分配平面展开图

裙腰处的翘弯也是不同的,一般前片较平,起翘量约为 1cm,而后片较弯,起翘为 2cm 左右。裙腰线的前后起翘量不仅可以起到使裙子适体的作用,而且也是调整前后裙片包容量及造型平衡的重要手段。当然裙腰前后的起翘量还应该因穿着者不同的体型而进行不同的调整。

另外,裙子的设计必须考虑其在步行、跑步、上楼梯、蹲、坐等动作时不妨碍人体运动的幅度,因此需要在各个部位加入必要的宽松量。

1. 臀围

影响臀围变化的动作主要有立、坐、蹲等。臀围随运动发生横纵向变形,使围度尺寸增加,此时必须有足够的宽松量满足人体的动作需要。通过实验表明,臀部的胀度在坐在椅子上的时候平均增加 2.5cm 左右,蹲坐时平均增加 4cm 左右,所以臀部宽松量一般最低设计为 4cm。

2. 腰围

腰围虽然是稳定因素,但在坐姿时腰围平均增加 1.5cm 左右;在自然呼吸、进餐前后时约有 2cm 左右的差异;蹲坐前屈时腰围增加 3cm 左右。从生理学角度上讲,腰围缩小 2cm 后对身体没有影响,所以,腰围宽松量取 0～2cm 均可。

3. 摆围

摆围尺寸的大小直接影响着人体的活动。宽摆裙通常不会有问题,紧身裙结构设计时必须考虑其大小。根据款式不同,可在裙摆处设计松量或开衩,开衩可设在侧缝或前、后中缝摆围上的任意一点,其开口长度应使人体在活动时不受妨碍,又不影响美观。

4. 开口

为了穿脱方便,必须在裙子上设计开口。开口的位置一般可设计在前、后、侧裙缝处,其他部位也可以。开口的长短接近臀围线处为好,最终要满足人体穿脱自如的需要。

(四)裙子基本纸样的制作(图 2-10)

选用号型:160/64A

规格尺寸:

腰围＝64＋2(松份)

臀围＝90＋4(基本放松量)

裙长＝64

裙装基本纸样的绘制:

(1)作一长方形线框,使其长＝裙长－3(腰头),宽＝1/2 臀围＝47。水平线为腰围线,左边的垂直线是后中心线,右边的垂直线是前中心线。

(2)确定侧缝线:前片取 H/4＋0.5,后片取 H/4－0.5。

(3)确定臀高:从腰围线向下取 18～20cm 定点作水平线。臀高即腰臀深。

(4)确定腰围线:由前中心线向侧缝方向量取 W/4＋0.5,将侧缝线与腰围线之间的部分三等分,每一等分用"■"表示。在 2/3 等分点处抬高 0.7cm,作腰围弧线,侧缝弧线;在后片,先将后中心线上端点下落 1cm,然后重复与前片相同的步骤,画顺腰围弧线,侧缝弧线。

(5)确定省道位置:将前后腰围弧线三等分,等分点为省道中心位置,过该点作腰围弧线垂线(省道一定要垂直于腰围弧线)。前省道大取"■",省长前片为 9cm,10cm;后省道大取"●",长分别为 10cm,11cm。此种制图法,将臀腰差值很好地分配到腰围线中。

(6)完成线:一般前片前中心线为对折线,是完整连接的;后片上端要上拉链,所以后片一

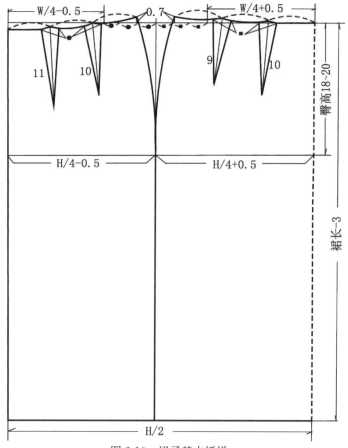

图 2-10 裙子基本纸样

般是分开裁制的。

(五)直裙及其变化款式样板制作

直裙是直接在裙装基本纸样的基础上变化而来的,是裙装中最基本的式样。直裙的外观给人以端庄、严谨、挺拔之感,因此常和职业上装配套穿着。像西服裙、旗袍裙、超短裙、A 型长裙等都是直裙常见的变化款式。

直裙的绘制基本上和基本原型一样,只是在基型的基础上需要增加一些功能性的设计。

1. 前开衩直裙(无里布,图 2-11)纸样制作

在工业生产中,以国家号型标准中的中间体号型(160/84A)作为中间尺码(M 码)

来确定其规格,具体部位的制板规格设定如下:

(1)裙长:可以寻找身高 160cm 的人根据款式图直接由腰线测量至款式图中的下摆位置。假设成品裙长为 65cm,制板时要加上面料的缩率(在制板前一般要先做面料的缩率测试,得出经向和纬向的缩率,然后按比例加入制板的规格中。当然在一些比较大的服装企业,进料后首先会对所有的面料进行预缩,如面料在裁剪前已经预缩,则制板规格中就不必在考虑面料缩率

图 2-11 前开衩直裙款式图

了)和工艺损耗率(由于面料的性能和厚薄的不同,其工艺损耗也不尽相同,一般为 0.5～1.0cm)。假使在此面料已经预缩,而工艺的损耗率约为 1.0cm,那么实际的制板衣长应为 63cm。

(2)臀围:人体的净臀围为 90cm,根据裙子臀围的松量配比原则加上 4cm 的松量,然后再增加 0.5～1.0cm 的工艺损耗量,最后的臀围规格为 95cm 左右。

(3)腰围:腰围的净尺寸为 64 cm,根据裙子腰围的松量配比原则加上 2cm 的松量,最后的腰围规格为 66cm 左右。

具体制板规格设计见表 2-20:

表 2-20　前开衩直裙规格表　　　　　　　　　　　　　　　　　　　　　　单位:cm

号型	裙长(L)	腰围(W)	臀围(H)
160/84A	86	66	95

具体制图步骤(图 2-12):

①作裙长＝裙长－3(腰头),臀高 19cm。

②确定前后片的臀围大小。前片取 H/4+0.5,后片取 H/4−0.5。

③确定腰围线:由前中心线向侧缝方向量取 W/4+0.5+省量(5cm),侧缝线抬高 0.7cm,下摆放出 3cm,作腰围弧线,侧缝弧线;在后片腰围取 W/4−0.5+省量(5cm),将后中心线上端点下落 1cm,然后重复与前片相同的步骤,画顺腰围弧线,侧缝弧线。

④确定省道位置:省道距前后中心线 8cm,省与省距离为 4cm。前片省长为 11cm,10cm;后片省长分别为 12cm,11cm。

⑤确定前开衩。衩宽 2cm,衩长 40cm。

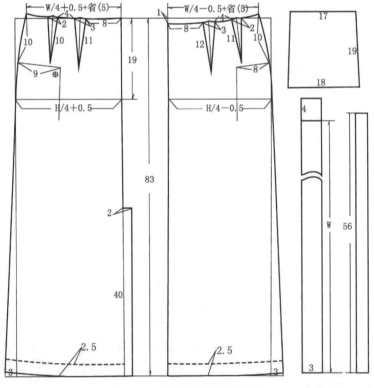

图 2-12　前开衩直裙结构制图

2. 合身褶裙纸样制作(图 2-13)

合身褶裙在打褶前要先安排好褶面宽度和单位褶的形状、由于要保证裙子与身体贴服,故打褶前要计算腰围与臀围的差数。在每个褶的上端均匀收掉这个差值,使褶面呈现上窄下宽的形状。考虑到人体腹部微微隆起、制作前要测量腹围,使打褶后的裙片符合腹部的外形。因此单位褶面的形状不是简单的梯形,而是一个在上部略呈弧线的复杂造型。

规格设计方法同前开衩直裙,具体制板规格设计见表 2-21。

表 2-21　合身褶裙规格表 　　　　　　单位:cm

号型	裙长(L)	腰围(W)	臀围(H)
160/68A	76	68	95

具体制图步骤(图 2-14):

①作裙长度＝裙长－3cm＝73cm,臀高 19cm。

②确定前后片的臀围大小。前片取 H/4＋0.5,后片取 H/4－0.5。

③确定腰围线:由前中心线向侧缝方向量取 W/4＋0.5＋省量(5cm),侧缝线抬高 0.7cm,作腰围弧线,侧缝弧线;在后片,先将后中心线上端点下落 1cm,然后取 W/4－0.5＋省量(5cm),重复与前片相同的步骤,画顺腰围弧线,侧缝弧线。

④确定省道位置:前后片省道距前后中心线 8cm,省间距 4cm,前片省长 10cm;后片省长为 12cm,11cm。

图 2-13　合身褶裙款式图

⑤确定阴褶的位置和大小。前中心一个大 8 cm;前片距前中心的省道作拉开处理(水平拉开 8cm,将省量融入阴褶内)。

⑥作好腰贴板,宽 3cm,长＝腰围＋4cm(里襟量)。

(六)斜裙及其变化款式制板

斜裙又称喇叭裙。常见的有两片、四片、六片、八片斜裙、半圆裙、圆桌裙等。斜裙在裁制时所采用的面料丝缕一般都是斜向的,这样可以使斜裙下摆的波浪能均匀分布。斜裙一般腰部不收省,下摆成喇叭状。

斜裙的绘制可以从基础纸样变化而得,同直裙一一样,在基型的基础上需要增加一些功能性的设计,也可以直接制图。

1. 四片裙纸样制作(图 2-15)

四片裙的摆幅一般不宜过大,因为摆幅过大时,单位裁片的侧缝线斜度亦增大,会使得侧缝线与中心线处的面料丝道方向有明显变形。如当中心线处为直丝时,裁片侧缝处可能为斜丝,这样会影响整个裙子的造型,使裙摆的长度和褶量不均匀。

要想得到理想的四片大摆裙的效果,应使裁片两边的丝道斜度一致,即用正斜方法剪裁。这样才能保证裙摆的褶量均匀,具有良好的悬垂性。

规格设计方法同合身褶裙,具体制板规格设计见表 2-22。

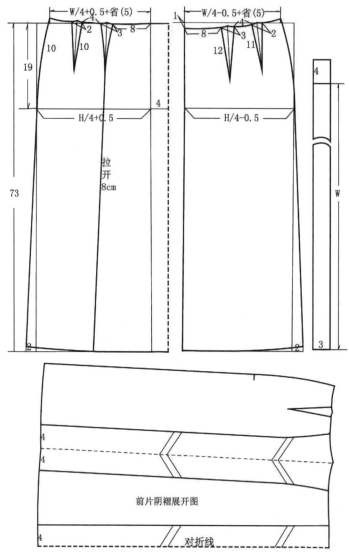

图 2-14　合身褶裙结构制图

表 2-22　四片裙规格表

单位：cm

号型	裙长（L）	腰围（W）
160/68A	83	68

具体制图步骤（图 2-16）：

① 确定长度＝裙长－3cm。

② 确定上口大＝W/4，下口大为 60cm，以裙长线为对称轴两边平分。

③ 连接上下口线，下摆起翘同侧缝线垂直。

2. 一片裙、两片裙、六片裙、八片裙纸样制作

一片裙、两片裙、六片裙、八片裙纸样可以同以上四片裙的纸样制作方法一样来制作样板，也可以以画圆的方式来制作（图 2-17）。

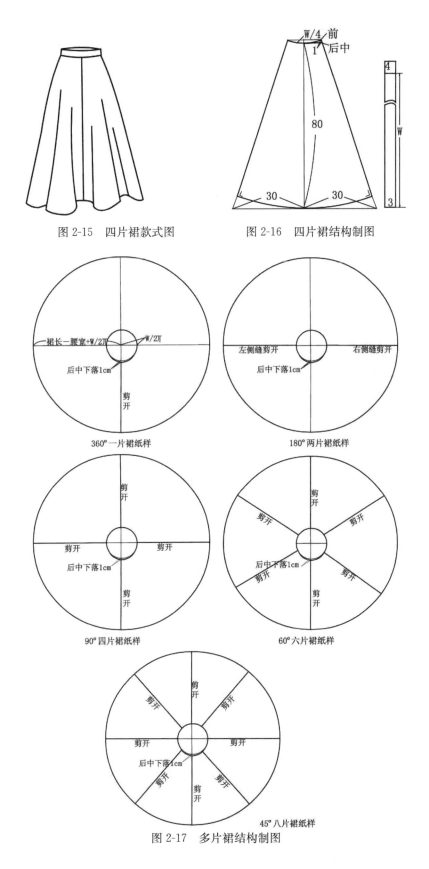

图 2-15　四片裙款式图　　　　图 2-16　四片裙结构制图

360°一片裙纸样

180°两片裙纸样

90°四片裙纸样

60°六片裙纸样

45°八片裙纸样

图 2-17　多片裙结构制图

裙子所取的度数与下摆规格有关,如下摆要做的更宽或更窄些,则角度可自由调整。

如上所述,斜裙一般采用斜料,作丝缕线时尽量保持裙片两侧的对称。另外,斜裙的底摆由于弧度较大,贴边宽最多不超过 1.2cm。

3. 低腰多片鱼尾裙纸样制作(图 2-18)

规格设计方法同合身褶裙,具体制板规格设计见表 2-23。

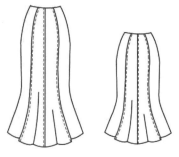

图 2-18　多片鱼尾裙款式图

具体制图步骤(图 2-19):

① 作长度＝裙长,臀高 17cm(低腰)。

表 2-23　多片鱼尾裙规格表　　　　　　　　　　　　　　　　单位:cm

号型	裙长(L)	腰围(W)	臀围(H)
160/68A	77	72	95

② 确定前后片的臀围大小。前片取 H/4+0.5,后片取 H/4−0.5。

③ 确定腰围线:由前中心线向侧缝方向量取 W/4+0.5+省量(3.5cm),侧缝线抬高 0.7cm,作腰围弧线,侧缝弧线(从腰线下 45cm 偏进 1cm,下摆鱼尾偏出 5cm);在后片,先将后中心线上端点下落 1cm,然后取 W/4−0.5+省量(3.5cm),重复与前片相同的步骤,画顺腰围弧线,侧缝弧线。

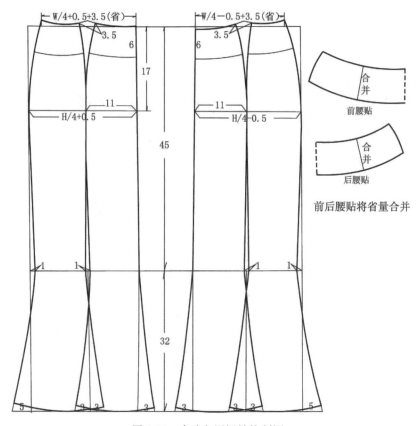

图 2-19　多片鱼尾裙结构制图

④ 确定分割线位置:前后片分割线在臀围线处距前后中心线 11cm,在腰线下 45cm 处收掉 1cm,下摆偏出 3cm 连接。

⑤ 作好前后腰贴样板,宽 6cm。前后腰贴分别将前、后中片和前、后侧片合并,前腰贴中心为对折线,后腰贴左右分开装拉链。

(七)节裙及其变化款式

节裙主要因其外观呈节状而得名,其特点是节与节之间在长度和宽度上都有一个适当的差数。下节总是大于上节,相邻的各节在长度和宽度上形成一串等差或等比数列。节裙层叠的波浪极富动感,给人以活泼、浪漫的感觉,多为活泼青春的年轻女孩穿用。

节裙的设计可以从长度方面入手,也可从宽度方面入手,也可从两方面同时入手(图 2-20)。

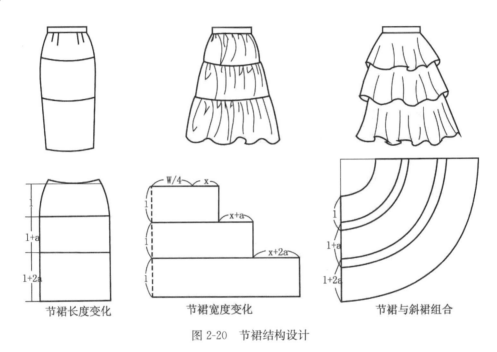

图 2-20　节裙结构设计

节裙一般可分为直接式节裙和层叠式节裙。

1. 腰装松紧直接式节裙纸样制作(图 2-21)

规格设计方法同合身褶裙,具体制板规格设计见表 2-24。

表 2-24　直接式节裙规格表　　　　　　　　　　　　　单位:cm

号型	裙长(L)	腰围(W)	臀围(H)
160/68A	82	68	95

具体制图步骤(图 2-22):

① 将裙长分三段分别作好。

② 确定围度大小围 H/4+6(由于该款腰头装松紧,因此为了能保证穿脱,就以臀围来确定腰围的制图规格)。

③ 确定每一层的松度增加量,作好三层制图。

④ 放出腰贴边,宽 4cm。

图 2-21　直接式节裙款式图

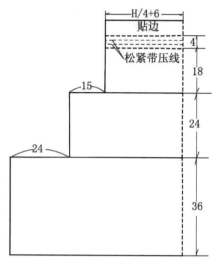

图 2-22　直接式节裙结构制图

2. 层叠式节裙纸样制作(图 2-23)

规格设计方法同合身褶裙,具体制板规格设计见表 2-25。

表 2-25　层叠式节裙规格表　　　　　　　　　　　　　　　　　　　　单位:cm

号型	裙长(L)	腰围(W)	臀围(H)
160/68A	70	68	99

具体制图步骤(图 2-24):

① 将裙长分三段分别作好,并设计好每一层的层叠量。

② 确定围度大小:第一段为 W/4+24,第二段为 W/4+24+30,第二段为 W/4+24+30+36cm,作好三层制图。

③ 作好腰头制图:宽 3cm,长为 68cm+4cm(里襟量)。

图 2-23　层叠式节裙款式图

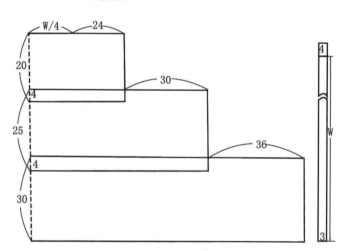

图 2-24　层叠式节裙结构制图

二、裤子结构设计与样板制作

（一）裤子的基本构成

与裙装相比,裤装的结构相对复杂一些,基本形状的构成因素及控制部位也相应多些,除了裤长、腰围、臀围外,还有上裆、腿围、膝围、脚口围等,如图 2-25 所示。

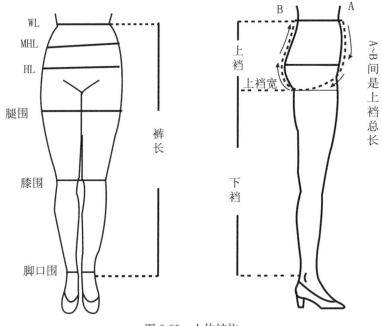

图 2-25　人体结构

1. 裤长

裤长是构成裤子基本形状的长度因素。裤长一般起自腰围线,终点则没有绝对标准。在现代女裤长度中,常见的可分为三种:一般至踝关节为正常裤长,至小腿处为中裤长;至膝关节以上为短裤。此外,还有超短裤和到地面的长裤。由此可见,裤长并不是固定的,属"变化因素",也是裤子分类的主要依据。

2. 腰围

人体腰线位置具有一定的稳定性,在裤子的围度中,腰围的变化量较小,一般为人体净尺寸加 0～2cm 松量,但裤腰线由于款式的不同,可能高于或低于标准腰位,使裤腰围产生差异。

3. 臀围

臀围是人体臀部最丰满处水平一周的围度。由于人体运动,臀部围度会产生变化,所以需要在净臀围尺寸上加放一定的运动松量,同时由于款式造型的变化,还需要加入一定的调节量,因而臀围属"变化因素"。

4. 上裆

上裆又称"立裆",包括上裆深和上裆宽。上裆深指横裆线至腰围线之间的距离;上裆宽为前裆宽与后裆宽之和。上裆尺寸直接影响裤子的适体性与机能性,与腰围、臀围一起被看成裤装结构的三大主要部位。

5. 腿围、膝围、脚口围

腿围、膝围、脚口围共同构成裤管结构，与臀围一起决定裤子的廓型，是裤子构成中最活跃的围度，属"变化因素"。其大小应主要根据裤子本身的造型、穿着场合及不同的活动方式而作出不同的设计。

（二）裤装的分类

裤装根据不同的分类标准可以有不同的分类形式，但大体可分为基本结构和变化结构二类。

基本结构类中按照裤子的长度来分类，可分为超短裤、短裤、及膝裤、中裤、中长裤和长裤，如图 2-26 所示。按照臀围的放松量分类，可分为贴体型（臀围松量为 0～6cm）、较贴体型（臀围松量为 6～12cm）、较宽松型（臀围松量为 12～18cm）和宽松型（臀围松量 18cm 以上）。按照裤子的轮廓造型分类，可分为直筒型、喇叭型和锥形。

变化结构类按照不同的变化手法，可在基本裤型基础上变化出各种变化裤型：

（1）基本裤型加分割线（横向、纵向、斜向），形成分割类变化裤；

（2）基本裤型加抽褶，形成抽褶类变化裤；

（3）基本裤型加垂褶，形成垂褶类变化裤；

（4）基本裤型加腰位变化，形成高腰、低腰、连腰裤等。

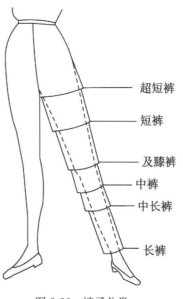

图 2-26　裤子分类

（三）裤装结构设计原理

基本裤型是在直身裙的基础上加上裆结构而形成的，因此，裙装、裤装结构有很多的共性，但亦有显著的差异。裤装除了要解决臀腰差的问题，裆部合体问题的解决是裤装需要解决的重点问题。

1. 臀腰差

（1）臀腰差量设计

综合人体体型特征和运动需要，排除面料的拉伸强力因素，一般裤腰围在净体腰围加放 0～2cm 松量，臀围为净体臀围加不小于 4cm 的松量。因此，裤装臀腰差量为人体臀腰差加不小于 2cm 的松量差，在结构中一般需用省、裥消除。中国女体胸腰差、胸臀差、臀腰差见表 2-26。

表 2-26　女体胸腰差、胸臀差、臀腰差　　　　　　　　　　　　单位：cm

体型组别 部位差	Y	A	B	C
胸腰差 B∗-W∗	24～19	18～14	13～9	8～4
胸臀差 H∗-B∗	4.5～6.8	4～6	3.5～5.2	3～4.5
臀腰差 H∗-W∗	23.5～30.8	18～24	12.5～18.2	7～12.5

（2）臀腰差量分配

臀腰差量形成腰部省道量，在腰部分配并非均匀，按贴体型裤装的臀腰差计算省量，则后省量最大,侧省量次之,前省量最小;按宽松型裤装的臀腰差计算,因宽松型裤装臀围松量较多放置在前面,前后省量趋于相等。

2. 裤裆结构

上裆又称"立裆"或"直裆",图 2-27 是裤装的上裆结构图。图中 FW～BW 为裤装总上裆,与人体裆底间有少量松量,上裆总长的准确与否直接影响到裆部的合体程度,上裆总长过小,则裤子在裆部与人体没有空间,产生勾裆现象;上裆总长过大,则裤子在裆部与人体的空间过大,容易在走动时对裤腿有一定的牵拉,形成吊裆,既影响人体运动又不美观。因此准确把握上裆总长是十分必要的。上裆总长的测量是将软尺的一端从前腰节向下穿过裆下,环量至后腰节,由前后裆深和总裆宽构成。

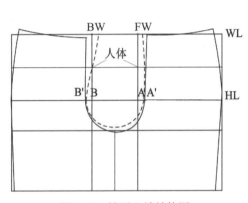

图 2-27　裤子上裆结构图

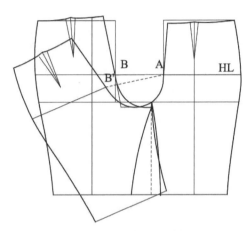

图 2-28　裤子裆宽示意图

(1)裆深

裆深即上裆长度,指从腰口至横裆线的长度。它与人体的身高和体型有直接关系,同时还要受穿衣习惯的影响,很难找到一个比较准确的计算公式。一般可直接根据测量坐高加松量来确定,将其定为人体上裆长+少量松量(≤3cm)－材料弹性拉伸量;也可兼顾身高于臀围因素,以 0.1(h+H)−1～2cm 计算,但操作较麻烦;现在一般以 H/4 计算,易操作,同时计算所造成的误差在一定的范围内还不至于影响裤子的机能和造型。因此,上裆长度＝人体上裆长＋少量松量(≤3cm)－材料弹性拉伸量

＝0.1h＋0.1H−1～2−材料弹性拉伸量

＝0.25H±1 －材料弹性拉伸量

当然,人体腰线位置具有一定的稳定性,但裤腰线由于款式的不同,可能高于或低于标准腰位,使裤上裆长产生差异。

(2)裆宽

在裆深一定时,裆的宽度过大,会影响横裆尺寸和下裆线的弯度,裆的宽度过小,又会导致臀部绷紧,使下肢运动不便。图 2-28 中可以看到 AB 为人体的腹臀宽,一般为 0.24H ＊,裤装作为包裹人体腹臀宽的服装,对应在裤装结构上的裤腹臀宽 A′B′,通常 A′B′＝AB+少量松量,而 A′B′＝裤上裆宽+裤内侧缝变化量+材料弹力伸长量,因此,裤上裆宽＝AB+少量松量－裤内侧缝变化量－材料弹力伸长量。

裤内侧缝变化量是指前后裤片内侧缝拼合后对裤腹臀宽的影响量。当裤内侧缝线呈垂直

状态时,拼合后裤腹臀宽不变,则裤上裆宽等于 AB＋少量松量－材料弹力伸长量;在裙裤结构中,裤内侧缝线略外斜,拼合后裤腹臀宽减小,则裤上裆宽＞AB＋少量松量－材料弹力伸长量,需相应增加裆宽;在普通瘦腿型裤装中,裤内侧缝线内斜,拼合后裤腹臀宽增加,如图 2-6 所示,因此裤上裆宽＜AB＋少量松量－材料弹力伸长量＜0.24H＊＋少量松量－材料弹力伸长量,一般取 0.145H～0.16H－材料弹力伸长量,这样既可以满足人体体型,又可使裤装的裆宽减小,造型美观。

前后裆宽按一定比例分配,一般合体裤为 1/4：3/4,宽松裤为 1/3：2/3。

(3)裆弧线变化

裆弧线长由前后裆深和总裆宽共同构成,在总长度一定的情况下,裆深和裆宽可相互转化,但会引起相应裆弧线弯势及下裆缝线、脚口线的变化。

如图 2-29 所示,前后裆弧线的总长度保持不变,直裆越深,则裆宽越小,裆弧线弯势越小,下裆缝线越斜,而裆弧线变成直线及裆宽变成零是裆弧线变化的极端状态(如三角裤、游泳裤)。裆弧线变化以横裆线和臀围线交点为转动点,以裆宽为转动半径进行转动,裆弧线弯势越小,则下裆缝线的直线部位就越短,从而裤长越短,脚口线越凹斜。

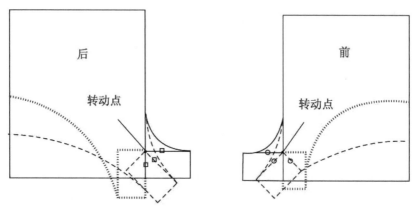

图 2-29　裆弧线变化

因此,当我们设计普通裤裆结构时需注意几个问题:一是裆松量一般在裆宽上增加,而在深度上变化很小,因为裆宽的增加可改善臀部和下肢的活动环境,深度的增加往往会使下肢活动范围减小。因此裆弯的设计一般只作宽度增加,而不增加深度(上述三角裤形式除外);二是无论裆宽增幅多少,应保持前裆宽和后裆宽的比例关系;三是增加裆宽的同时,也要相应增加臀部的放松量,使造型比例趋于平衡。

3. 前后上裆结构处理

(1)前上裆线

裤前上裆部的结构主要考虑静态的合理性。人体前腹部呈弧形,故裤前上裆部为适合人体须在前部增加垂直倾斜角,使前上裆倾斜,如图 2-30 所示。前上裆腰围处撇进量约 1cm 左右,在前片无省时一般不超过 2cm。

(2)后上裆线

裤后上裆部的结构主要需满足动态运动量。裤装结构的运动松量构成如图 2-30 所示,图中"●"为后上裆垂直倾斜增量;"◎"为上裆长增量;后上裆运动松量＝上裆长增量＋后上裆倾斜增量(后翘)＋后上裆材料弹性伸长量＝●＋◎＋后上裆材料弹性伸长量。

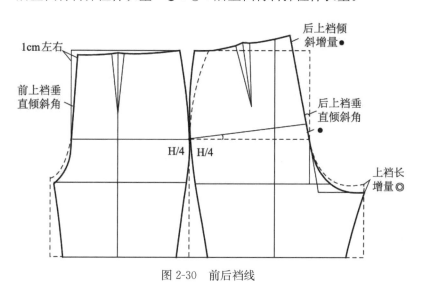

图 2-30　前后裆线

A. 上裆长增量(裆底松量)，见表 2-27。

表 2-27　上裆长增量表

裤型	裙裤	宽松	较宽松	较贴体	贴体
上裆增长量	3	2～3	1～2	0～1	0

B. 后上裆倾斜角(表 2-28)

后上裆垂直倾斜增量随后上裆倾斜角变化，倾斜角大则增量大，反之则小。一般裤型越贴体上裆倾斜角取值越大，以补足裆宽减小而减少的运动松量，增强动态舒适性，但静态站立时裆下有余量，会影响美观性；反之，宽松裤型裆宽较宽，运动松量已足够，不需或需要补足的运动量较少，后上裆倾斜角可取小甚至取零，静态站立时裆下余量少，美观性较好。

表 2-28　后上裆倾斜角

静态美观性	后上裆倾斜角	裤型	动态舒适性
↑取小的角度	12°～15°	贴体	↑取大的角度
	10°～12°	较贴体	
	8°～10°	较宽松	
	0～8°	宽松	

4. 裤装前后挺缝线的确定

挺缝线是前后裤身的成形线，一般位于横裆线的中点，成形后裤挺缝线的造型为直线，静态效果美观；有时前挺缝线位于前横裆线中点，后挺缝线位于后横裆中点向侧缝偏移 0～2cm 处，成形后前挺缝线为直线，后挺缝线为合体型。如图 2-31 所示。后挺缝线偏移后，后内缝线倾斜度增加，拼合后裤腹臀宽增加，因此所需裤裆宽可减小，裆部趋于合体。当然后挺缝线偏移后，后裤片需进行熨烫工艺处理，使挺缝线呈上凸下凹的弧形，凸状对应于人体臀凸部，凹状对应人体大腿部，休闲裤不需烫出挺缝线的除外。

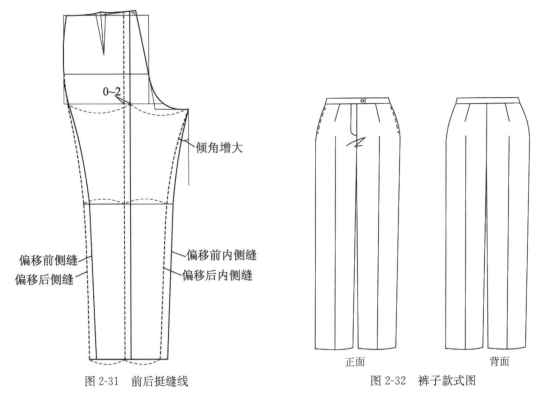

图 2-31 前后挺缝线

图 2-32 裤子款式图

正面　　　　背面

(四)基本型女西裤结构制图

假设该款为春秋季穿着的较贴体西裤,以国家号型标准中的中间体号型(160/68A)来确定其规格,其具体部位的规格设定如下:

1. 裤长

从腰围线垂直向下量至脚跟长度。也可以根据号型标准计算,如 160/68A

人体的腰围高为 98cm,或按 0.6 号＋0~2cm 计算,则普通裤长应为 98cm 左右。假使在此面料已经预缩,而工艺的损耗率约为 1.0~1.5cm,那么实际的制板裤长应为 99cm 左右。

2. 腰围

160/68A 人体的净腰围为 68cm,加上 0~2cm 的腰部放松量,则应为 70cm 左右。

3. 臀围

160/68A 的人体的净臀围为 90cm,加上 6cm 的松量,然后再加上 1~2cm

的工艺损耗量,最终臀围的制板规格为 98cm。

4. 裤口

裤口约为 20cm。

具体制板规格设计见表 2-29。

表 2-29　基本型女西裤规格表　　　　单位:cm

号型	裤长(L)	腰围(W)	臀围(H)	裤口(SB)	腰宽	袋口大
160/68A	98	70	96	20	3	14

具体制图步骤(图 2-33):

①裤型采用较贴体风格,侧缝有直插袋,前后臀围分配分别是 H/4－1cm,H/4＋1cm。

②上裆长:以 H/4 计算为 24.5cm。

③因侧缝线内斜,下裆夹角较大,故总上裆宽=0.15H,前后裆宽分配比例是 0.04H 和 0.11H。

④后裆缝倾斜角度取 13°,比人体倾角稍大。

⑤后裤片挺缝线向侧缝偏移 0.5~1cm。

⑥前后裤脚口尺寸分配是 SB-2=18cm,SB+2=22cm。

⑦中裆按款式需要定为 SB+2cm=22cm。

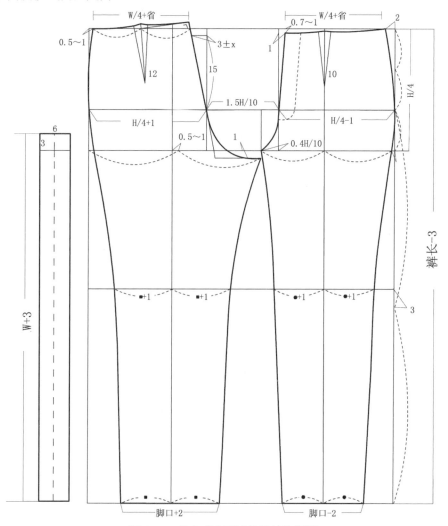

图 2-33　基本型女西裤裤子结构制图

(五)变化款女裤样板制作(图 2-34)

规格设计方法同基本型女西裤,具体制板规格设计见表 2-30。

表 2-30　变化款女裤规格表　　　　　　　　　单位:cm

号型	裤长(L)	腰围(W)	臀围(H)	裤口(SB)	腰宽	袋口大
160/68A	98	72	95	20	3	12

具体制图步骤(图 2-35):

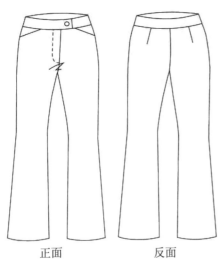

正面　　　　　反面

图 2-34　变化款女裤款式图

①裤型采用贴体风格,前后臀围分配分别是 H/4。

②上裆长:以 H/4 计算为 24.25cm,腰线低落 2cm,再截取腰面 3cm。

③因侧缝线内斜,下裆夹角较大,故总上裆宽＝ 0.15H,前后裆宽分配比例是 0.04H 和 0.11H。

④后裆缝倾斜角度取 13°,比人体倾角稍大。

⑤后裤片挺缝线向侧缝偏移 1～2cm。

⑥前后裤脚口尺寸分配是 SB－1＝21cm,SB＋1 ＝23cm。

⑦中裆按款式需要定为 SB－2cm＝20cm。

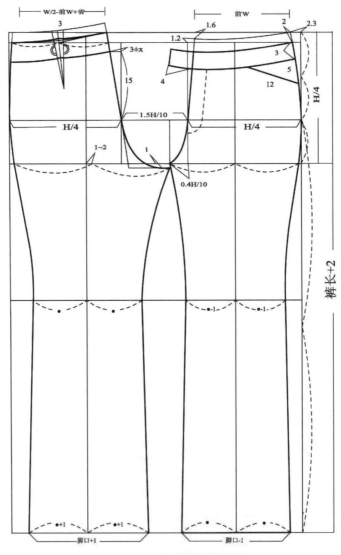

图 2-35　变化款女裤结构制图

三、上衣结构设计与样板制作

(一)上衣的基本构成

上衣的构成因素包括衣身、袖子和领子三大部分。这三个构成因素相互之间按一定比例关系和不同的形态组合就可以构成各种款式的上装。

(二)衣身结构设计原理

试想以一块长方形的布围绕躯体时,因为人体的胸围与腰围之间有一定的差值,因此在胸部与腰部之间及胸围线以上会产生空隙(图2-36)。

而要想使这一部分贴合人体,需将这一部分浮余量以省道的形式收掉。这种收省不能集中收于一处,只有将其均匀地收于人体四周,才能使面料完全贴合人体(图2-37)。这种胸凸和胸腰差值的处理便是衣身结构中重点需要解决的问题,这也是衣身基本结构设计原理及其结构变化的基础。

如何解决胸凸和胸腰差并将其很好地融于款式设计之中,这是进行衣身结构设计时必须要考虑的问题。一方面要求达到胸腰部位的合体,另一方面又能使款式呈现出多种变化多样的形式。只有掌握其变化的原理,才能识别其内部的结构变化,设计出任意款式的上衣,并对任意款式进行结构分解。

上衣基本型是基于以上思路来做的,通过在立体人台上的裁剪,得到基本型的样板,再通过将其转化成数学公式,以平面制图的方式画出来,这样就避免了因立裁较强的主观性也造成制作的基本型各不相同的局面。

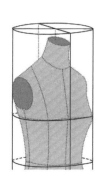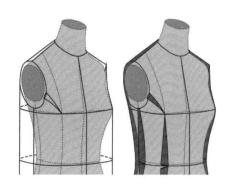

图2-36　长方形布围绕躯体示意图　　　　图2-37　三字余量收省后示意图

(三)上衣基本型纸样制作

1. 松量的设置

服装的放松量又称为舒适量,它是服装为保证人体在静态和动态感觉舒适和保证服装外形美观的各部位宽裕量。服装舒适量包括形态舒适量、生理舒适量、装饰舒适量等。

人体为要求静态的穿着美,要求制定原型宽松量时考虑呼吸量和皮肤弹性。据有关资料测得成人(胸围为84cm)作深吸气时,胸围变化量自0.9～4.8cm,平均值为2.1cm。作深呼气时,胸围变化量自-1.4～0.2cm,平均值为-0.8cm。如考虑需最小舒适量的内衣,其因呼吸而需要的舒适量应以深吸气平均值减深呼气平均值等于3cm左右。再考虑皮肤弹性因素,则最小舒适量应为4cm左右,约占净胸围的4.7%。

当双手抱合胸部时,胸围和腰围都减小,但背宽增大,背宽平均增大 4cm,最大值可达到 5cm 左右。由于胸围的最大平均变化为 3.8cm,故上衣胸部的形态宽松量最少需 3.8cm 左右,背长和胁长的最大平均变化为 1.8cm 和 10.0cm。

因而服装的放松量是以生理舒适量和形态舒适量为基础,根据款式造型需要增加装饰量而构成的。

2. 衣身基本型结构制图

衣身基本型的规格设计见表 2-31。

表 2-31　衣身基本型规格表　　　　　　　　　　　　　　单位:cm

号型	背长(BL)	胸围(B)	腰围(W)	肩宽(S)
160/84A	38	94	78	39

具体制图步骤(图 2-38):

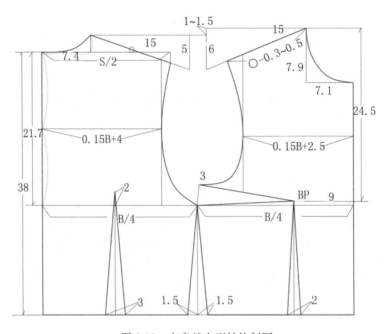

图 2-38　衣身基本型结构制图

①设置衣长等于背长,前后胸围各为 B/4。

②袖窿深:以 B/6+6cm 计算为 21.7cm。

③前后横直开领:后横开领为 B/20+2.7cm,后直开领深取横开领的 1/3;前片侧颈点在后片侧颈点水平线的基础上抬高 1~1.5cm,以满足女性人体胸部凸起的需要。前横开领比后横开领小 0.3cm,前直开领比后横开领大 0.5cm。

④肩斜和肩线:前后肩斜分别取 15∶6 和 15∶5,取后肩宽为 S/2,得到后肩线长;取前肩线长为后肩线长减去 0.3~0.5cm。

⑤前后胸背宽:后背宽取 1.5B/10+4,前胸宽比后背宽小 1~1.5cm。

⑥胸腰省:胸省的省尖点对应 BP 点,BP 点位于前片侧颈点下 24.5~25cm、离前中心 9cm 处,设置胸省的开口大小为 3cm;腰省两侧各收掉 1.5cm,后腰与前腰的收腰量根据胸腰差值

来确定,一般后腰省大一些,前腰省略小一些;后腰省的省尖点对应的凸点为人体的肩胛骨,所以省尖点位于胸围线上 2~3cm 的位置,前腰省省尖点对应的凸点为人体的 BP 点。

⑦完成各部位的线条连接,完成基本型衣身样板的制作。

3. 衣身结构分析

前衣片中横向的省是满足胸部隆起的量,根据人体胸部丰满的程度不同而不同;前后衣片纵向的腰省为使腰部合体进一步收腰的省量,腰省可以根据腰部需要的贴体程度进行调整。当腰省最小,取 0 时,就成为一般直筒轮廓的服装;当腰省最大时,为贴体服装;当腰省介于直筒轮廓于贴体轮廓之间的一种称之为"较合体的款式"。

(四)衣身省道的设计及转移

1. 省道的类型及名称

省道按照形态来分个,可以分为钉子省、锥子省、橄榄省、弧形省等几种形式。按照所在服装部位来分,可以分为肩省、领口省、门襟省、腰省、侧缝省(腋下省)、袖窿省等,如图 2-39 所示。

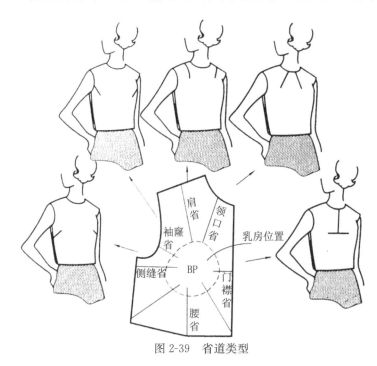

图 2-39　省道类型

2. 省道转移原理(图 2-40)

所谓省道转移就是指服装上某一部位的省道可以围绕着某一中心点被转移到同一衣片上的任何其他部位,同时转移之后不会影响服装的尺寸、合体性及穿着效果。

省道大小的决定因素于圆锥的立体构成原理相一致,衣身胸部收省后的立体突起程度只与省道的角度有关,而与省道所处的位置无关。

服装收省的道理与同心圆的理论相同,因此服装在收省后的立体效果只与省道的角度有关,而与省道的尾端展开的距离大小无关。

3. 省道转移的原则

(1)不论新省道位于何处,新旧省道的张角都必须相等。

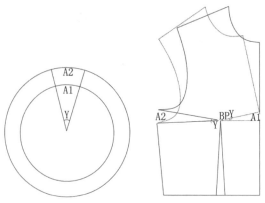

图 2-40　省道转移原理

（2）当新省道与原型的省道位置不相接时，应尽量作通过 BP 点的辅助线使两者相接，以便于省道的转移。

（3）省道的转移要保证衣身的结构平衡，一定要使前、后衣身的原型在腰节线处保持在同一水平线上，或基本在同一水平线上。

（4）省道的转移可以是单个省道的集中转移，也可以是一个省道变成多个分散的省道，这就是省道的分解使用。

4. 省道转移的方法

（1）量取法：使用方便，但仅适用于省道开口在侧缝线上的省道。

（2）旋转法：以省尖点为旋转中心，旋转衣身一定的量，将全部省道或省道的一部分转移到其他部位的方法。

（3）剪切法：就是在复制的基本样板上确定新的省道位置以及新的省道形式，然后沿新省位剪开至基本样板上原来的省尖点，沿着原来省道的两边折叠原来的省道，为了使样板重新平展在平面的桌面上，自然就会张开剪开的部位，张开的大小就是新省道的量的大小。

5. 省道转移的应用

省道转移在衣身结构设计的变化应用中，不仅省道的位置可以变化，同时省道也可以根据款式的需要将省道变化成一个或多个以及褶裥、分割线等形式。

（1）全省的转移

全省的转移是指将基本型中的胁下浮余省道和腰省全部转移至新省位。

A. 袖窿省

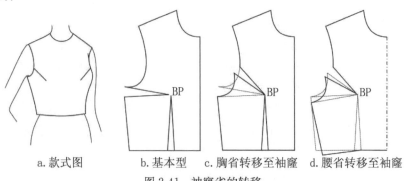

a. 款式图　　　b. 基本型　　c. 胸省转移至袖窿　　d. 腰省转移至袖窿

图 2-41　袖窿省的转移

B. 门襟省

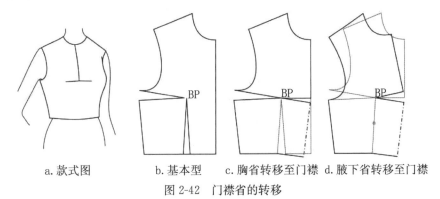

a. 款式图   b. 基本型   c. 胸省转移至门襟 d. 腋下省转移至门襟

图 2-42   门襟省的转移

（2）部分省的转移和省的分解

部分省的转移和省的分解是指将基本型中其中的胁下浮余省道或腰省转移至新省位,或者将胁下浮余省道和腰省分解转移成两个或者两个以上新的省道。

A. 领口省与腰省

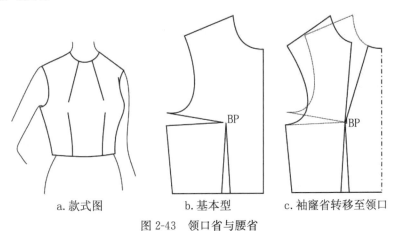

a. 款式图   b. 基本型   c. 袖窿省转移至领口

图 2-43   领口省与腰省

B. 肩省与腋下省

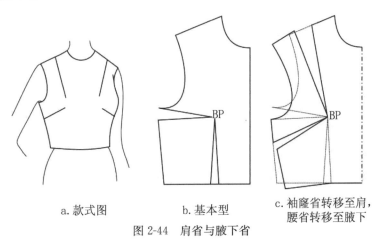

a. 款式图   b. 基本型   c. 袖窿省转移至肩,
                                              腰省转移至腋下

图 2-44   肩省与腋下省

(3)特殊形态的省与省的变形设计

A. 特殊形态的省

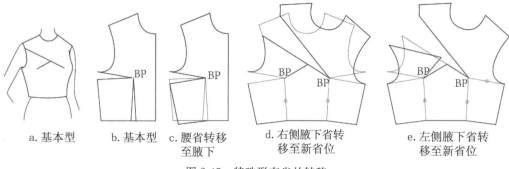

a. 基本型　　b. 基本型　　c. 腰省转移　　d. 右侧腋下省转　　e. 左侧腋下省转
　　　　　　　　　　　　　至腋下　　　　移至新省位　　　　移至新省位

图 2-45　特殊形态省的转移

B. 省的变形设计

在进行实际结构设计时，省道常分解为多个省，并且这些省不直接通过 BP 点，此时我们要用间接辅助线和剪切法来完成结构设计。

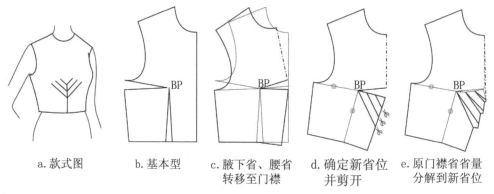

a. 款式图　　b. 基本型　　c. 腋下省、腰省　　d. 确定新省位　　e. 原门襟省省量
　　　　　　　　　　　　　转移至门襟　　　　并剪开　　　　　分解到新省位

图 2-46　变形省的转移

C. 曲线省

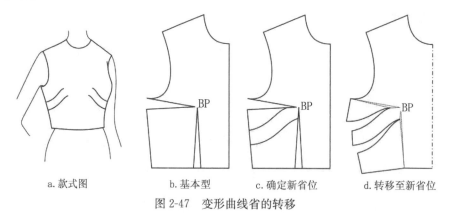

a. 款式图　　　　b. 基本型　　　　c. 确定新省位　　　　d. 转移至新省位

图 2-47　变形曲线省的转移

D. 省融入分割线

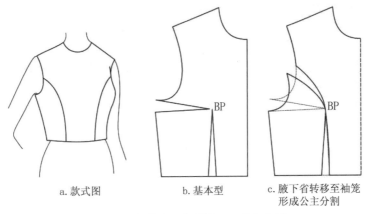

a. 款式图　　　　　　b. 基本型　　　　　c. 腋下省转移至袖笼
　　　　　　　　　　　　　　　　　　　　　　形成公主分割

图 2-48　省道融入分割线——纵向分割

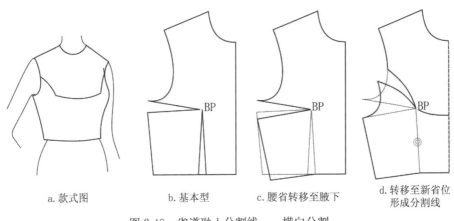

a. 款式图　　　b. 基本型　　　c. 腰省转移至腋下　　　d. 转移至新省位
　　　　　　　　　　　　　　　　　　　　　　　　　　　　形成分割线

图 2-49　省道融入分割线——横向分割

E. 省融入褶裥

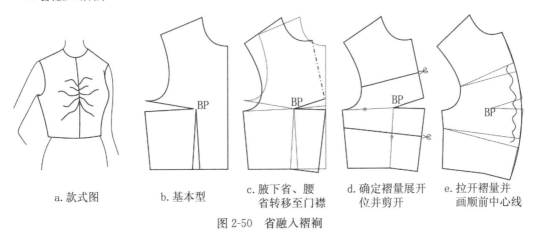

a. 款式图　　　　b. 基本型　　　c. 腋下省、腰　　　d. 确定褶量展开　　e. 拉开褶量并
　　　　　　　　　　　　　　　　　省转移至门襟　　　位并剪开　　　　　画顺前中心线

图 2-50　省融入褶裥

（4）后片省道的设计与省道转移

人体的后肩部由于肩胛凸相对胸凸来说在外形上比较模糊，它的省量也比较小（约 1.5cm 左右）。因此在基本型当中并没有设计省道，而是直接将省量分解到了肩线（后肩线较前肩线多出来的吃势量）和袖窿（袖窿浮余量）。如果款式需要制作肩省或者说某些款式可以将肩省转移消化，那么我们也可以如图 2-51 所示设置肩省量，并在以省尖点为中心的 180°范围内进行省道转移。

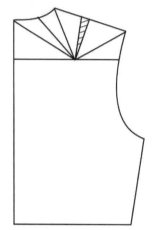

图 2-51　后肩省及省道转移位置

图 2-52、图 2-53 为后肩省省道转移实例。

 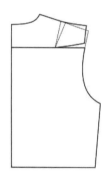

图 2-52　后肩省转移成领省　　　　　　图 2-53　后肩省转移成分割线

（5）省道转移应用的其他款式

在女装的衣身结构设计中，很多都可以通过省道转移的方法来实现结构的变化，图 2-54 是一些利用省道转移制作而得的款式图，供省道转移练习参考，具体转移步骤不再赘述。

a. 全省转移练习款

b. 部分省转移及省的变形设计练习款

c. 省融入分割线练习款

d. 省融入褶裥练习款

图 2-54　省道转移练习款

四、领子结构设计与样板制作

(一)领子的分类

1. 无领

也叫领口领,即无领身部分,只有领窝部位,并且以领窝部位的形状为衣领造型线。

2. 立领

立领可分单立领和翻立领两种,其中单立领的衣领只有领座部分,翻立领的衣领包括领座和翻领两部分。而当单立领与衣身连接在一起的时候,又形成了连身立领,也叫连衣领。

3. 翻折领

翻折领的领身包括领座和翻领两部分,但两部分连成一体无拼缝。翻折领有普通的翻领和有驳头的驳折领两种。当翻领的领座小于 1.5cm 趋向于 0 时,通常我们把这类翻领称之为坦领或平领。

上衣领型的分类并不是单一的,以上各种领型如果结合抽褶、波浪等结构处理手法又可以形成各种变化的领型,如抽褶领、荷叶领、系带领、连衣帽等形式。

(二)领子结构设计

在领子的结构设计中,不同的领型其结构制图的方式是不同的,但有一点是共通的,那就是无论哪种领型(除无领外),都要求领子的领口线与衣身对应的领圈线能够吻合,同时在遵循人体颈部结构的基础上符合款式要求。

1. 无领

无领结构设计的关键是要处理好前后横开领的关系。人体的颈部结构呈后宽前窄的桃形,从基本型结构中我们可以知道前片的横开领要小于后片的横开领。因此,当无领的领圈开得较宽的时候,为了使成品的服装领圈穿着合体,不豁开,通常前后横开领的差值就会很大。

图 2-55　无领的结构设计

2. 立领

(1)单立领

A. 钝角立领

钝角立领指立领与衣身的角度呈钝角,立领的上口小于领口。当立领领口线的弧度与领子的合体程度成正比,当领子的领口线与衣身领口线的弧度完全吻合时,立领特征消失,变为原身出领,也意为领口贴边,如图 2-56 所示。然而立领领口线上翘的选择是有条件的,应保证上口围度不能小于人体的颈围尺寸。

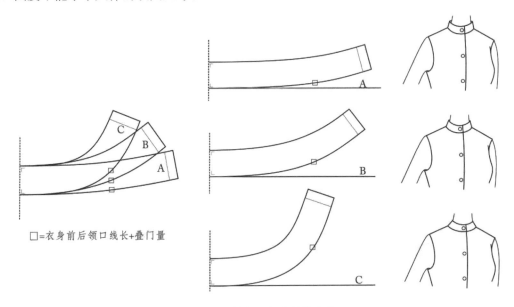

□=衣身前后领口线长+叠门量

图 2-56　钝角立领的结构变化

立领领口线起翘量是根据领口线的长度和颈围来确定,起翘量＝(领口线长度－净颈围值)/2～3cm,一般为 0～3cm,当要求立领比较合体时,可以选择除以 2cm,反之则选择除以 3cm。对于钝角立领,起翘量越大,领身内倾程度越大,如果领下口线起翘量增加到 6 厘米,在结构上也是合理的,但是这类立领在结构设计时需要注意两个问题:一要领座的高度要相对小一点,因为如果太宽就可能使领上围小于颈围的净尺寸;二是要适当加大横开领的量,其目的也是保证领上围线的尺寸能适应人体颈部。

图 2-57 是立领的结构制图示例。图中立领的领高为 3cm,款式为较合体类型。假设衣身领口线长为 38.4cm,颈围为 33cm,那么立领的起翘量＝(38.4－33)/2＝2.7cm;绘制立领领口线的辅助直线长度为领口线长－0.3cm＋2cm(叠门量),是因为立领的领口线因起翘后最终是弧线,其长度要大于直线,所以在绘制直线时减少了 0.3cm。

B. 锐角立领

锐角立领与立领的钝角结构恰好相反,领下口线(领口线)下曲度越大,立领上口线越长,使立领的上半部分远离脖颈,向外倾斜。当和领口曲度完全相同时(方向相反),就变成坦领结构,如图 2-58 所示。锐角立领的制图原理与钝角立领一致,只是方向刚好相反,在此不再赘述。

(2)翻立领

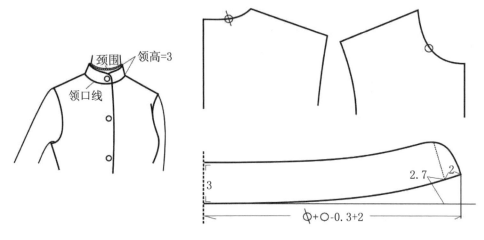

图 2-57 钝角立领结构制图

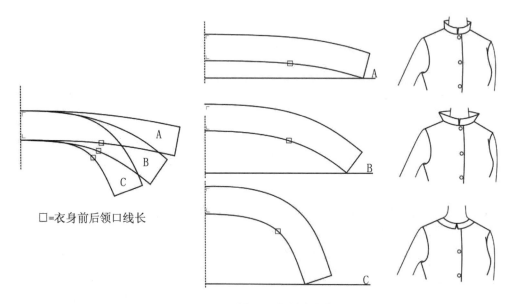

□=衣身前后领口线长

图 2-58 锐角立领的结构变化

　　翻立领结构制图中,单立领部分制图方法同上,只是在起翘量的选择上采用领口线与颈围之差除以 3cm,使立领上口不至于太合体。制作翻领时可以使用直接作图法,领下口在靠近门襟的一侧从立领的前中心线偏进 0.3cm,以避免翻领翻下时因厚度而产生两侧领子重叠的现象;后中心采用起翘的方式,起翘量大于单立领起翘量的 2 倍,如图 2-59,这样才能保证上下领弧线造型吻合,同时翻领中也可以融入一定松量,以解决因面料厚度及里外层原因而引起的领座和翻领的长度差异。翻领外轮廓线以及领角线根据具体款式造型而进行设计。

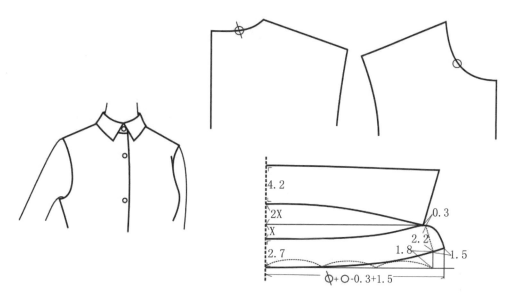

图 2-59　翻立领的结构设计

（3）连身立领

连身立领有两种形式，一种无领口省，另一种有领口省。无领口省的连身立领因领子与衣身是平面的，所以穿着时领口不服帖，容易产生皱褶，因此在设计时建议采用低领座低领口的款式，使其尽量远离人体颈部；有领口省的连身立领可以通过收省使其与人体颈部和躯干的转折面吻合，所以适用于一些比较合体的连身立领的款式设计。连身立领因为与衣身连接在一起，所以在结构设计中直接在衣身领圈的基础上延伸，需要注意的是为了使领子的领口线与人体颈部后大前小的桃形颈部形态吻合，前后侧颈点抬高和支出量不同。如图 2-60 所示，立领的领高为 3.5cm，所以后中抬高 3.5cm，为适应颈部后高前低，上小下大的形态，侧面抬高量适当减少为 3cm，偏进 1cm；前片则刚好相反，按肩线延伸量为 3cm，抬高量为 1cm，前中抬高量也略少于领高为 3cm；注意连顺领口线和肩侧线，完成无领口省连身立领的结构设计。

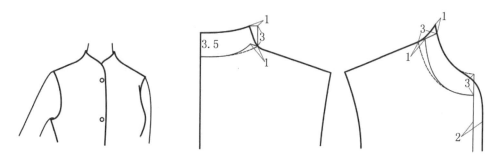

图 2-60　无省连身立领的结构设计

有领口省的连身立领在无领口省的连身立领结构图基础上确定省道的位置，然后分别将前片的胸省和后片的肩省转移至领口，为了适应颈部与躯干转折的里面，前后领口省的省尖点分别还要放出 0.6cm 和 0.3cm 的量，与领口线连接，最后还要注意收省后领口弧线的圆顺。

3. 翻折领

翻折领由翻领和领座两部分构成，但是两部分没有分割直接连在一起。领座的高度一般

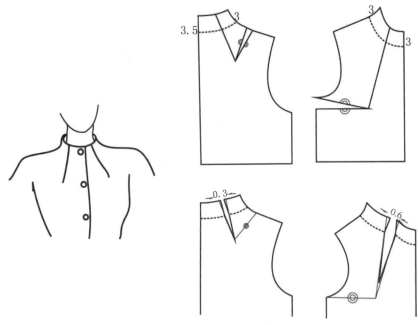

图 2-61　有省连身立领的结构设计

低领座为 1~2cm，中领座 2.5~3cm，高领座 4~6cm。

如图 2-62 所示，若将面料裁剪成一块长方形，作为领子，把领子与衣身缝合，按照预定的翻折线翻折，领面将会产生许多皱纹。若以侧颈点为中心，在中心线与左右分别剪开，那些原本不足的空隙就会展开。将展开的尺寸做上标记，在平面纸样上，将展开的量加入，再重新绘制图形，便可产生后中心的提高尺寸，领子外围线也成弧线状，如图 2-63 所示。

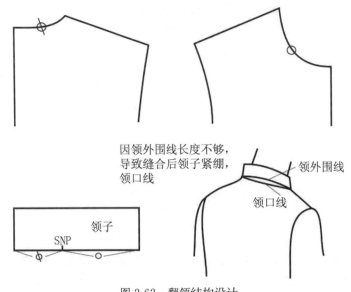

图 2-62　翻领结构设计

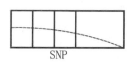

图 2-63 翻领结构调整

从上述的实验中可以得出结论,翻折领的结构设计关键是要处理好后中心的提高量,以保证领子外围弧线的长度能与款式造型要求相符。提高量的大小与领座高成反比,即提高尺寸越大所形成的领子领座高就越小;提高尺寸越小,所形成的领子领座就越大。提高量与所形成的领子领座高的规律如下:

①当提高量为 1.5~3cm 时,领座高为 3.5~4cm 时,领子造型与颈部紧贴;

②当提高量为 4~6cm 时,领座高为 2.5~3cm 时,领子不紧贴颈部;

③当提高量为 7~12cm 时,领座高小于 2.5cm 时,领子远离颈部;

④当提高量大于 12cm 且领座高小于 1.5cm 时,领子为坦领。

（1）翻领

在翻折领的结构设计中,除了可以用直角式作图法直接绘制领子外,还可以用影射法来进行结构制图。

直角作图法是通过画出后中的提高量来确定领口线弧度,然后直接画出领子造型的方式,其缺点在于领子的造型效果不直观,要等到装到衣身领口之后才能看出领型与款式的相符度。另外,图 2-64 中的几种领型因领口线均为往上弧的圆顺弧线,所以成型后领子的翻折线都成弧形。

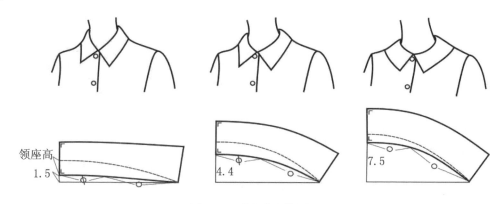

图 2-64　翻领直角作图法

图 2-65 是影射作图法。用影射法作图先在翻折线的左侧作出如款式图的领子造型,然后以翻折线（连接 ab 的延长线）为对称轴对折,再作出领子的后半部分。其中后半部分领子的作图可以用比例法,也可以用剪切法。图中衣服的前后横开领在基本型领圈的基础上开宽 1cm,前片直开领开深 1cm;a 点为衣身侧颈点沿肩线延长出去 2~2.3cm 的点,b 点为前领深点,c 点为 ab 线的中点,dc 垂直 ab,连接 ad 的延长线是作领子倒伏量的依据,从侧颈点引出一直线（长度为后领弧长＋0.2cm）与之平行,b 点下落 0.3cm 用于满足领子翻折后的厚度损耗,连顺领口弧线;然后确定领子的高度为翻领的宽度加上领座的高度,画顺领子外弧线。

剪切法制图中,首先从侧颈点引出一直线(长度为后领弧长+0.2cm)平行于翻折线,取领子的高度为翻领的宽度加上领座的高度,然后与领子外弧线与肩线交叉的点连接,领子的后领部分完成。但此时的领子外弧长度是不够的,因此还需要我们计算外弧线差值。图2-64剪切法中的后领是领子与衣身领口缝合后穿着时的状态,其中的"□"是后领的外弧长度,通过对比线条长度可得后领外弧线所需的差值,剪开拉展出差值量,通常考虑到面料的厚度和缝制过程中的损耗,领子外围弧线的长度要比理论上的量"□"多0.3～0.5cm。最后如比例法连顺领口弧线和领外围弧线即完成领子的结构设计。

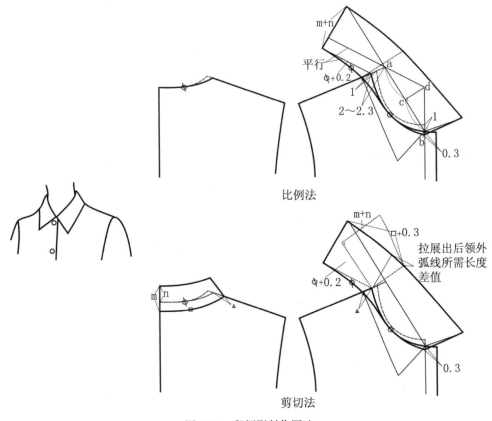

图2-65　翻领影射作图法

（2）驳折领

　　驳折领是一种特殊的翻折领形式,也是外套常用的一种领型结构,驳领的外形可作多种变化,可以是平驳领,也可以是戗驳领;驳领的驳角和领角可以是圆形的,也可以是方形的。影射法制图容易把握领子的造型,效果直观,适合应用于不同结构的驳领,其后领部分的制图原理与方法同翻领。图2-66～图2-70为不同类型驳领的结构设计。

　　图2-66中的驳领后半部分领子还是采用比例法制作,只是该比例法所取得的领子倒伏量只适用于后领高小于等于8cm的领子,如后领高超过8cm,则依据此法所做的领子外围弧线长度是不够的。因为此款驳领的后领高为9cm,所以领外弧线长度不够,需要重新剪开拉展出所需要的差值。

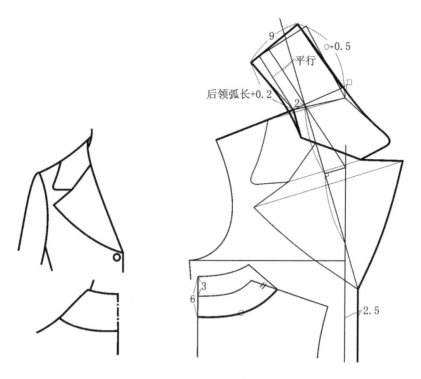

图 2-66　宽驳领结构设计

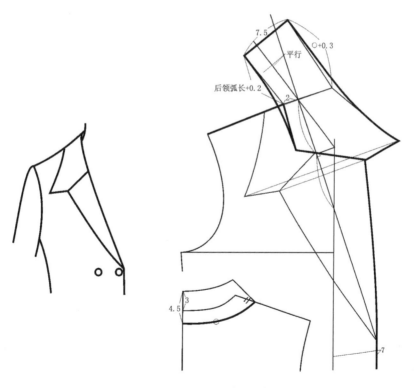

图 2-67　无驳角驳领结构设计

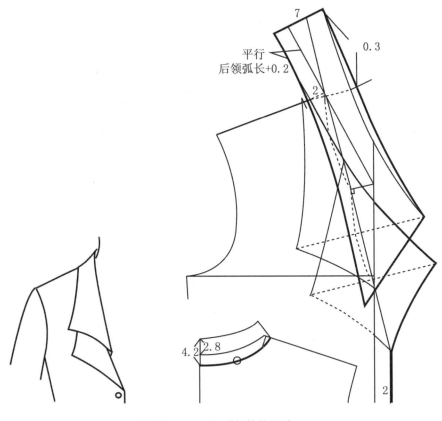

图 2-68　双层驳领结构设计

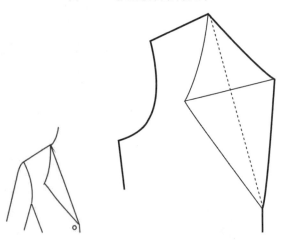

图 2-69　无领子驳领结构设计

图 2-70 为立翻驳领。立翻驳领的结构一般有两种，一种就是图 2-70(a)中的翻领与领座分开的立翻驳领形式；另一种则是立领与翻领部分连在一起的形式。翻领与领座分开的立翻驳领其驳头部分应用影射法制图，翻领和领座部分的结构制图原理和方法同翻立领，在此不再赘述。

图 2-70(b)为翻领与领座相连的立翻驳领结构制图，其制图要点如下：

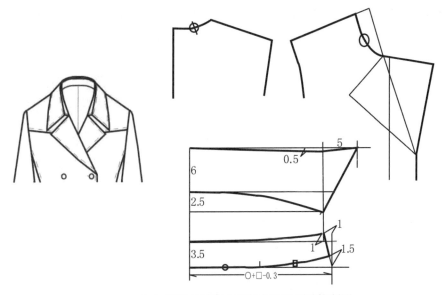

（a）翻领与领座分开的立翻驳领结构制图

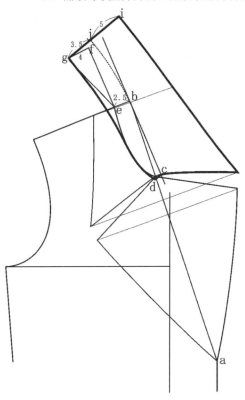

（b）翻领与领底相连的立翻驳领结构制图

图 2-70　立翻驳领结构设计

连接翻折止点 a 点和肩线延长 2.5cm 的 b 点，在左侧画出领子和驳头的造型；bc 为领子领座立起后的翻折线并延长；分别按 ab 和 bc 线对称领子和驳头，连接 hc 点，画好领圈弧线、驳头；作 cd 延长线的平行线 ef 长为后领圈弧线长减去 0.3～1cm，作 ef 的垂线 fg 长 4cm，连顺领圈弧线

gd(d点为领圈点下0.3cm),然后做领圈弧线的垂线gi长8.5cm(领座高3.5cm,翻领宽5cm),画顺领外围线ih,画顺dch线;连接jc线,jc为立翻领的翻折线。

4.坦领

坦领也叫平领,其实质是领座高小于1.5cm的翻折领。由于领座高小,所以在采用直角式制图时后领中心线的提高尺寸大,领下口弧线曲率较大,接近与衣身领窝。所以在前后衣身领口线的基础上设计领子结构,效果更加直观和准确。

坦领结构设计中,前后肩端点要重叠一定量,其目的是为了使领子外围向颈部拱起,衣身领口线不外露,领圈呈现微拱形,造型美观。前后肩端点的重叠量大小直接影响领子拱起的程度,影响领座高的尺寸。但前后肩端点的重叠量一般不超过5cm。

①当前后肩缝重叠量为0cm,所形成的领子漂浮、无精神,且领口线外露,影响外形美观;

②当重叠量为1cm时,形成几乎没有领座的领子;

③当重叠量为2.5cm时,领座高为0.6cm左右;

④当重叠量为3.8cm时,领座高为1cm左右;

⑤当重叠量为5cm时,领座高为1.3cm左右。

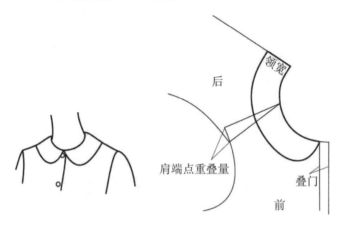

图2-71 坦领结构设计

5.变化领型

(1)抽褶领

在抽褶领结构设计中,一般是先将衣身上可以转移的省量都转移至领口成为褶裥量,如果通过省道转移所得的褶量不够,再通过剪开拉展的方式来获得适合的松量。

(2)荷叶领

荷叶领也叫波浪领,其领子的展开量视领子的波浪大小而定。确定展开位置要求均匀,展开量平均,其中前后中各展开一半的量。

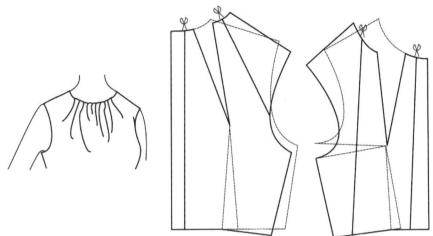

前片胸腰省，后片腰省都转移至领口作为抽褶量
为了增加领口褶量，确定褶量展开的位置

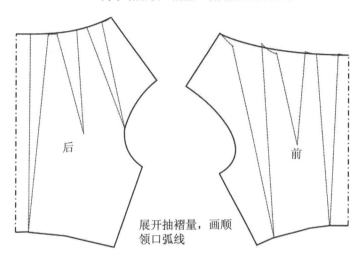

展开抽褶量，画顺
领口弧线

图 2-72 抽褶领结构设计

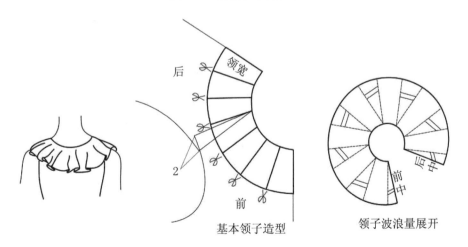

基本领子造型

领子波浪量展开

图 2-73 荷叶领结构设计

（3）系带领

系带领也叫飘带领,其领子的结构一般为一长条形,其长度等于领圈加系带打结的量和下垂飘带的长度。

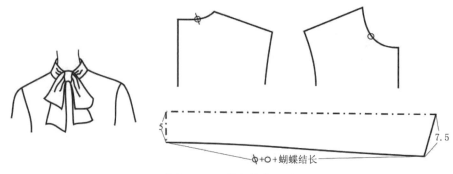

图 2-74　系带领结构设计

（4）连衣帽

连帽或者另带帽子的款式也是我们常见的设计。帽子的设计有的强调实用性,有的则纯粹是用来装饰的。实用型的帽子在结构设计时要考虑人体的头部结构与衣身领圈的关系,保证帽子戴在头上的合体性;装饰性的帽子规格可大可小,还可以根据服装的风格自由设计,主要是要体现帽子与服装的整体协调性。当然更多的帽子设计是兼具实用和装饰性的。

图 2-75 是两款帽子的款式图和结构图。在这两款帽子的结构设计中,主要要测量人体头部左右脸颊绕过头部后脑勺之间的距离（A）及前领深点绕过人体左脸颊、头顶至右脸颊、再至前领深点的距离（B）,以保证帽子规格的合体。帽子也在基本型结构的基础上,做结构上的任意分割,图 2-76(b)款帽子是在帽子的后中有一长条形分割,在分割时要保证帽中长条的宽度不变及与两侧帽身拼合边 cd 间的距离不变。

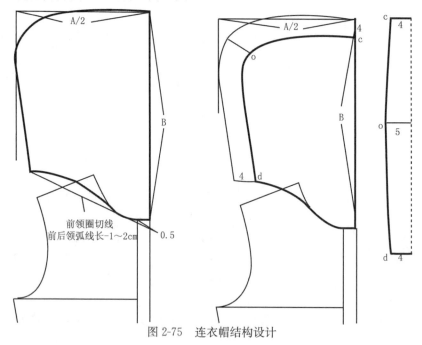

图 2-75　连衣帽结构设计

有些可脱卸的帽子在设计时可装拉链或按扣、纽扣等,但其结构设计方法都是一样的,只是在该结构的基础上安装相应的纽扣或拉链即可(也有一些在帽子的领口边装一贴边,用来做重叠量)。

五、袖子结构设计与样板制作

(一)袖子的分类
袖子按照基本结构可以分为以下三类:

1. 圆袖

圆袖是一种袖山形状为圆弧形,与袖窿缝合组装的衣袖,根据其袖山的结构风格及袖身的结构风格可细分为宽松、较宽松、较贴体、贴体的袖山及一片袖、两片袖等。

2. 连袖

连袖是将袖山与衣身组合连成一体形成的衣袖结构,按其袖中线的水平倾斜角可分为宽松、较宽松、较贴体等三种结构风格。

3. 分割袖

分割袖是指在连袖的结构基础上,按造型将衣身和衣袖重新分割、组合形成新的衣袖结构。按造型线分类,可分为插肩袖、半插肩袖、落肩袖及盖肩袖等。

上衣袖型的分类也不是单一的,以上各种基本袖型如果结合抽褶、波浪等结构处理手法又可以形成各种变化的袖型,如泡泡袖、耸肩领、抽褶袖、垂褶袖,收省袖等形式。

(二)袖子结构设计
袖山高的选择和袖身的设计是袖子结构设计中的两大要素,特别是袖山高的选择,不仅要使成型后的袖山弧线与衣身袖窿吻合,而且还要适应款式要求。

1. 袖山结构设计

(1)袖山高的确定

袖山高的确定方法有很多,并且各自有优缺点。考虑到袖山曲线要和袖窿曲线相配伍,所以可以采用配伍法来确定袖山高(图 2-76)。具体操作如下:

将制作好的先后衣身拼合,做出前后肩端点连线;然后根据袖子的风格选择合适的袖山高:

宽松袖山高<0.5 的平均袖窿深(SP'~BL),即属 A 层范围;其高度大概在 0~9cm。

较宽松袖山高 0.5~0.65 的平均袖窿深(SP'~BL),即属 B 层范围;其高度大概在 9~12cm。

较贴体袖山高 0.65~0.8 的平均袖窿深(SP'~BL),即属 C 层范围;其高度大概在 12~15cm。

贴体袖山高 0.8~0.85 的平均袖窿深(SP'~BL),即属 D 层范围,其高度大概在

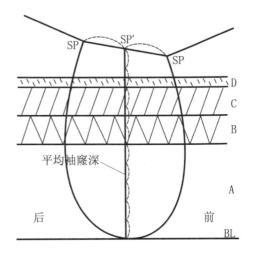

图 2-76 袖山高设计示意图

15～17cm。

(2)袖肥的确定

袖肥是依据袖山斜线来确定的。根据所需吃势量的大小,前侧取FAH(前袖窿弧长)－1～0cm,后侧取BAH(后袖窿弧长)－0.5cm～＋0.5cm。因为成型后前袖山弧线要比后袖山弧线曲度大,所以在确定前后袖山斜线的长度时,通常在袖窿弧线长度的基础上前侧要比后侧多减0.5cm的量(图2-77)。

(3)袖山弧线的确定:

按照前后袖肥线将袖山斜线划分为四部分:其中D～B段、D～C段是吻合区域,其它是设计区域。通常服装越贴体,要求吻合区域和袖窿弧线相符度越大;越宽松,则差异越大。设计区域要按照袖子肩端处形态进行设计,越贴体需要越饱满(图2-77)。

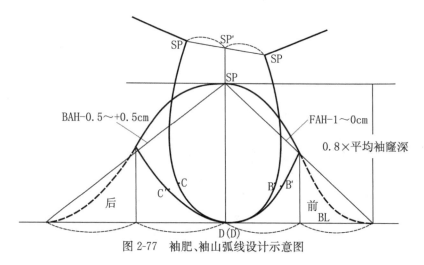

图2-77 袖肥、袖山弧线设计示意图

2. 袖身结构设计

袖身结构设计受到人体胳膊形态影响。人体胳膊是向前弯曲的状态,如图2-78,这就要求在设计袖身时要考虑人体胳膊形态,尤其是贴体袖子的袖身。

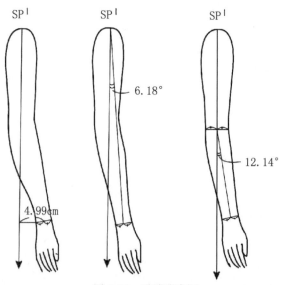

图2-78 手臂形态图

图 2-79 是袖身结构变化的几种形式,一般情况下宽松或较宽松的袖型,其袖身一般直身型,合体或较合体的袖型,其袖身为贴合人体胳膊形态的弯身袖。弯身袖的设计可以是一片式的,通过省道、褶裥等结构处理方式达到弯曲的效果,但更多的时候会采用两片袖的袖型设计。

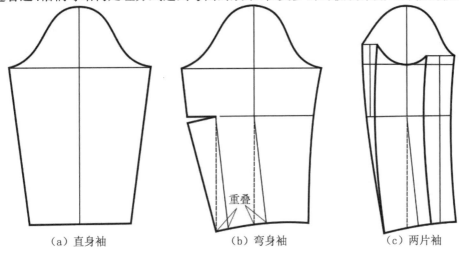

（a）直身袖　　　　　　（b）弯身袖　　　　　　（c）两片袖

图 2-79　袖身结构变化

(三)袖子结构制图举例

1. 圆袖

(1)较宽松一片直身袖

①取袖长为所确定的袖长规格减去袖克夫的宽度;袖山高为 $0.6\times$ 平均袖窿深,前袖山斜线长为 FAH-1cm,后袖山斜线长为 BAH-0.5cm,确定袖肥;

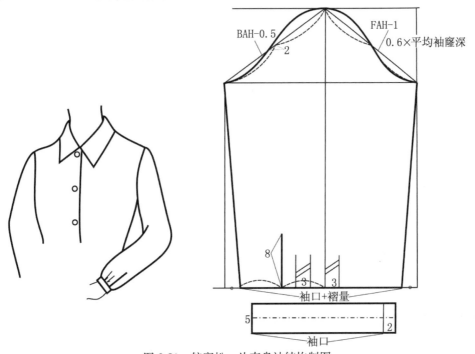

图 2-80　较宽松一片直身袖结构制图

②后袖山弧线转折点在 1/2 袖山斜线向下 2cm 处,前袖山弧线转折点在 1/2 袖山斜线处,画顺前后袖山弧线;

③以袖口加上褶裥量确定袖口大小,按袖肥宽度前后偏进量相等;

④后袖口大 1/2 处做开衩,长 8cm;以袖中线为一边做褶裥,大 3cm;间距 2cm 再做一个 3cm 大褶裥;

⑤袖克夫展开宽 5cm,长度为袖口大加上 2cm 的重叠量。

(2)较贴体一片弯身袖

较贴体的一片弯身袖通常有两种情况,一种是收袖肘省的,一种是无袖肘省的。以下分别是几种一片弯身合体袖的结构处理方法。

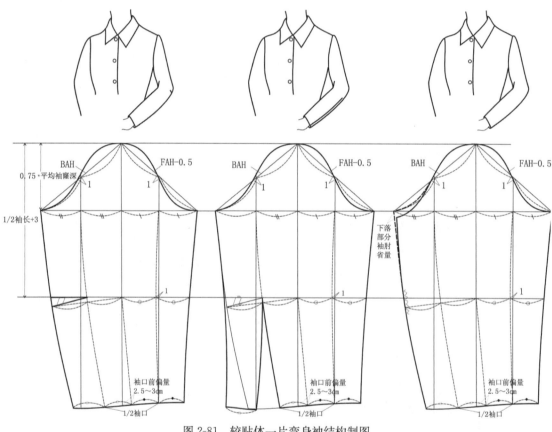

图 2-81　较贴体一片弯身袖结构制图

①取袖长为所确定的袖长;袖山高为 $0.75 \times$ 平均袖窿深,前袖山斜线长为 FAH-0.5cm,后袖山斜线长为 BAH,确定袖肥;

②后袖山弧线转折点在 1/2 袖山斜线向下 1cm 处,前袖山弧线转折点在 1/2 袖山斜线向上 1cm 处,画顺前后袖山弧线;

③从上端点下来 1/2 袖长加上 3cm 确定袖肘线;确定前后袖肥的中点并画垂线;袖中线从袖肘线下来偏前 2.5~3cm,画该袖中线的垂直线,如图 2-81a 确定袖口大小;

④如图 2-81a 确定前后袖缝线和袖肘省,完成 a 款袖子样板制作。

b 款为纵向袖肘省款式,在 a 款的基础上合并横向袖肘省,纵向展开即可。

c款为无袖肘省款式,在 a 款的基础上后袖山弧线下落部分袖肘省的量,袖山弧线长度不变。还有部分袖肘省的量作为前后袖缝线缝合的吃势量留在袖缝线上。

(3)贴体两片袖

①取袖长为所确定的袖长;袖山高为 0.83×平均袖窿深,前袖山斜线长为 FAH,后袖山斜线长为 BAH＋0.5cm,确定袖肥;

②后袖山弧线转折点在 1/2 袖山斜线向下 1cm 处,前袖山弧线转折点在 1/2 袖山斜线向上 1cm 处,画顺前后袖山弧线;

③从上端点下来 1/2 袖长加上 3cm 确定袖肘线;确定前后袖肥的中点并画垂线;

④如图取前袖口、袖肥偏袖量为 3cm,后袖肥偏袖量为 1.5cm,确定袖口大小,后袖口不做偏袖量;

⑤确定前后袖缝线。前袖缝在袖肘线处凹进 1cm,后袖缝线以画顺为原则;

⑥将袖底部分弧线按照前后袖肥的中线对称到小袖片,完成袖子结构制图。

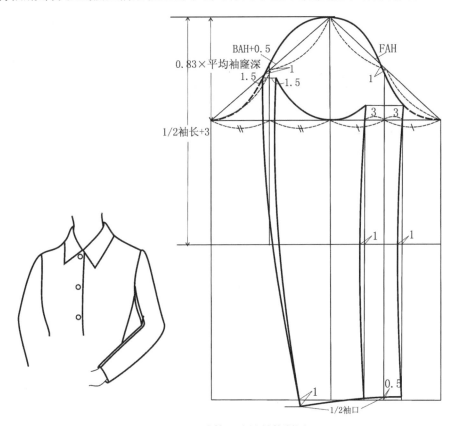

图 2-82　贴体两片袖结构制图

2. 连袖

(1)宽松、较宽松连袖

宽松或较宽松的连袖一般为中式的连身袖或者蝙蝠袖,袖底一般不做插角。其肩斜与袖中线基本成一条直线,因此,这一类连袖在制图时与侧颈点所成的角度为 0～20°(肩斜的最大角度)。

(2)贴体、较贴体连袖

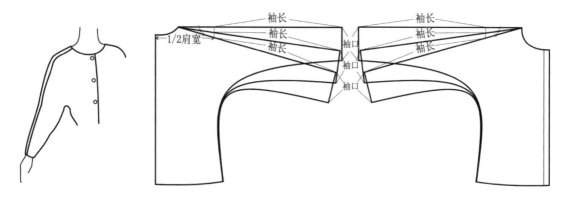

图 2-83　宽松、较宽松连袖结构制图

　　贴体或较贴体的连袖的袖中线与肩端点水平线成一定的角度,这个角度一般在 20~45°,角度越大,袖子越贴体。为了使袖子成型后能前倾符合人体胳膊形态,一般前片的角度比后片大 2°。同时,为了解决手臂的活动问题,袖底与衣身重叠部分量一般有两种处理方式:插角和分割。图 2-84 为袖底插角贴体连袖的结构制图。

　　①如图后片以 1/2 肩宽确定肩端点,前片肩线取与后肩线同长;

　　②画前后肩端点的水平线,前片取 X=20~45°(根据袖子的贴体程度选择角度)做袖中线,长度取袖长;后片取 X-2°做袖中线,长度也取袖长;肩线与袖中线用弧线连顺;

　　③前后袖窿在衣身基本袖窿弧线上取一点 a 作为袖子与衣身重叠的起点,一般在胸围线到肩端点距离的 1/3 处;确定袖山高,画出与衣身袖窿弧线长度与曲度基本一致的弧线;

　　④如图取前后袖口大小,前片为 1/2 袖口-0.5cm,后片为 1/2 袖口+0.5cm 连接袖底线,要求前后长度一致;连接袖子袖底线与衣身侧缝线的交点 c 与袖子与衣身重叠的起点 a,即 ac 为连袖腋下剪开插角线。

　　⑤确定袖底插角。如图以 a 点为不动点,将两个 b 点重叠,形成 acc 的三角形,将前后片的三角形连接形成袖底的菱形插角。

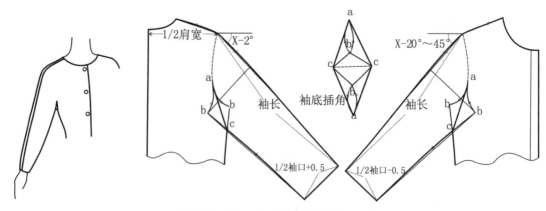

图 2-84　袖底插角贴体连袖款结构制图

　　图 2-85 是通过分割的形式来解决袖底重叠量的,其前面结构制图方法和步骤同插角贴体连袖款,只是在重叠部分的处理方式不同。其中 a 款采用的是衣身公主线分割,b 款采用的是

袖子分割,我们也可以将前后袖底部分拼接到一起,形成一片样板。

3. 分割袖

（1）宽松、较宽松插肩袖

宽松或较宽松的插肩袖同连袖一样,其肩斜与袖中线基本成一条直线,因此制图时与侧颈点所成的角度为也为0～20°（肩斜的最大角度）。宽松或较宽松的插肩袖款袖底重叠量较少,插肩的的位置根据款式图而定,袖子与衣身重叠的起点a点大概位于分割线的1/3处（图2-86）。

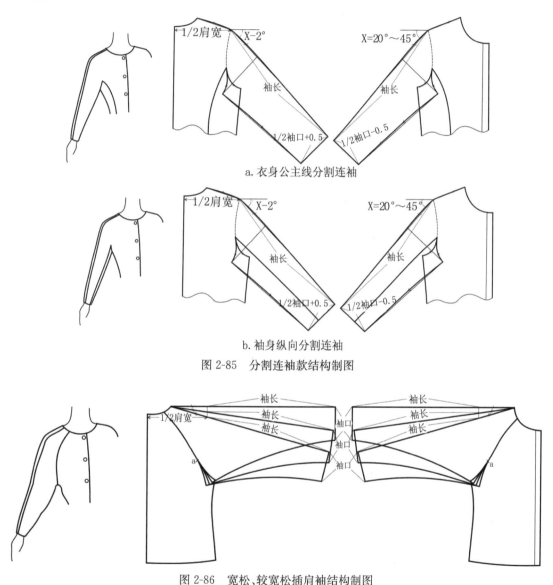

a. 衣身公主线分割连袖

b. 袖身纵向分割连袖

图 2-85　分割连袖款结构制图

图 2-86　宽松、较宽松插肩袖结构制图

（2）贴体、较贴体插肩袖

贴体或较贴体插肩袖的结构设计原理和结构制图方法与贴体、较贴体连袖，只是在此基础上根据款式图确定插肩的位置即可，在此不再赘述（图2-87）。

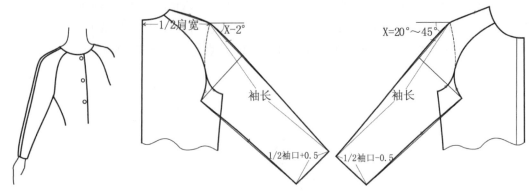

图 2-87　贴体、较贴体插肩袖结构制图

（3）其他几种分割袖的结构制图

图2-88分别为盖肩袖、半插肩袖、落肩袖的结构制图，其原理同插肩袖，只是分割线所处的位置不同而已。

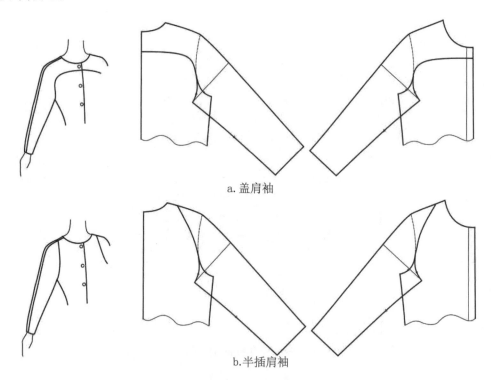

a.盖肩袖

b.半插肩袖

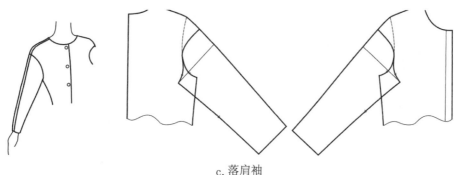

c.落肩袖

图 2-88　几种不同分割袖的结构制图

4. 变化袖型

变化袖型是在基本袖型的基础上通过剪切、分割、拉展、收省等方式变化出不同的袖型,下面介绍几种常见的袖型结构设计。

(1)泡泡袖

泡泡袖是袖山抽褶或做褶裥的袖子,通过剪开袖山中线并沿着袖肥线剪至袖底点,然后拉开所需要的袖山褶量即可。如果是袖山做褶裥,则将袖山褶量根据款式的要求分成几个规则的褶裥。如果袖子是两片袖,操作时可以在一片袖的基础上先展开褶裥量,然后再转化成两片袖;也可以先将袖子做成两片袖,然后大袖片袖山展开拉出褶量(图 2-89)。

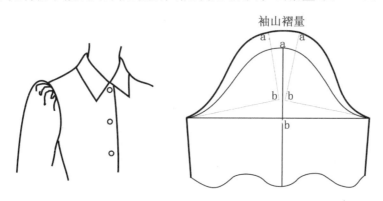

图 2-89　泡泡袖的结构设计

(2)灯笼袖

灯笼袖即袖山、袖口都抽褶的袖子。其结构设计方法有两种:一种是袖山袖口同时平行展开,袖肥增大;另一种方法是袖山、袖口同泡泡袖袖山一样展开褶量,但袖肥的大小不变(图 2-90)。

(3)喇叭袖

喇叭袖即袖口成喇叭状的袖子。操作时只要沿袖中线剪开袖口至袖肥线,再沿袖肥线剪开至袖底点,然后开展袖口的扩展量即可。当袖口的展开量极大时,就变成了波浪袖(图 2-91、图 2-92)。

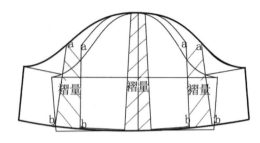

a. 袖山、袖口平行展开

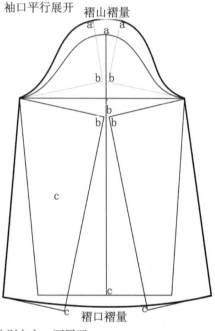

b. 袖山、袖口分别向上、下展开

图 2-90　灯笼袖的结构设计

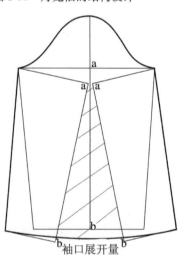

图 2-91　喇叭袖的结构设计

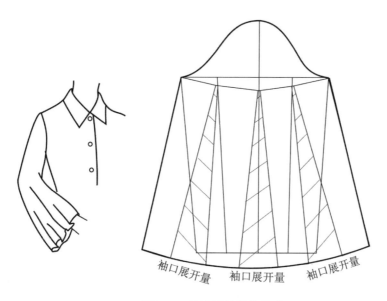

图 2-92　波浪袖的结构设计

（4）耸肩袖

耸肩袖是一种肩部高耸的袖子,其造型很多,下面是几种常见的耸肩袖造型。图 2-93 中 a 款是袖山收省、袖身分割的两片耸肩袖,我们在制作袖子样板时要先将肩部平耸的部分量 3cm 加到袖山上,然后确定袖山收省的位置,接着再将前后袖山弧线的量合并,使之与衣身袖窿弧线的长度吻合。需要注意的是,如果应用常规的两片袖制作方法制作该袖子,那么前后袖缝线的在袖山弧线的位置会比较高,这样就会影响袖子的美观,因此在这里采用如图的方式将袖子分成大小两片。

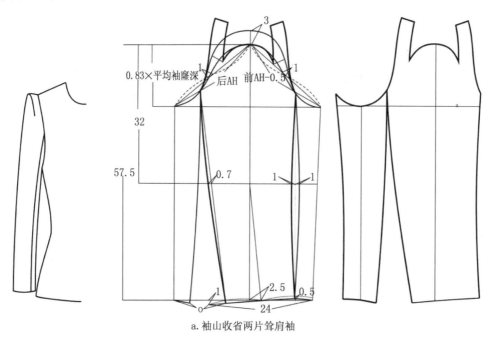

a.袖山收省两片耸肩袖

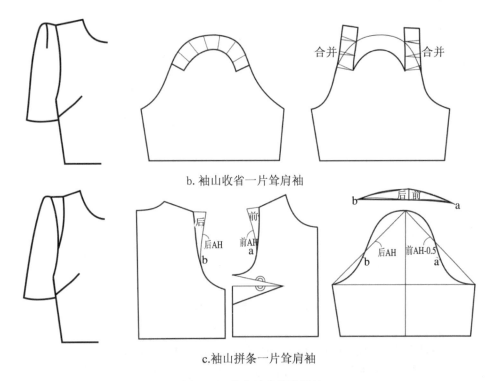

b.袖山收省一片耸肩袖

c.袖山拼条一片耸肩袖

图 2-93　耸肩袖的结构设计

b 款为袖山收省的一片耸肩袖,其操作方法同 a 款。

c 款为袖山拼条的一片耸肩袖,在操作时先在衣身部分画出拼条的造型,然后将前后拼条按照肩线对接;袖子制图时是根据拼条的袖窿弧线来确定后袖山斜线的,操作时还要注意袖山的适当加高。

知识点五:样衣试样与评审

一、样衣试样

(一) 试样的准备

1. 分析要试制的样品

对要试制的样品进行技术条件和要求的分析,列出试制该产品所需要的工艺条件、设备、工具、材料等,分析具体的操作工序,并做好记录。探讨样品中关键技术的处理,作好必要的记录及说明。

2. 准备材料

根据样衣生产通知单准备面辅料,并核对所有材料的规格、品种、颜色、数量及要求等。样品试制的材料一般要求是正品。但有时内销产品如主要目的是为了确定款式,也可用坯布、剩余料或现有的面辅料等替代,以节约成本。

3. 准备设备、工具

准备所需要的加工设备和工具,并调校准确。如针迹密度、缝线的张力、缝纫的速度、熨烫的温度、压力等。对缝制特殊工艺的器材要准备妥当。

4. 样衣工到位

样衣工要具备一定的技术素质和水平,在质量和技术上具备一定分析问题、解决问题的能力,以便在样衣的试制过程中处理和解决好有关技术问题。该人员要求技术上乘,责任心强,善于解决操作问题,以便制定生产技术文件。

(二)试样的过程

1. 面辅料的准备及修整:按照要求准备试样的面、辅料,检查样布是否有疵点等,并对某些不规格部位作出修整。

2. 样衣的裁剪:根据样板裁剪样衣,排料尽量合理、经济。

3. 设定样衣的质量技术标准:包括成品的规格公差、经纬纱向的技术规定、缝制技术规定和成品的质量要求。

4. 编写样衣的工艺流程。

5. 样衣缝制。

6. 核对样衣的工艺手法,不对之处作出修整。

(三)试样原则

1. 用材合理:材料使用经济、合理,做到"物尽其用"。

2. 工艺设计合理:采用合理的工艺手段,精简操作。

3. 工艺流程合理顺畅:工序安排畅通、工作效率高。

4. 确保设计效果:保证产品造型不变。

5. 保证产品质量、按期交货。

6. 注意产品的生产可行性。

二、样衣评审

(一)成衣规格核对

测量样衣的成衣规格,看成衣规格是否与样衣生产通知单上的规格相符,误差是否在工艺要求中的公差范围之内。如超出公差范围则需要分析是何种原因造成并作出相应修改。

1. 工艺方面:缝合时有否按照样板所放的缝份缝合,是否有缝份缝制过大或过小的原因。如果是工艺制作的原因,则要注意下次缝制时一定要按样板所放的缝份缝合。

2. 面料方面:是否是面料的缩率测试有误;或是制作的面料进行了调整致使样板制板规格设定产生误差。如是以上原因则针对实际面料对制板规格进行调整,然后对样板作出相应的纠正。

3. 样板方面:再次核对样板的规格是否符合先前所设定的制板规格,如有出入,则对样板进行调整。

(二)款型评价

样衣的造型、结构与先前设计稿上的款式是否相符,是否有设计上的缺陷,分析不相符合的原因及修正的意见,在样衣上进行修改并作改样记录,样板师根据改样记录在样板上做相应的修改。

(三)合体程度评价

将样衣穿在模特上,观察那些地方有欠缺或不够合体,然后查找原因,分析纠错方法,在样板进行修正。

(四)工艺质量评价

评价样品的外观质量和内在质量,分析工艺参数和技术标准是否正确无误,对需要改正的地方提出修改意见并作记录,以备重新试样或批量生产时改正。

过程一:分析样衣生产通知单

样衣生产通知单是设计部门与技术部门在产品开发时沟通上的纽带。样板师在拿到样衣生产通知单后,要对上面的内容和信息进行详细的分析,如对于上面的内容有疑议,还要和设计师进行面对面的交流,以保证制板师能充分理解设计师所要表达的内容,以保证所作的样板能准确反应设计意图。

一、分析效果图、平面款式图或实样

在产品的设计中,内销产品一般由设计师提供平面款式图或效果图;外销产品一般由客户提供平面款式图或实样。对于平面款式图、效果图或实样的分析,一般包括以下几个方面的内容:

1. 分析该款式的造型。
2. 分析该服装各部位的轮廓线、结构线、装饰线及零部件的形态和位置。
3. 分析要采用的工艺缝制方法及所需要的附件。

二、服装材料的分析

对于一些小型企业而言,大批的面料预缩一般不太可能实现,因此我们在面料预缩时采用取样预缩的方法,然后将所得到的缩率计入制板规格中。同时,我们还要分析面料是否有条格、花纹、图案、倒顺毛及其他方向性,决定样板是否要加大放量或做粗裁样板。如果面料有图案、花纹的倒顺及倒顺毛,则在样板上的丝缕标记应是单向的;如果面料需要对条、对格,则在样板上应做好对应标记符号,打好刀眼。

三、制板规格设计

样衣生产通知单上给出的规格是成品规格,成品规格是由设计师或者制板师根据款式特点结合国家服装号型标准而制定的。但样衣及大批生产时的样板如按成品规格制作,做成成品后会造成规格尺寸不准,因此样板的规格必须在成品规格的基础上增加一定的放量,并确定具体的测量部位和和方法,合理设计小部件规格。

（1）样板的放量设计

样板的放量包括面料的缩率和工艺的缝缩率和损耗。面料的缩率可以通过测试得到，工艺的缝缩率和损耗与面料的厚薄、结构的松紧等因素有关，也可以通过取样布测试得到。

（2）具体的测量部位和方法

一般外贸订单会注明各部位的详细规格及具体的测量方法。内销的样衣生产通知单如没有标明某些部位的详细尺寸及测量方法，可由样板师根据企业实际和常规的操作方法自行确定。

（3）部件尺寸的确定。根据成品的主要控制部位规格，设计与之比例协调，而又符合款式风格的小部件规格。

四、工艺特点分析

查看样衣生产通知单上的工艺要求，分析样衣所要采用的缝迹、缝型、缝制形式及要求，以便在样板的操作上能满足工艺要求和特点。

■ 案例：

以上的"ZJ. FASHION 样衣生产通知单"分析

一、分析平面款式图

分析 WS－08001B（见第一阶段过程四样衣生产通知单制作案例）的款式造型的总体特征及内部的结构线、零部件的形态和位置；分析款式中主要部位的体积、造型线与人体之间的贴合程度，可以确定该款为较合体款型；分析结构线与轮廓线的具体特征及其比例关系，确定其前后衣身的分割线集装饰性与功能性于一体，可将胸省的量转移至分割线；分析各种部件与整件服装的比例关系，确定大体的制板方案。

二、服装材料的分析

1. 面辅料的预缩与整理：将面辅料进行缩率测试，并根据实际情况作适当整理。

2. 缩率计算：根据缩率测试情况计算经纬向缩率。

3. 分析面料：无条格、花纹、图案、倒顺毛及其他方向性，可双向排料。

三、制板规格设计

1. 样板放量设计

根据已知的缩率（假设经向缩率为 2％，纬向缩率为 1％），结合工艺缝制的损耗，设定胸围的放量为 2cm（94×1％＋94×1％×1％＋工艺损耗），腰围因有分割线，一般容易大出来，所以不设计放量；肩宽放量 0.3cm（肩线是斜丝，容易拉伸，因此放量略小）；衣长、袖长放量 1.5cm（50×2％＋50×2％×2％＋工艺损耗）；腰节长加放 1cm；袖口不变。因没有具体的说明各个测量部位的测量方法，因此按照常规的操作方法进行。根据样衣单上的成品规格，结合款式特点设定该款的制板规格见案例表 1：

案例表 1　WS-08001B 制板规格　　　　　　　　　　　　　单位：cm

号型	衣长	胸围	腰围	肩宽	袖长	袖口	领高	前领宽	前领深	后领宽	后领深	前腰节	后腰节
160/68A	57.5	96	84	39.3	61.5	24	6	8.5	8	9	2.5	42	39

2. 具体测量方法按照常规测量法

3. 小部件规格按比例自定

四、工艺特点分析

根据款式特点，该款的很多地方要装拉链、缉明线，因此缝份可适当大些，放1.2～1.5cm，下摆和袖口缉线2.5cm，且衣服有里布，因此贴边宽至少要放4cm。对缝纫设备无特殊要求，普通平缝车即可。

思考与练习：

1. 选择任意一款样衣生产通知单进行分析，以文字的形式记录分析内容。

2. 5.4.5.2系列中各控制部位的档差值是多少？不同的体型哪些部位的档差值有区别？

3. 如何利用号型标准设计服装的系列规格？试以某一款服装为例，设计其系列规格。

过程二：样衣制板

在服装生产企业，当设计师设计出新的服装款式时，样板师会将系列款式进行归纳，得出基本型，在基本型样板确认后，再通过板型的分割、变化等得出系列款式的样板。同时，一般企业也都存有适合自己品牌不同服类产品的风格和规格的一些基本板型以备用。

一、裙子制板技术

（一）裙子基本型的提炼

图2-94中共有A、B、C、D、E五个裙子款式，通过对这五个款式的外观造型和结构的对比、分析，可以得出其共同特点：A字型，中长裙，中腰，由此得基本款。

1.确定基本裙规格：根据裙子的款式特点，设定裙长为60cm，腰围不加松量，臀围加放4cm松量，设定规格如表2-26。

表2-26　基本裙规格　　　　　　　　　　　　　　　　单位:cm

号型	裙长	腰围	臀围
160/68A	60	68	94

2.制图（图2-95）

（1）作一长方形线框，使其长＝裙长，宽＝1/2臀围＋10cm＝57cm。水平线为腰围线。

（2）确定侧缝线：前片取H/4＋0.5，后片取H/4－0.5。

（3）确定臀高线：从腰围线向下取18～20cm定点作水平线。臀高即腰臀深。

（4）确定腰围线：前片由前中心线向侧缝方向量取W/4＋0.5＋5（省量），离前中心线8cm取第一个省道，省大3cm，省长11cm；第二个省道大2cm，省长10cm，省间距4cm。后片由后中心线向侧缝方向量取W/4－0.5＋5（省量），离后中心线8cm取第一个省道，省大3cm，省长12cm；第二个省道大2cm，省长11cm，省间距4cm。前后腰侧点抬高0.7cm，后中下落1cm，前

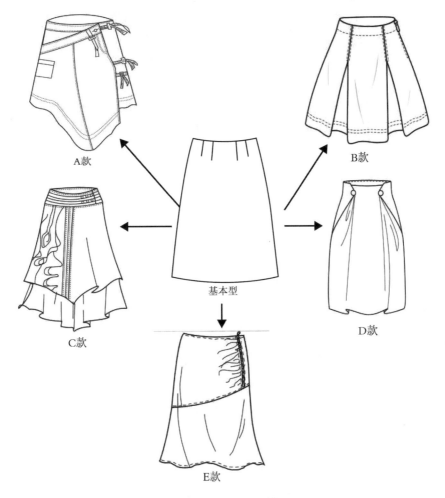

A款

B款

C款

基本型

D款

E款

图 2-94　裙子基本款提炼

中不变,作腰围弧线。

(5)确定侧缝线:下摆处前后片各偏出 4cm,连接腰侧点、臀围线点,完成侧缝线。

(6)完成线:一般前片前中心线处无缝缉线,是完整连接的,后片上端要上拉链,所以后片一般是分开裁制的。

(三)裙子变化款的制板原理与方法

用以上的裙子基本板型制作出 E 款裙子的样板。

款式图(图 2-96):

制板方法及步骤:

分析 E 款裙子的款式结构,根据款式图前片要设定纵向和斜向的弧线分割。后片要设定弧线省道和分割线。

具体操作方法:在基本型裙子样板上根据款式图确定分割线,前片将省道转移到纵向分割线作为抽褶量,下摆拉开,加大裙摆,作伞状;后片将腰省转移到侧缝作弧线省,同前片一样作弧形的斜向分割线,注意前后分割线的衔接。

第一步:根据款式图确定前片分割线,后片省位(图 2-97)。

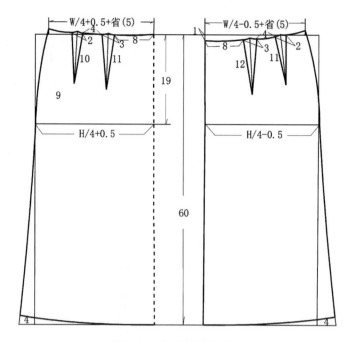

图 2-95　基本裙结构制图

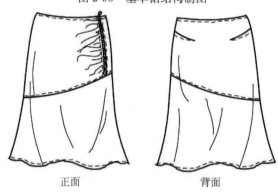

正面　　　　　　　背面

图 2-96　E款裙子款式图

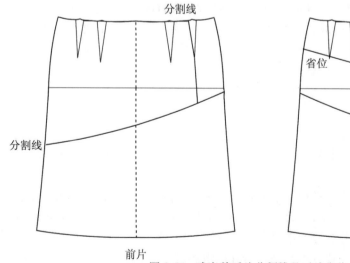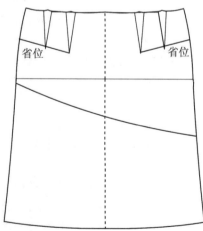

前片　　　　　　　　　　　后片

图 2-97　确定前后片分割线及后片省位

第二步:裙上侧省道转移。前片作辅助线使腰省与分割线联系起来,腰省合并,纵向分割线打开后用弧线连接,注意线条圆顺;后片腰省合并,转移至侧缝省(图2-98)。

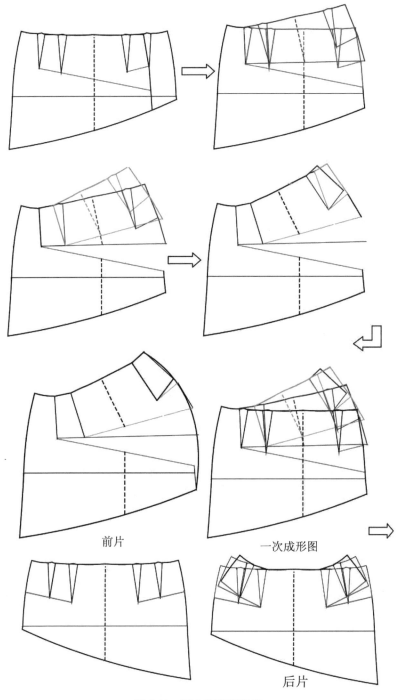

前片　　　　　　　　　　一次成形图

后片

图 2-98　裙上侧省道转移

第三步:下摆拉开(下摆的拉开量根据款式造型需要设定)(图2-99)。

第四步:放缝(图2-100)。

裙摆放缝 1.2～1.5cm,其余放缝 1cm。

腰贴:在前后片腰口截取 4～5cm(净缝)作腰贴,然后腰口和侧缝、分割缝放缝 1cm,下口不放缝。

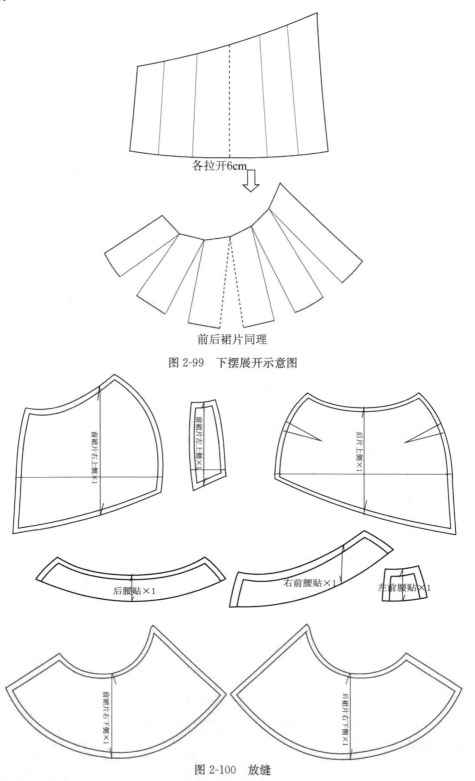

图 2-99　下摆展开示意图

图 2-100　放缝

第五步：完成样板，可交样衣工裁制样衣。

二、裤子制版技术

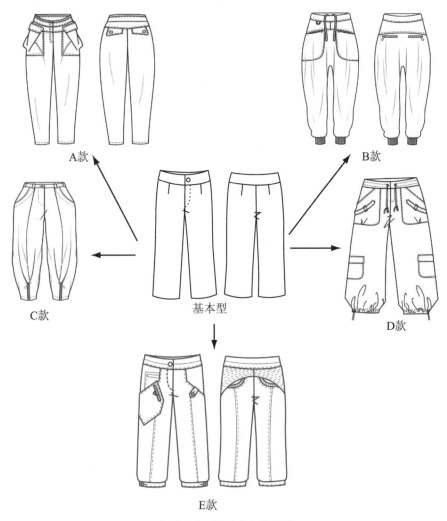

图 2-101　裤子基本型提炼

(一)裤子基本型的提炼

图 2-102 中共有 A、B、C、D、E 五个裤子款式，通过对这五个款式的外观造型和结构的对比、分析，可以得出其共同特点：中长型，腿部宽松，脚口略收紧，中低腰，由此得基本型。

(二)裤子基本型结构制图

1. 确定基本裤型的规格：根据裤子的款式特点，设定裤长为 70cm，腰围不加松量，臀围加放 4cm 松量，脚口 48cm，设定规格见表 2-33：

表 2-33　基本裤型规格　　　　　　　　　　　　　　单位：cm

号型	裤长	腰围	臀围	脚口
160/68A	70	68	94	48

2. 制图(图 2-102)。

(1)作长度等于裤长,上裆长以 H/4 计算为 23.5cm。

(2)前后臀围以 H/4 分配;前裆取 H/20−1cm,后裆取 H/10−0.3cm。

(3)前片腰口在前中处撇进 1.5cm,在侧缝处撇进 2cm;后片腰口倾斜 3cm,起翘 2.5cm,取后腰大为 W/2+3cm(省量)−前腰量;后裆下落 0.8cm,画顺前后裆弧线。

(4)在前后腰的 1/2 处画省道,省长 10cm,前腰省大 2cm,后腰省大 3cm。画顺腰口弧线。

(5)前后脚口分别取脚口/2−0.5cm 和脚口/2+0.5cm。

(6)取中裆略大于脚口,画顺侧缝线和下裆线。

(7)在前后片腰口截取 5cm 做腰。

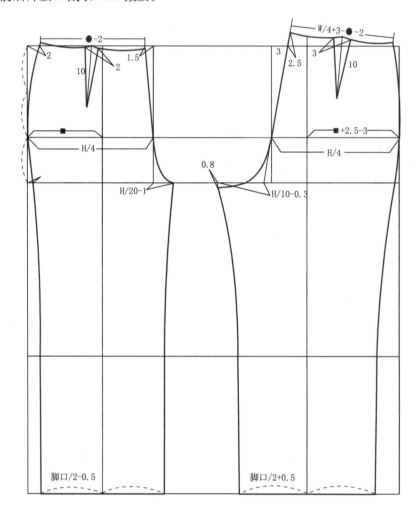

图 2-102　裤子基本型结构制图

(三)变化款裤子样板制作

用基本型裤子样板作出 E 款裤子的样板。

款式图(图 2-102)。

制板方法及步骤:

分析 E 款裤子的款式结构,根据款式图前片口袋及分割线,右侧袋口中心装小襻,左侧袋口贴一有双牵线的装饰口袋。后片有育克,并有一弧形口袋和弧线分割,脚口装克夫。

　　具体操作方法:在基本型裤子样板上根据款式图前片确定口袋、分割线、小襻及装饰袋的位置,后片确定育克分割、口袋及纵向弧线分割的位置。将省道转移到分割线,裤子截短10cm,截取腰宽5cm,脚口克夫宽作3cm。

　　第一步:确定前、后片分割线及口袋,腰等细节的位置和尺寸(图 2-103)。

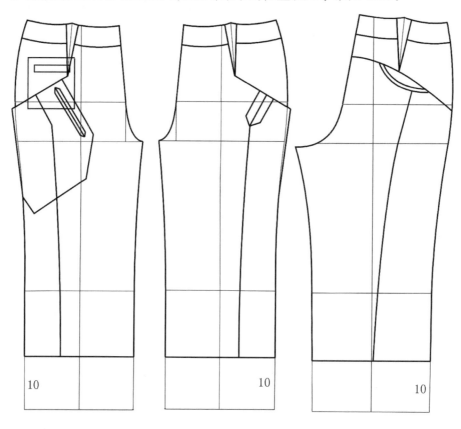

图 2-103　确定前后片分割线及部件位置和尺寸

　　第二步:省道转移:将后腰省合并(图 2-104)。

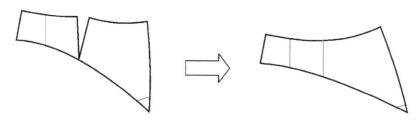

图 2-104　后腰省合并

第三步:分割样片:将前片的各个样板根据款式图做分割。做好前后口袋袋布样板(图 2-105)。

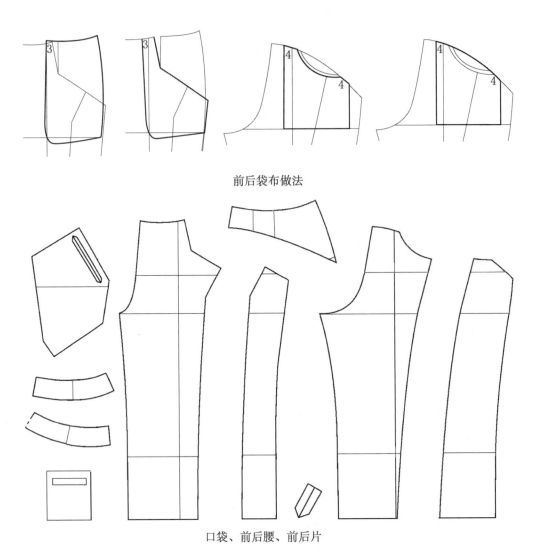

前后袋布做法

口袋、前后腰、前后片

图 2-105　前后口袋布样板示意图与分割样片

第四步:放缝:所有样片缝份均放 1cm(图 2-106)。

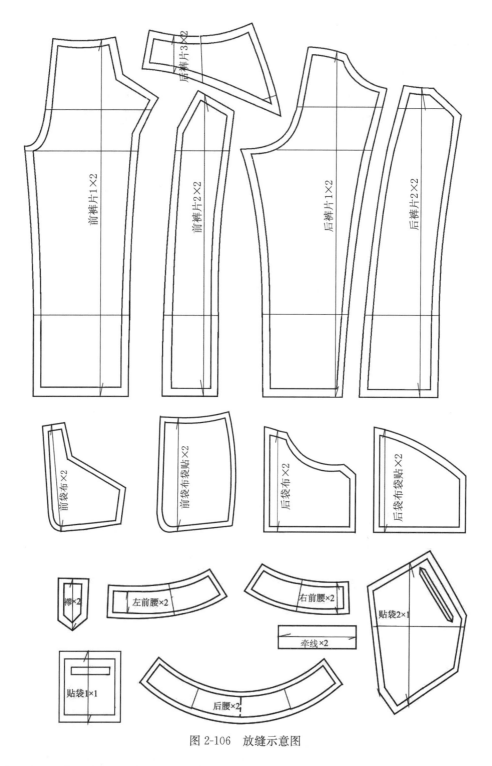

图 2-106　放缝示意图

第五步：完成样板，可交样衣工裁制样衣。

三、上衣制板技术

（一）上衣基本型的提炼

图 2-107 中共有 A、B、C、D、E、F 六个上衣款式，通过对这六个款式的外观造型和结构的对比、分析，可以得出其共同特点：加长款，宽松 A 字型，抽褶装饰，立领或无领，由此得基本型。

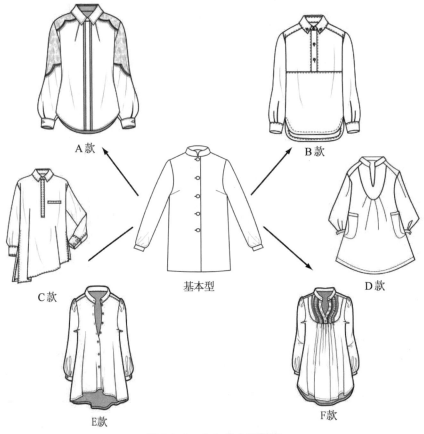

图 2-107　上衣基本型提炼

（二）上衣基本款结构制图

1.确定上衣基本款规格：根据款式特点，设定衣长为 80cm，胸围加放 10cm 松量，肩宽略窄，设定规格如表 2-34。

表 2-34　上衣基本型规格　　　　　　　　　　　　　　　　　　　　单位：cm

号型	衣长	胸围	肩宽	袖长	袖口
160/84A	80	94	39	57	28

2.制图（图 2-108）

（1）作后中长度等于衣长，袖窿深取 22cm，背长取 38cm。

（2）前后胸围以 B/4 分配；前后横开领分别取 7.5cm 和 7.8cm，前后直开领分别取 8cm 和 2.3cm，取叠门宽为 2cm，画顺前后领口弧线。

（3）前片侧颈点在后片侧颈点的基础上抬高 1cm；前肩斜取 15∶6，后肩斜取 15∶5；后片肩宽取肩宽/2，在前片取同样的肩线长。

（4）在前片取 BP 点位置（距前片侧颈点 24.5cm，距前中心 9cm），前片侧缝抬高 3cm 作胸省。取前胸宽为 1.5B/10＋3cm，后背宽为 1.5B/10＋4cm，画顺前后袖窿弧线。

（5）袖子：作好袖长，取袖山高为 14cm，前侧取斜线长为前 AH－0.3cm，后侧取斜线长为后 AH，画顺袖山弧线；作出袖口大，连接袖缝线；画好袖克夫样板。

（6）领子：作长度等于前领口弧线加后领口弧线－0.3cm，高度为 4cm，领子起翘 2.5cm，画好领子样板。

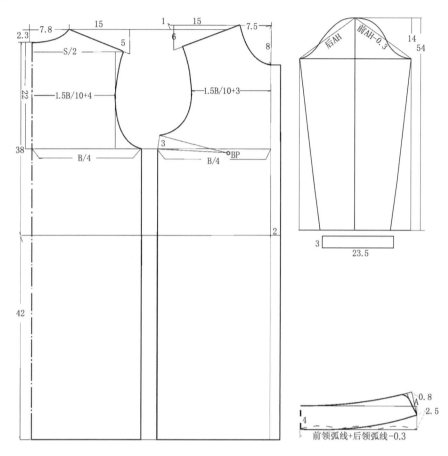

图 2-108　上衣基本型结构制图

（三）上衣变化款样板制作

用以上的上衣基本板型作出 F 款上衣的样板。

款式图（图 2-109）：

制板方法及步骤：

分析 F 款上衣的款式结构，根据款式图可知：前片肩头有育克，胸部有弧线分割，内有绲塔克的装饰线，宽度为 0.6cm；下摆及胸口拉开，胸口抽细褶；后片领口打开 1cm 绲塔克装饰；下摆做弧形。袖子的袖山、袖口拉开做褶量。

具体操作方法：在基本型上衣样板上根据款式图前片确定育克、分割线位置，确定塔克的位置及数量；后片确定塔克的位置及数量。确定胸口及前后下摆的拉开量；确定袖山及袖口的拉开量。

第一步：确定前、后片分割线、褶位、塔克位置及大小；确定下摆的加放量及起翘量；设置叠门宽为 1.5cm(图 2-110)。

正面　　　　　　　背面

图 2-109　F 款上衣款式图

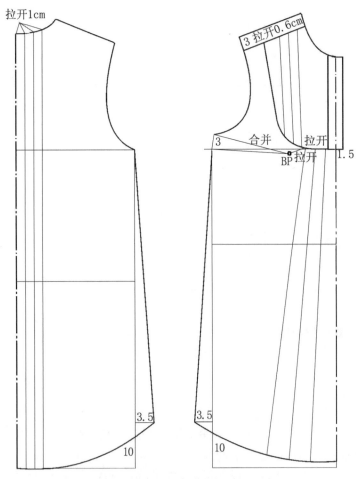

图 2-110　确定前后片分割线、塔克位置及大小

第二步：衣身省道转移，拉开褶量(褶量大小视具体款式而定)(图 2-111)。

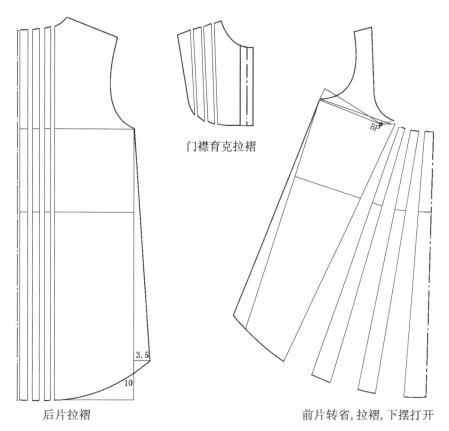

门襟育克拉褶

后片拉褶

前片转省,拉褶,下摆打开

图 2-111　拉开褶量

第三步:袖子拉开褶量(褶量大小视具体款式而定)(图 2-112)。

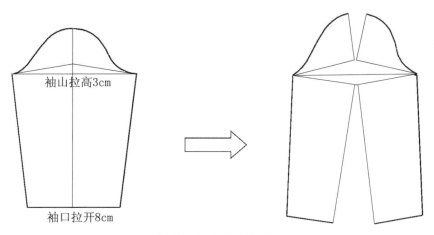

袖山拉高3cm

袖口拉开8cm

图 2-112　袖子拉开褶量

第四步:放缝(图 2-113)。

下摆放缝 1.2~1.5cm,其余放缝 1cm。

分割前育克样板和门襟样板,确定后片缉塔克的长度。

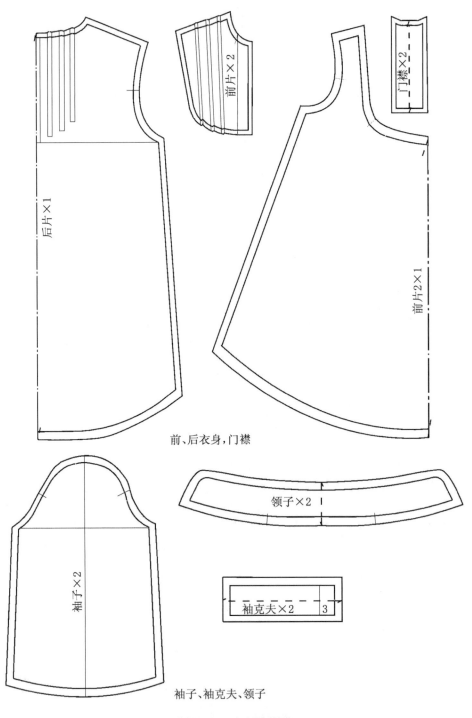

前、后衣身，门襟

领子×2

袖克夫×2   3

袖子×2

袖子、袖克夫、领子

图 2-113　上衣放缝图

第五步：完成样板，可交样衣工裁制样衣。

■ 案例：

一、裙装制板

款式一：女抽褶灯笼裙制板

ZJ·FASHION 样衣生产通知单

款号：WQ-08009	名称：女抽褶灯笼裙	完成日期：2015.1.18
下单日期：2015.1.22		

规格表（M码 号型：160/68A） 单位：cm

部位	尺寸	部位	尺寸	部位	尺寸
衣/裤/裙长		肩宽	60	挂肩	
胸围		领高		前腰节	
腰围	70（低腰3cm）	前领深		后腰节	
臀围	94	前领宽		下摆宽	
袖长		后领深		裤脚口宽	
袖口		后领宽		立裆深	

工艺说明：衣片分割线拼合及装拉链平整，美观，贴袋平整，袋缝缉明线宽0.6cm；样衣要求缝线平整，整烫平整，整洁无污渍，无线头。

面料：斜纹棉布	辅料：配色美丽绸 50cm，幅宽 110cm 配色无纺衬 20cm，幅宽 110cm 23cm 配色拉链 1 条 配色涤纶线
绣花印花：无	
水洗：无	

设计：徐婷　　制板：徐婷　　样衣：徐婷

款式图：

正面　　背面

款式说明：此款为无腰灯笼裙，款型为O型设计。裙身上下分割，下侧抽褶；两侧贴口袋，装袋盖；袋口抽褶；前片门襟装拉链。

改样记录：1. 袋盖宽加大 3cm
2. 口袋宽加大 5cm
（样衣试穿后填的改样记录。）

1. 确定基本裙规格:根据款式特点,结合面料缩率和工艺损耗,设定基本裙裙长为62cm(包括下摆折进量5cm),腰围加2cm松量,臀围加放松量4cm,放量1cm,设定规格见案例表1。

案例表1 款一基本裙规格 单位:cm

号型	裙长	腰围	臀围
160/68A	62	70	95

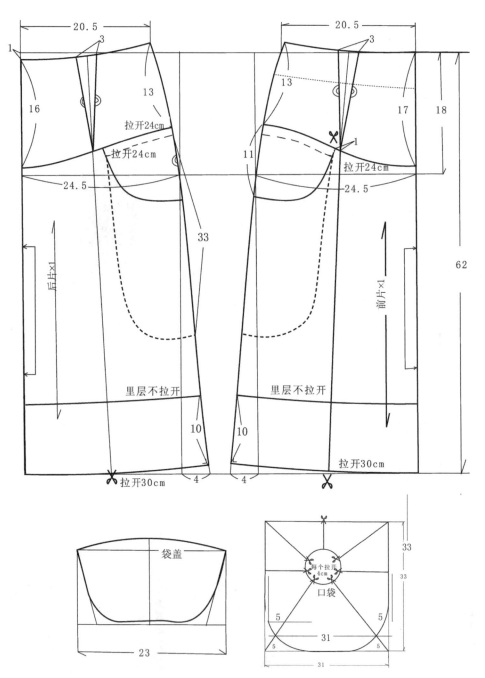

案例图1 女抽褶灯笼裙结构制图

2.制图(案例图 1)

(1)根据基本裙规格先作出基本裙样板。

(2)将基本裙样板的腰省合并,下摆打开。根据裙子的款式图在基本型裙片上作出款一裙子前后片的外轮廓线和内部结构分割线。

(3)确定里层裙片比外层短 10cm,下摆不拉开。

(4)根据款式需要,确定口袋、装饰带等小部件的规格及位置。

(5)根据款式特点,确定前后裙片的抽褶量和袋口的抽褶量。

3.放缝(案例图 2)

(1)前后片:前后上下裙片均放缝 1cm。

(2)贴袋:袋盖上周放缝 1cm;贴袋在袋口边和圆弧处滚边,不放缝,另一边放缝 1cm。

(3)门里襟:四周放缝 1cm。

(4)腰贴:腰贴宽 5.5cm,四周放缝 1cm。

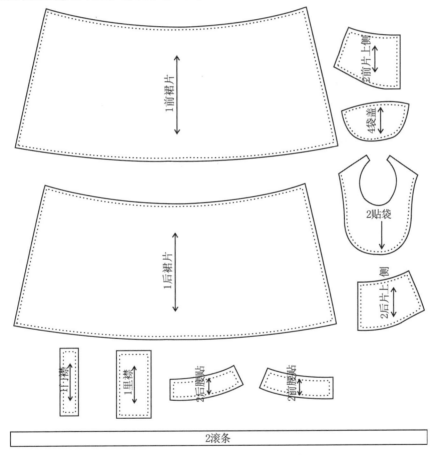

案例图 2　女抽褶灯笼裙放缝图

4.里布样板(案例图 3、案例图 4)

(1)里布在面布基础样板上下摆抬高 10cm,侧缝放出 0.3cm 的松量,腰口去掉腰贴的宽度 5.5cm,将省道改为褶裥。

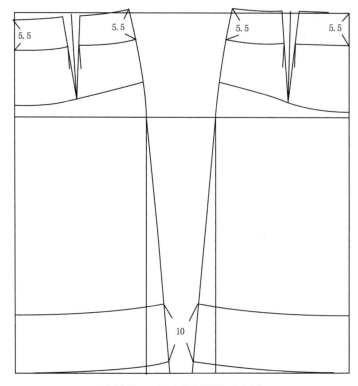

案例图 3　里布样板制作示意图

（2）里布放缝：里布的下摆为三折边缝合，因此缝头应大些，为 2.5cm，其余缝份为 1cm。

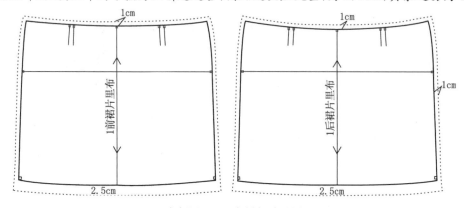

案例图 4　里布样板放缝图

二、裤装制板

款式一：女休闲中裤制板

款号：WK—08023　名称：女休闲中裤

下单日期：2015.11.11　完成日期：2015.11.18

款式图：

正面

背面

改样记录：1. 调整前片分割线

2. 改小裤口

3. 改小后袋盖

（样衣试穿后填的改样记录。）

款式说明：此款为中长裤，款型为O型设计。前身斜插袋，弧形分割，后身弧形育克加纵向分割线，装两袋盖，缉明线，脚口收紧，弧形分割线，两侧装襻，弧形装腰，装腰缉明线，前侧装两个腰襻，后中装一个腰襻；裤子腰下侧缝装襻装饰。

ZJ·FASHION 样衣生产通知单

规格表（M码）　号型：160/68A　　单位：cm

衣/裤/裙长	部位	尺寸	部位	尺寸	部位	尺寸
衣/裤/裙长	55		肩宽		挂肩	
胸围			领围		前腰节	
臀围	98		前颈高		后腰节	
腰围	72(低腰3cm)		前颈宽		下摆宽	
			前颈深		裤脚口宽	40
袖长			后颈深		立裆深	
袖口			后颈宽			

工艺说明：衣片分割线拼合及装拉链平整，分割线缝线平整；样衣要求缝线平整、缉缝缉明线 0.6cm，后开袋嵌线袋缉明线 0.1cm，口袋、袋盖左右对称，整洁无污渍，无线头。

面料：100%竹节棉

辅料：配色无纺衬 30cm，幅宽 110cm
23cm 配色树脂拉链 1 条
配色涤纶线
12mm 金属纽扣 10 粒
3cm 日字扣 2 个

绣花印花：无

水洗：无

设计：何鲁做　　制板：何鲁做　　样衣：何鲁做

1.确定基本裤型的制板规格:根据样衣生产通知单上的成品规格,结合面料特性缩率和工艺损耗,设定裤长为50cm,腰围加4cm松量(低腰3cm),臀围加2cm放量,脚口加1cm放量,设定制板规格见案例表2。

案例表2　裤子制板规格　　　　　　　　　　　　　　　　　　　　单位:cm

号型	裤长	腰围	臀围	脚口
160/68A	56	72	100	41

2.制图(案例图5)

(1)根据裤子规格先作出基本型样板。

(2)根据裤子的款式图在基本型裤片上作出款一裤子前后片的外轮廓线和内部结构分割线,截取腰宽3.5cm。

(3)根据款式需要,确定口袋等部件的规格及位置。

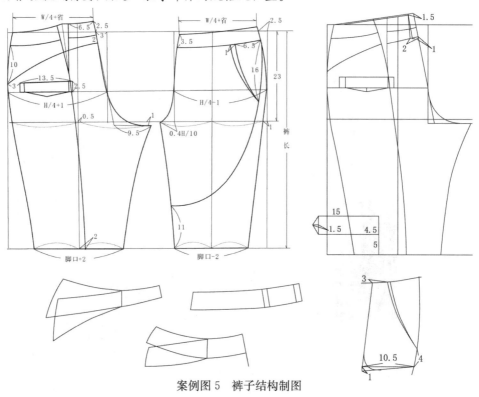

案例图5　裤子结构制图

3.放缝(案例图6、案例图7)

(1)前片:前片分前中片和前侧片。前片除脚口放缝4cm外,其余均放缝1cm。

(2)后片:后片分后中片、后侧片和后育克。后片除脚口放缝4cm外,其余均放缝1cm。

(3)零部件

A. 腰在裤身样板上截取,净宽3.5cm。前片腰分左右片,右腰支出里襟量3.5cm,腰四周放缝1cm。

B. 门襟长度至臀围线下3cm,宽度3cm,里襟宽度和长度比门襟大0.5cm,对折。门里襟四周放缝1cm。

C. 后袋牵线四周放缝1cm;袋贴宽度比袋口大2cm,宽度6cm,四周放缝1cm;袋盖四周放缝1cm。

D. 侧襻、腰襻、脚口襻四周放缝1cm。

E. 前袋布在裤身样板上截取,大袋布将袋口的省量合并,侧袋大小袋布四周放缝1cm;后袋袋布宽比袋口大2cm,长度28cm,四周放缝1cm。

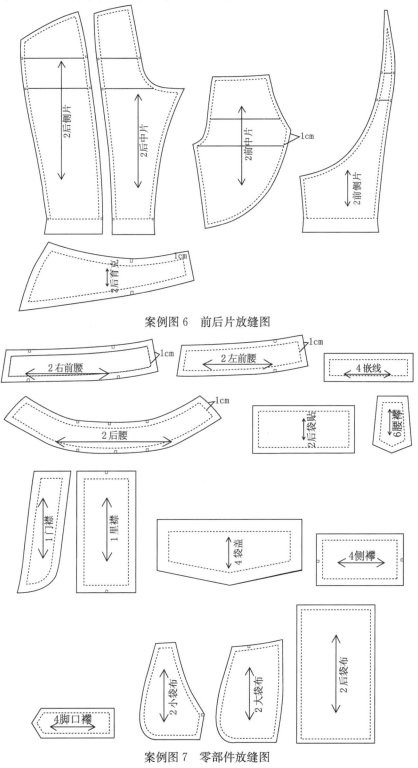

案例图6　前后片放缝图

案例图7　零部件放缝图

三、衬衫制板

款式一：女休闲衬衫制板

ZJ·FASHION 样衣生产通知单

款号：WC-08028	名称：女休闲衬衫	
下单日期：2015.2.3	完成日期：2015.2.10	

款式图：

正面　　　背面

规格表（M码）　号型：160/84A　　　　　　单位：cm

部位	尺寸	部位	尺寸	部位	尺寸
衣/裤/裙长	66	肩宽	42	挂肩	
胸围	100	领高	4.5	前腰节	
腰围		前领深	8.5	后腰节	
臀围		前领宽	7.8	下摆宽	
袖长	59	后领深	2.3	裤脚口宽	
袖口	23	后领宽	8	立裆深	

工艺说明：衣片门襟拼合及装领平整；袋口缉明线3cm，下摆三折边缉明线2cm，其余部位缉明线0.2cm；领子、贴袋左右对称，袖衩平整，袖衩要求缝线平整，整洁无污渍，无线头。

款式说明：此款为宽松休闲女衬衫，O型设计，下摆抽紧。前身中心开口装门襟，立领领角下翻；前片两个贴袋；圆角处收一斜省；下摆抽绳收缩，袖口收两个裥，装克夫。

辅料：配色无纺衬 30cm，幅宽 110cm
树脂衬 5cm
8mm 配色树脂纽扣 4 粒
配色涤纶线
配色橡筋绳 90cm
吊钟 2 个

面料：平纹棉布

绣花印花：无

水洗：无

设计：陈凯　　　制板：陈凯　　　样衣：陈凯

改样记录：

1. 确定衬衫制板规格:根据样衣生产通知单上的成品规格,结合面料特性缩率和工艺损耗,设定衣长加放量2cm,胸围加1cm松量,肩宽加1cm放量,袖长加1cm放量,其余规格不变,设定制板规格见案例表3。

案例表3　款式一衬衫制板规格　　　　　　　　　　　　　　　　　单位:cm

号型	衣长	胸围	肩宽	袖长	袖口	领高	前领深	前领宽	后领深	后领宽
160/84A	68	101	43	60	23	4.5	8.5	7.8	2.3	8

2. 制图(案例图8)。

(1)根据衬衫规格先作出衣身及袖子等零部件样板。因为该款衬衫为宽松式,且无胸省和腰省,因此前片的侧颈点要降低,与后片侧颈点平或略低。

(2)根据款式需要,确定口袋等部件的规格及位置。

(3)确定口袋省的位置及大小。

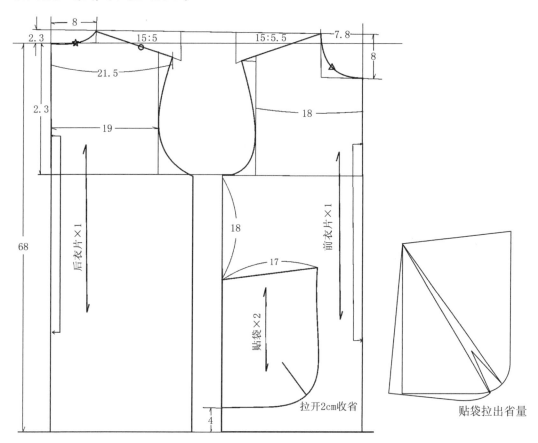

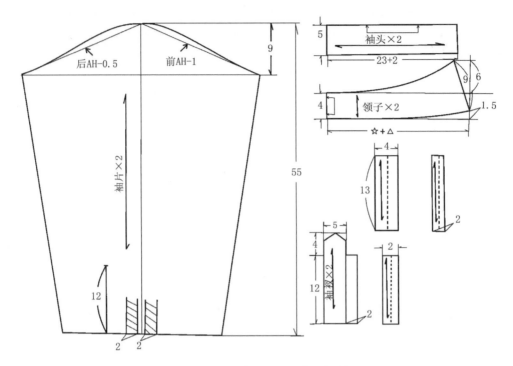

案例图 8 衬衫结构制图

3. 放缝(案例图 9)

(1) 前片:前片下摆为三折边缉线 2cm,因此放缝 3cm,其余放缝 1cm。

(2) 后片:同前片。

(3) 袖子:袖子四周放缝 1cm。

(4) 领子:领子四周放缝 1cm。

(5) 零部件:

A. 袖克夫支出 2cm 重叠量,四周放缝 1cm。

B. 袖衩在制板时已是毛缝,不放缝。

C. 门、里襟长度至胸围线上 2cm,门襟宽 2cm,里襟宽 1cm。

D. 贴袋袋口为三折边缉明线 3cm,所以袋口边放缝 4cm,其余放缝 1cm。

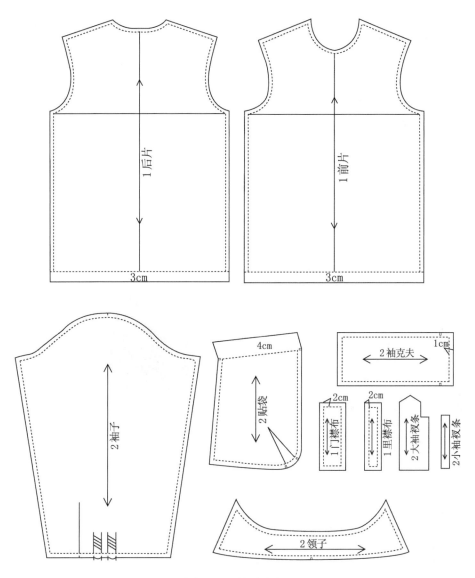

案例图 9　衬衫放缝图

四，针织衫制板

款式一：加长堆堆领打褶针织衫

ZJ·FASHION 样衣生产通知单

款号：WZ—08023	名称：加长堆堆领打褶针织衫
下单日期：2015.1.15	完成日期：2015.1.22

款式图：

正面　　　　背面

款式说明：此款为堆堆领加长针织衫，上部分合体，下摆加大的A型设计，胯部可系腰带装饰。泡泡袖，袖口加大收紧，呈灯笼状。前、后身收褶至下胸围处打开；下摆抽绳收缩；袖子开衩，袖口收两个褶，装克夫。

改样记录：

规格表（M码）　号型：160/84A　　单位：cm

部位	尺寸	部位	尺寸	部位	尺寸
衣/裤/裙长	80	肩宽	36	挂肩	
胸围	85	领高	20	前腰节	
腰围		前领深	8	后腰节	
臀围		前领宽	7.5	下摆宽	
袖长	62	后领深	2.5	裤脚口宽	
袖口	20	后领宽	8	立裆深	

工艺说明：衣片收褶及装领平整；前片左右各收省4个，褶大3cm，中间的褶长度至胸围线下12cm，其他几个2cm递减，左右对称；后片左右各收省4个，褶大2cm，中间的褶长度至胸围围线下8cm，其他几个2cm递减；领高2cm，对折；袖子袖山，袖口褶量均匀，左右对称。样衣要求缝线平整，整洁无污渍，无线头。

面料：全棉汗布	辅料：配色尼龙线 装饰腰带1根
绣花印花：无	
水洗：无	

设计：王益波　　制板：王益波　　样衣：王益波

1.确定针织衫制板规格:由于针织面料的弹性大,悬垂性好,且该款服装衣长较长,下摆放量较大,因此根据样衣生产通知单上的成品规格,结合面料特性和工艺损耗,设定胸围加1cm放量,衣长等其他部位均不加放量(由于针织面料的特性,且袖子为泡泡袖,因此肩宽略窄,设定为36cm)。具体制板规格见案例表4。

案例表4　款一针织衫制板规格　　　　　　　　　　　　　　　　单位:cm

号型	衣长	胸围	肩宽	袖长	袖口	领高	前领深	前领宽	后领深	后领宽
160/84A	80	86	36	62	20	20	8	7.5	2.5	8

2.制图(案例图10、案例图11)

(1)根据款式图先作出基本轮廓结构,然后作出袖子、领子等零部件的结构。

(2)根据款式特点,确定前后衣身的褶位及褶量,并拉开完成前后衣片样板。

(3)确定袖子袖山和袖口的褶量,并拉开完成袖子样板。

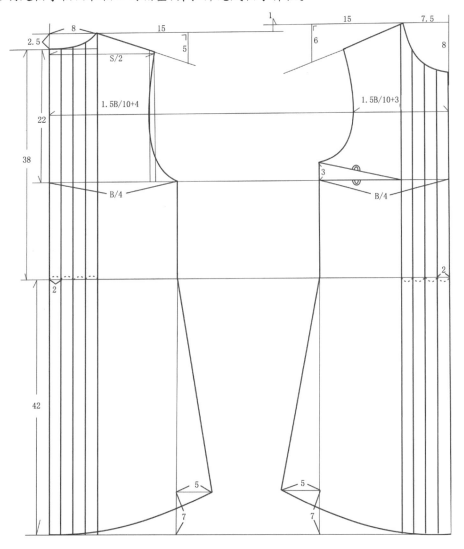

案例图10　针织衫前后片结构制图

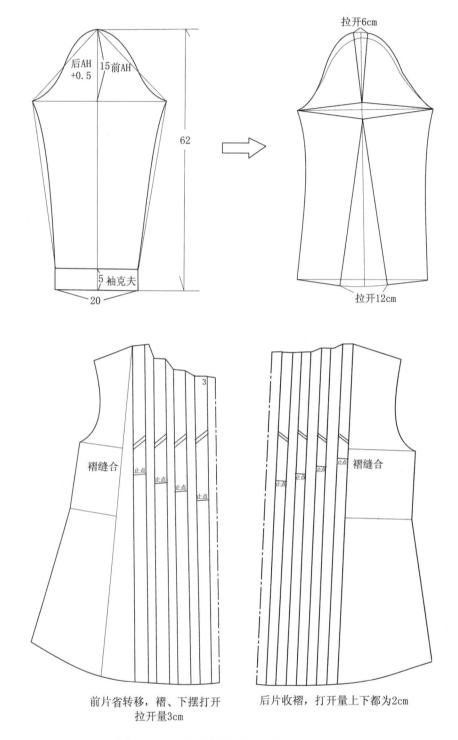

案例图 11　袖子结构制图与衣身褶结果展开图

3. 放缝(案例图 12)

(1)前片:前片下摆放缝 2cm,其余放缝 1cm。

(2)后片:同前片。

（3）袖子：袖子、袖克夫四周放缝1cm。

（4）领子：四周放缝1cm。

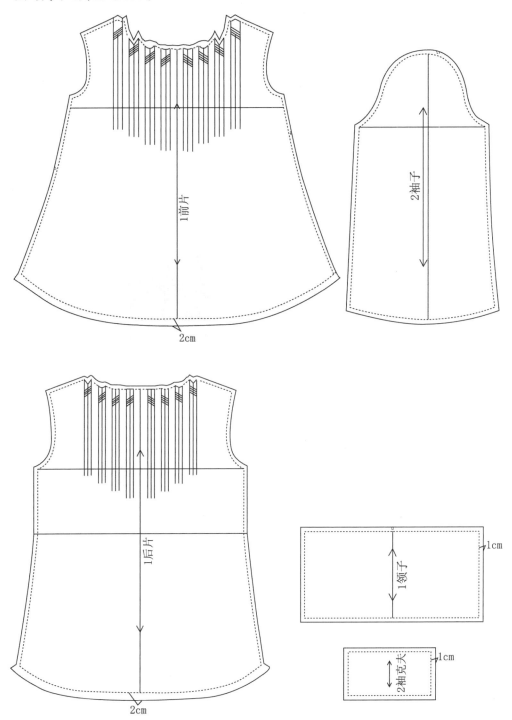

案例图12 针织衫放缝图

ZJ·FASHION 样衣生产通知单

款号：WS-08010　名称：连衣袖带帽外套

下单日期：2015.1.17　完成日期：2015.1.25

款式图：

正面　背面

规格表(M码)　号型：160/84A　单位:cm

部位	尺寸	部位	尺寸	部位	尺寸
衣(裤/裙)长	80	肩宽	40	挂肩	
胸围	100	领高		前腰节	
腰围		前领深		后腰节	
臀围		前领宽	8	下摆宽	
袖长	61	后领深	9	裤脚口宽	2.5
袖口	28	后领宽	2.5	立裆深	10

工艺说明：衣片分割缝拼合平整；前、后片横向分割拼合做3.5cm的褶，并缲明线，要求左右对称；袖子与袖子、袖子与衣身拼合后缲明线0.6cm；下摆前后中装罗纹，缲双明线0.1cm、0.6cm；袖口缲双明线距袖口边2.5cm、3.1cm。样衣要求缝线平整，整洁无污渍，无线头。

面料：全棉斜纹棉布

辅料：配色美丽绸150cm，幅宽110cm
配色无纺衬70cm，幅宽110cm
75cm铜拉链1根
配色涤纶线
配色橡筋绳180cm
吊钟2个

绣花印花：无

水洗：无

款式说明：此款为连帽风衣，款型呈下摆加大的A型设计，下摆抽带，袖缩后呈灯笼状。前、后身有活褶，并有活褶分割；袖子前侧为连身袖，后侧为插肩袖形式。

改样记录：1.侧缝下摆改短2cm
2.帽沿加长5cm
（样衣试穿后填的改样记录。）

设计：张虹　制板：张虹　样衣：郑丽娜

1. 确定外套制板规格:根据样衣生产通知单上的成品规格,结合面料缩率和工艺损耗,设定衣长加放量 1.5cm,胸围加 2cm 松量,肩宽加 1cm 放量,袖长加 1cm 放量,其余规格不变,设定制板规格见案例表 5。

案例表 5　款式一外套基本型制板规格　　　　　　　　　　单位:cm

号型	衣长	胸围	肩宽	袖长	袖口	前领深	前领宽	后领深	后领宽
160/84A	81.5	102	41	62	28	8	9	2.5	10

2. 制图(案例图 13)

(1)根据款式图先作出衣身的基本轮廓结构,然后作出袖子、帽子等零部件的结构。

(2)根据款式特点,确定前后衣身的分割线位置及褶量。

(3)确定口袋的位置及规格。

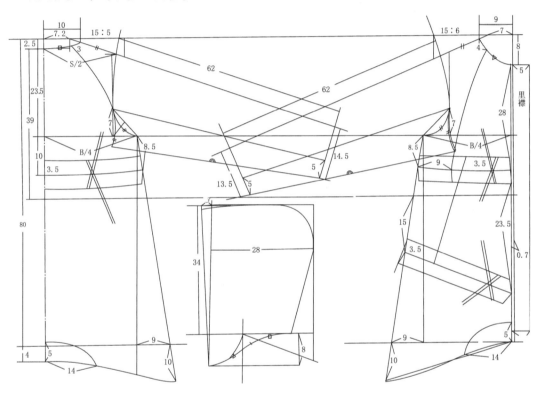

案例图 13　外套结构制图

3. 样片分割与放缝(案例图 14)

(1)前片:前片分割为五四片,另有一片与袖子相连,前片均为四周放缝 1cm。

(2)后片:后片分割为上下片和下摆罗纹,均为四周放缝 1cm。

(3)袖子:袖子分前袖、后袖和袖底三片,除袖口放缝 4cm 外,其余均放缝 1cm。

(4)帽子:帽子除帽沿放缝 3cm 外,其余均放缝 1cm。

(5)零部件:

A. 前后褶贴布在衣身样板上截取,宽度 3.5cm,四周放缝 1cm。

B. 前后片下摆贴布侧缝处宽 10cm,前、后中心宽 4cm,前中去掉挂面宽度,四周放缝 1cm。

C. 门襟宽 5cm,对折,四周放缝 1cm。

D. 挂面在肩缝处宽 4cm，下摆处宽 5cm，四周放缝 1cm。

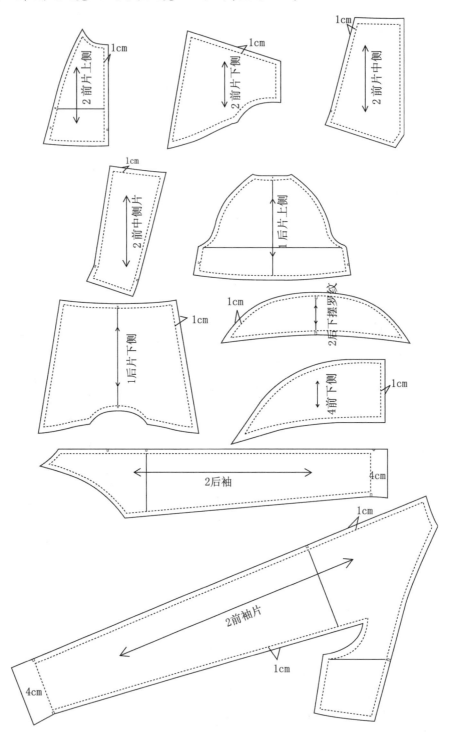

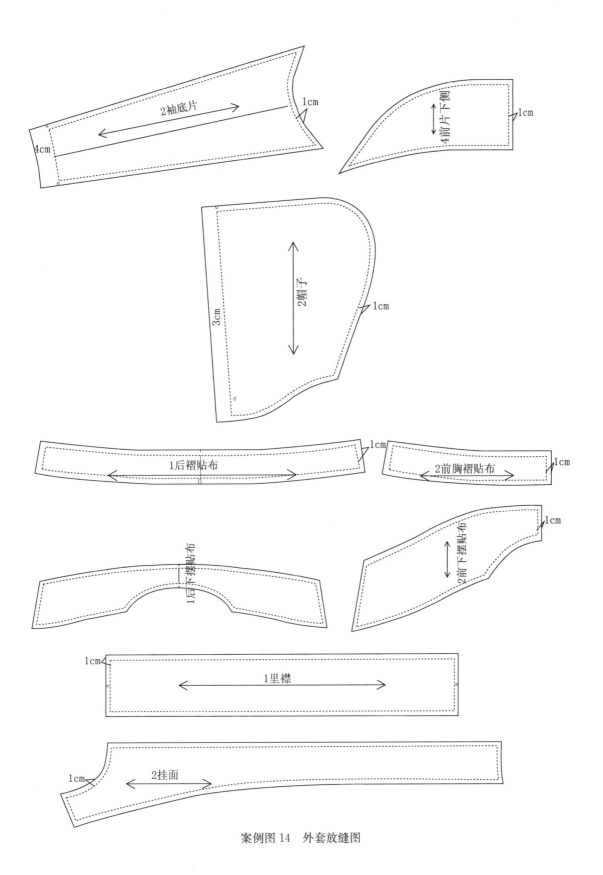

案例图 14　外套放缝图

4.里布样板(案例图 15)

(1)里布样板制作:该款为插肩袖和连衣袖款式,在里布样板的制作上可以同面样一样,但一般为了节省面料,里布样板可做成圆装袖的形式。

A. 前后片里布:前后衣身里布样板在基础样板上拷贝袖窿弧线,前片里布样板除去挂面宽度;前后片里布样板在去掉下摆贴边的宽度后,下摆放出 2cm 的作缝量,其余边放出 0.3cm 的松量;后片里布样板对折。

B. 袖子里布:将前后袖的面料净样板按照新作的袖窿弧线截下,然后按袖中线对合,在袖山弧线上放出 0.3cm 的松量;袖缝线放出 0.2cm 的松量,袖口不变。

C. 帽子里布:在面料净板的基础上帽沿边去掉 2cm,其余各边放 0.3cm 的松量。

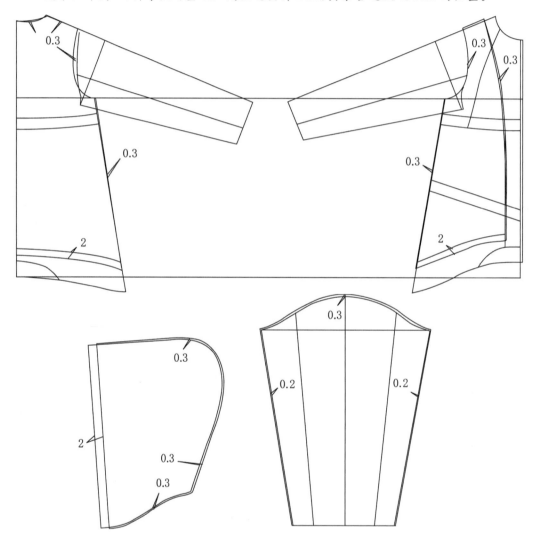

案例图 15　外套里布样板制作图

（2）里布放缝：里布缝份均为1cm（案例图16）。

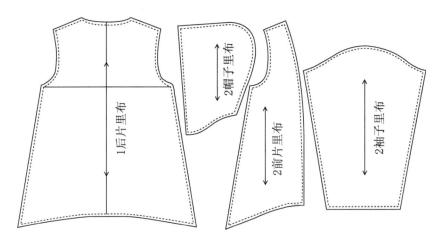

案例图16　里布放缝图

六、背心制板

款式一：系带休闲背心制板

ZJ·FASHION 样衣生产通知单

款号：WS-008011	名称：系带休闲背心
下单日期：2015.1.12	完成日期：2015.1.18

款式图：

正面　　　　　背面

款式说明：此款为系带休闲背心，前身有覆势装饰，立体袋设计；前后身用系带连接；三粒扣，下摆圆角。

改样记录：1. 腰围改小4cm
2. 注意圆弧线的圆顺
（样衣试穿后填写的改样记录。）

规格表（M码）　号型：160/84A　单位：cm

部位	尺寸	部位	尺寸	部位	尺寸
衣/裤/裙长	56	肩宽		挂肩	
胸围	92	领高		前腰节	
腰围		前领深		后腰节	
臀围		前领宽		下摆宽	
袖长		后领		深裤脚口宽	
袖口		后领宽		立裆深	

工艺说明：衣片分割缝拼合平整；前片装覆势，后片装覆势，后片分割拼合平整，左右对称；前片装立体口袋，嵌条宽3cm，大小均匀一致；门襟等部位缉明线宽度均为0.8cm；下摆圆角平背圆顺；系带宽窄一致。样衣要求缝线平整、整洁无污渍，无线头。缉合后背0.8cm明线，要求。

面料：全棉斜纹格布	辅料：配色美丽绸 40cm，幅宽110cm
	配色无纺衬 40cm，幅宽110cm
	15cm铜纽扣7粒
	配色涤纶线

绣花印花：无	
水洗：无	

设计：郑丽娜	制板：郑丽娜	样衣：郑丽娜

1.确定背心制板规格:根据样衣生产通知单上的成品规格,结合面料缩率和工艺损耗,设定衣长加放量1cm,胸围加2cm松量。具体制板规格见案例表6。

案例表6 背心规格 单位:cm

号型	衣长	胸围
160/84A	57	94

2.制图(案例图17、案例图18)

(1)根据款式图先作出衣身的基本轮廓结构,要在基本型的轮廓上截取衣长。

(2)根据款式特点,确定前后衣身的分割线位置及口袋等零部件的位置和规格。

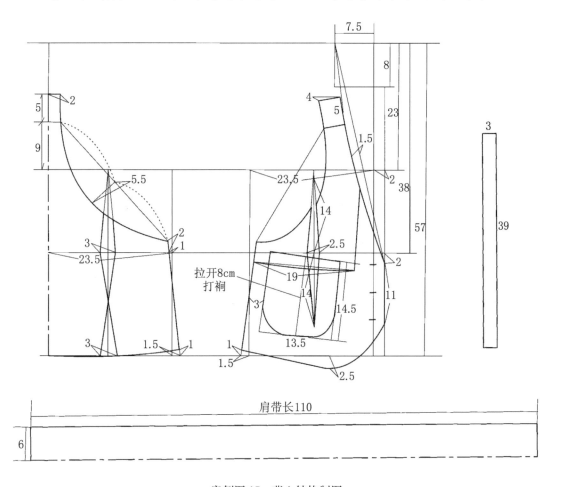

案例图17 背心结构制图

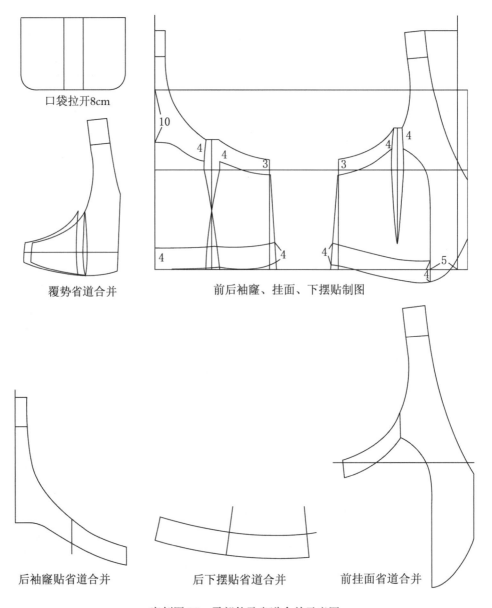

口袋拉开8cm

覆势省道合并

前后袖窿、挂面、下摆贴制图

后袖窿贴省道合并　　　　　后下摆贴省道合并　　　　　前挂面省道合并

案例图18　零部件及省道合并示意图

3.放缝(案例图19)

(1)前片:前片四周放缝1cm。

(2)后片:后片分后中片和后侧片,后中对折,两片均四周放缝1cm。

(3)零部件:

A. 肩带:四周放缝1cm。

B. 贴袋:贴袋布袋口放缝3cm,其余边放缝1cm。袋嵌条在袋口边放缝3cm,其余边放缝1cm。

C. 前片覆势四周放缝1cm。

D. 前、后袖窿贴四周放缝1cm;前后下摆贴布四周放缝1cm。

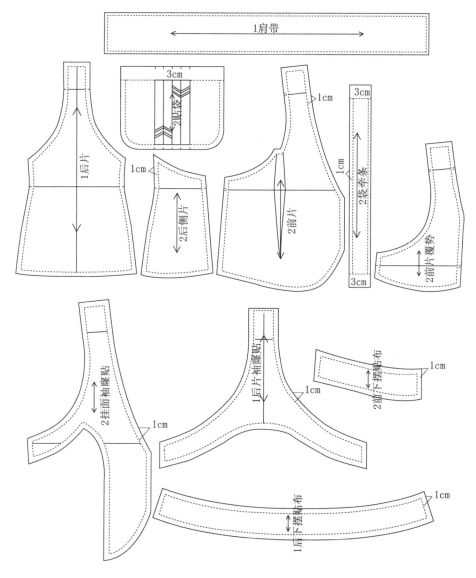

案例图 19　背心放缝图

思考与练习：

1. 服装工业制板的含义。

2. 简述服装工业样板的含义。

3. 结合所学知识完成设计款的样板制作。

过程三：试样评价及样板修正

一、产品试样

样品试制是样衣工根据样衣生产设计部下达的样衣生产通知单或客户提供的款式图或来样(外贸产品)和样板师提供的对应样板试制服装样品的过程。前者叫实样制作,后者叫确认样制作。其目的是为了让设计师或客户确认款式和样板,如有不好的地方则提出修改意见。同时,通过试样进行产品的生产可行性研究。

二、样衣试穿、评价与样板修正

服装样品试制完成后应进行试穿、评价。服装样品鉴定是由企业的设计开发、生产加工、质量管理等部门来共同审核、评价。样衣评价的内容包括设计、样板、工艺、造型、规格设计等几个方面。

三、样衣投产的合理性分析与评估

样衣完成后,必须考虑其批量生产的可行性。要求打出系列的全套样板,试制不同规格的一定数量的小批量样衣。在单品试制的基础上,根据成批生产的要求,验证在流水线上是否能生产合格的产品,所采有的工艺和工序安排是否合理高效,以便改进不合理的地方,为制定必要的生产管理、质量管理等方面的技术文件提供可靠的技术资料和技术数据。同时验证产品造型、纸样结构、样板规格、组合搭配、生产特点等是否符合批量生产要求。对样衣投产的合理性评估一般安排在生产线上完成,以观察员工的技术水平是否适合生产该产品,验证流水线上的人员配备、设备布局是否合理;投产时按流水工序进行制作,观察和记录存在的问题,以便对样衣、样板、工艺技术标准等做最后的修正,直至被生产部门确认投产。

四、封样

样衣在鉴定合格后被确认存档,如是外贸产品还要送交客户进行最终确认,对于关于产品的一些较含糊、易混淆的因素,需封样澄清。封样必须经双方共同确认并办理有关条文认可及加盖封样章后方能生效。

空白封样单见附录。

■ **案例：**

基本款女上衣试样

款式图：(案例图 1)

一、面辅料准备及修整

根据样衣生产通知单准备面辅料。上衣需用料 140cm,幅宽 140cm(用料 200cm,幅宽 110cm)并修整;花边 1.5m,无纺衬适量、线 、直径 1.0 cm 的纽扣 8 颗。

正面　　　　　　　　　背面

案例图1　上衣款式图

二、样衣的裁剪

排料时要注意面料是否有倒顺毛、倒顺光及图案,叠料要检查上下两层是否对齐,有无倾斜的现象,排料要紧凑,禁止漏排、错排、重排;样片裁剪上下两层一致,并打好刀眼,作好缝纫标志;样片倾斜在规定的范围。

三、基本款上衣的技术质量标准

(一)规格公差(案例表1)

案例表1　规格公差表

部位	公差
衣长	±1
胸围	±2
肩宽	±0.5
袖长	±1
袖口	±0.5

(二)经纬纱向技术规定

前衣片:经纱以前中心线为准,倾斜不大于1.0cm,条格料倾斜不大于0.3cm。

后衣片:经纱以后中线为准,倾斜不大于1.0cm,条格料倾斜不大于0.4cm。

袖片:经纱以袖中线为准,倾斜不大于1.0cm。

领片:经纱倾斜不大于0.5cm,条格料倾斜不大于0.3cm。

(三)缝制技术规定

1.针距宽度表规定(案例表2)

案例表2　针距宽度表

项目	针距密度针数			备注
明线	3cm		12～14	装饰线例外
暗线	3cm		13～15	—
锁眼	细线	1cm	12～14针	机锁眼
	粗线	1cm	不小于9针	手工锁眼
钉扣	细线	每孔不小于8根线		缠脚线高度与止口厚度相适应
	粗线	每孔不小于6根线		

2. 各部位线迹清楚顺直、整洁、平服、牢固,针距密度一致。

3. 锁眼定位准确,大小适宜,扣眼对位,整齐牢固。纽脚高低适宜,线结不外露。

4. 辅料需与面料相适应,缝线色泽应一致。

5. 上下线松紧适宜,无跳针、断针。起落针应有回针。

6. 商标、号型标志、成分标志、洗涤标志位置端正,清晰准确。

7. 各部位缝纫线迹30 cm内不得有两处单跳针和连续跳针,链式线迹不允许跳针。

（四）女上衣质量要求

1. 规格尺寸符合标准与要求。

2. 外观平整,内外无线头,无跳线、跳针现象。

3. 领子左右对称,明缉线宽窄一致,面、里平服,不涟、不皱、不翻吐。门里襟长短一致,准确无歪斜。

4. 前、后衣片分割线、塔克平服,缉明线圆顺,左右对称。

5. 袖山、袖口抽裥均匀左右一致,袖克夫左右对称,线顺直,左右袖衩平服无毛出。

6. 底边卷边平整,宽窄一致。

7. 整烫平挺,无烫黄现象,无污迹。

四、女上衣缝制工艺流程（案例图2）

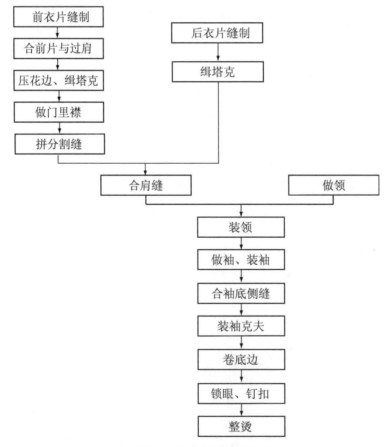

案例图2　女上衣缝制工艺流程

五、样衣缝制

根据以上的要求和技术标准缝制样衣

六、工艺制作手法的核对

（一）领子核对：领头、领角的大小、长短一致，里紧外松，有窝势，丝缕左右对称，装领居中，左右对称。

（二）袖子核对：两袖居中，左右对称，袖山、袖口抽褶均匀，袖口克夫平整。

（三）门里襟核对：门里襟平挺，锁眼平服，大小一致，左右高低一致，丝缕左右对称。

（四）前后衣身核对：前后衣身塔克均匀，缝线平服，分割线缝合平整。

（五）底边核对：底边平整，宽窄一致，针脚整齐，无针印和起涟形。

（六）外观质量：成衣内外整洁，无水花，无极光，无烫黄或烫焦现象，内外无线头缝线不可有跳针或浮线。

观察样衣上所采用的工艺手法是否与工艺单上的要求相符合，不相符的在批量生产中予以纠正。

七、样衣封样

核对指示规格和实际样衣规格，填写封样意见，确定为大货生产的样衣（案例表3）。

案例表3　圆摆立领抽褶女衬衫封样单

＊＊＊＊＊＊＊＊ 有限公司	首件试样封样单（制衣）	表码：2015018	
		修改次数	1
产品名称	圆摆立领抽褶女衬衫	修订日期	2015-1-25
货号	WS2015003	款式编号	WF2015C001
试样车间	第三车间	试样人	张晓明
部位	衣长	胸围	肩宽	袖长	袖口
指示规格	80	94	39	57	22
样衣规格	79.5	93	39	57.5	21.5
部位					
指示规格					
样衣规格					
封样意见：经测量确认样衣的各部位尺寸与指示规格比较，符合公差范围的要求；样衣的工艺手法和质量能符合要求，可以作为大货生产样衣。					
封样人	王小莉	封样日期	2015.2.1		
打样人	李芳	审核人	卓开霞		

空白封样单见附表2。

思考与练习：

1. 理解试样的过程。

2. 如何实施样衣的评审？评审应从哪几方面入手？

第三阶段　样衣缝制

知识点一：缝针、缝线和线迹密度的选配

在缝制过程中必不可少的重要工具就是缝针，而缝针又分手缝针与车工机针，手缝针按长短粗细有 15 个号型。平缝机针的粗细为 9～18# 之间。缝纫时，车工机针一般可根据缝料的厚薄、软硬及质地，按表 3-1 选择适当的机针和缝线，手缝针可根据加工工艺的需要和缝制材料的不同，选用不同号型的针，见表 3-2、表 3-3。

线迹密度除和缝针类型、缝针大小、缝料、缝线、缝纫项目有关系外还与服装款式有关系，具体见表 3-3、表 3-4。

表 3-1　平缝机针与缝线关系表

针　号	缝线线密度(tex,公支)	适合缝料
9#	12.5～10,80～100	薄纱布、薄绸、细麻纱等轻薄型面料
11#	16.67～12.5,60～80	薄化纤、薄棉布、绸缎、府绸等薄型面料
14#	20～16.67,50～60	粗布、卡其布、薄呢等中厚型面料
16#	33.67～20,30～50	粗厚棉布、薄绒布、灯芯绒等较厚型面料
18#	50～25,20～40	厚绒布、薄帆布、大衣呢等厚重型面料

表 3-2　手针号码与缝线粗细关系

针号	1	2	3	4	5	6	7	8	9	10	11	长7	长9
直径 mm	0	0.86	0.78	0.78	0.71	0.71	0.61	0.61	0.56	0.56	0.48	0.61	0.56
长度 mm	44.5	38	35	33.5	32	30.5	29	27	25	25	22	32	30.5
线的粗细	粗　线			中　粗　线				细　线		绣　线			
用　途	厚　线			中　厚　料			一般料			轻　薄　料			

表 3-3　男、女西服针距密度表

项　目		针距密度	备注
明线		3cm 不少于 14～17 针	包括暗线
三线包缝		3cm 不少于 9 针	
手工针		3cm 不少于 7 针	肩缝、袖窿、领子不低于 9 针/3cm
手拱止口		3cm 不少于 5 针	
三角针		3cm 不少于 5 针	以单面计算
锁眼	细线	1cm 12～14 针	机器锁眼
	粗线	1cm 9 针	手工锁眼
钉扣	细线	每孔 8 根线	缠脚线高度与止口厚度相适应
	粗线	每孔 4 根线	

表 3-4　连衣裙针距密度表

项　目	针距密度	项　目	针距密度
明线、暗线	3cm 不少于 12 针	机钉扣	每扣不少于 6 根线
包缝线	3cm 不少于 12 针	手工钉扣	双线,两上两下绕三绕
机锁眼	1cm11～15 针	手工缲针	3cm 不少于 4 针

知识点二:排料的相关知识

一、排料方法

排料有很多种方法,一是采取手工划样排料,即用样板在面料上划样套排;二是采用服装 CAD 系统绘画排料;三是采用漏花样(用涤纶片制成的排料图)粉刷工艺划样排料。

二、排料的具体要求

排料实际是一个解决材料如何使用的问题,而材料的使用方法在服装制作中是非常重要的。如果材料使用不当,不仅会给制作加工制造困难,而且会直接影响服装的质量和效果,难以达到产品的设计要求。因此,排料前必须对产品的设计要求和制作工艺了解清楚,对使用的材料性能特点有所认识,以此确定每片样板的排列位置,也就是决定材料的使用方法。

排料的具体要求如下:

1. 面料的正、反面与衣片的对称

大多数服装面料是分正反面的,而服装设计与制作的要求一般都是使面料的正面作为服装的表面。同时,服装上许多衣片具有对称性,例如上衣的衣袖、裤子的前片和后片等,都是左右对称的两片。因此,排料时就要注意既要保证衣片正反一致,又要保证衣片的对称,避免出现"一顺"现象。

2. 排料的方向性

服装面料是具有方向性的,服装面料的方向性表现在以下三个方面。

(1)面料有经纱(直纱)与纬纱(横纱)之分。在服装制作中,面料的经向与纬向表现出不同的性能。例如,经纱挺拔垂直,不易伸长变形。纬纱有较大伸缩性,富有弹性,易弯曲延伸,围成圆势时自然、丰满。因此,不同衣片在用料上有经纱、纬纱、斜纱之分,排料时,应根据服装制作的要求,注意用料的纱线方向。一般情况下,为了排料时确定方向,样板上一般都画出以经纱为方向的衣片丝缕线,排料时应注意使它与面料的纱线一致。

一般,服装的长度部分,如衣长、裤长、袖片等,及零部件,如门襟、腰面、牵线等为防止拉宽变形皆采用经纱。

横纱大多用在与大身丝缕相一致的部件,如呢料服装的领面、袋盖和贴边等。

而斜料一般都选用在伸缩比较大的部位,如滚条、上装的领里,另外还可用在需增加美观的部位,如条、呢料的覆肩、育克、门外襟等。在排料时,不仅要弄清样板规定的丝缕方向,还应根据产品要求明确允许偏斜程度。

(2)面料表面有绒毛,且绒毛具有方向性,如灯心绒、丝绒、人造毛皮等。在用倒顺毛面料进行排料时,首先要弄清楚倒顺毛的方向,绒毛的长度和倒顺向的程度等,然后才能确定画样的方向。例如,灯心绒面料的绒毛很短,为了使产品毛色和顺,采取倒毛做(逆毛面上)。又如兔毛呢和人造毛皮这一类绒毛较长的面料,不宜采用倒毛做,而应采取顺毛做。

为了节约面料,对于绒毛较短的面料,可采用一件倒画,一件顺画的两件套排画样的方法,但是在一件产品中的各部件,不论其绒毛的长短和倒顺向的程度如何,都不能有倒有顺,而应该一致。领面的倒顺毛方向,应以成品领面翻下后保持与后身绒毛同一方向为准。

3. 对条、对格面料的排料

国家服装质量检验标准中关于对条对格有明确的规定,凡是面料有明显的条格,且格宽在1cm 以上者,要条料对条、格料对格。高档服装对条、对格有更严格的要求。

(1)上衣对格的部位:左右门里襟、前后身侧缝、袖与大身、后身拼缝、左右领角及衬衫左右袖头的条格应对应;后领面与后身中缝条格应对准,驳领的左右挂面应对称;大、小袖片横格对准,同件袖子左右应对称;大、小袋与大身对格,左右袋对称,左、右袋牵线条格对称。

(2)裤子的对格部位:裤子对格的部位有栋(侧)缝、下裆(中裆以上)缝、前/后裆缝;左右腰面条格应对称;两后袋、两前斜袋与大身对格,且左右对称。

对条、对格的方法有两种:一是在画样时,将需要对条、对格部位的条格画准。在铺料时,一定要采取对格铺料的方法;二是将对条对格的其中一条画准,将另一片采取放格的方法,开刀时裁下毛坯,然后再对条、格,并裁剪。一般,较高档服装的排料使用这种方式。

对条、对格时的注意事项:一是画样时,尽可能将需要对格的部件画在同一纬度上,可以避免面料纬斜和格子稀密不匀而影响对格;二是在画上下不对称的格条面料时,在同一件产品中要保证一致顺向排料,不能颠倒。

4. 对花面料的排料

对花是指面料上的花型图案,经过加工成为服装后,其明显的主要部位组合处的花型仍要保持完整。对花的花型一般都是属于丝织品上较大的团花,如龙、凤、福、禄、寿等不可分割的花型。对花产品是中式丝绸棉袄、丝绸晨衣的特色。对花的部位在两片前身、袋与大身、袖与前身等处。

对花产品排料时的注意事项：一是要计算好花型的组合，例如前身两片在门襟处要对花，画样时要画准，在左右片重合时，使花型完整；二是在画对花产品时，要仔细检查面料的花型间隔距离是否规则，如果间隔距离大小不一，其画样图就要分开画，以免由于花型距离不一而引起对花不准；三是无肩缝中式丝绸服装对花时，有的产品的门襟、袖中缝、领与后身、后身中缝、袋与大身、领头两端等部位都需要对团花，也有的产品的袖中缝、领与后身部位不一定要求对团花，其他部位与整肩产品(无肩缝)相同。

对花产品的具体要求：一是面料中的花纹不得裁倒，有文字图案为标准，无文字的以主要花纹的倒顺为标准；二是面料花纹中有倒有顺或花纹中全部无明显倒顺者(梅、兰、竹、菊等)允许两件套排一倒一顺排裁(但一件内不可有倒有顺)。以下几种具体情况不易一倒一顺裁：

①花纹有方向性的，并全部一顺倒的；

②花纹中虽有倒有顺，但其中文字或图案(瓶、壶、鼎、鸟、兽、桥、亭等)向一顺倒的；

③花纹中大部分无明显顺倒，但某一主体花形不可倒置的；

④前身左右两片在胸部位置的排花要对准；

⑤两袖要对排花、团花，袖子和前身两袖要对排花、团花，排花的色、花都要对，散花袖子和前身不对花；

⑥中式大襟和小襟(包括琵琶襟)不对排花；

⑦男晨衣贴袋遇团花要对团花，中式贴袋一般不对团花；

⑧对花，依上部为主，排花高低允许误差 2cm，团话拼接允许误差 0.5cm；

⑨有背缝、无肩缝的服装的团花及排花只对前身，不对后身。

5. 节约用料问题

在保证达到设计和制作工艺要求的前提下，尽量减少面料的用量是排料时应遵循的重要原则。

服装的成本，很大程度上在于面料的用量多少。而决定面料用量多少的关键又是排料方法。同样一套样板，由于排料的形式不同，所占的面积大小就会不同，也就是用料多少不同。排料目的之一，就是要找出一种用料最省的样板排放形式。如何通过排料达到这一目的，很大程度要靠经验和技巧。根据经验，以下一些方法对提高面料利用率、节约用料行之有效。

(1)先主后次：排料时，先将主要部件较大的样板排好，然后再将零部件的样板放在大片样板的间隙及剩余面料中排列。

(2)紧密套排：样板形状各不相同，其边线有直的、弯的、凹凸的等。排料时，应根据它们的形状采取直对直、斜对斜、凸对凹、弯与弯相顺，这样可以尽量减少样板之间的间隙，充分提高面料的利用率。

(3)缺口合拼：有的样板有凹状缺口，但有时缺口内又不能插入其他部件。此时可将两片样板的缺口拼在一起，使两片之间的空隙加大。空隙加大后便可以排放另外的小片样板。

(4)大小搭配：当同一裁床上要排多种规格样板时，应将不同规格的样板相互搭配，统一排放，使不同规格样板之间可以取长补短，实现合理用料。

(5)拼接合理：在排料过程中，常常会遇到零部件的拼接。产生拼接的原因有很多，有的是人体体形肥胖，有的是可用面料较小，有的是衣料门幅较窄，都会出现衣片中某些部件需要拼接。但不能随便拼接，否则会影响成品服装的外形美观，因此，应该根据中国服装国家技术标准(简称"国标")所规定的允许范围内进行合理拼接。

要做到充分节约面料,排料时就必须根据上述规律反复进行试排,不断改进,最终选出最合理的排料方案。

知识点三:常用零部件缝制工艺

一、口袋变化工艺

(一)明褶裥贴袋

明褶裥贴袋如图3-1所示。在明褶裥的口袋上加上袋盖,既富有动感,又具有实用性。袋盖的里层可使用表布,也可使用里子布(使用里子布时,其表面为毛料、有伸缩性的布料,或较厚的布料)。其制作方法如下:

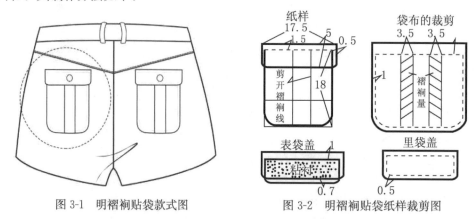

图3-1　明褶裥贴袋款式图　　　　图3-2　明褶裥贴袋纸样裁剪图

1. 按纸样剪开进行裁剪(图3-2)。

2. 缝制袋盖。把表、里缝合后,翻到正面,表、里袋盖要错开0.1cm,形成里外匀,整烫后,首先锁上扣眼(图3-3)。

图3-3　袋盖缝制图

3. 折烫袋布的褶裥。将袋口贴边三线包缝后,按褶裥位置扣烫固定,在褶位车0.1mm的缝加以固定,然后在袋布圆角处距边0.7cm长针距车缝,再将车缝线抽紧,用净样板进行扣烫(图3-4)。

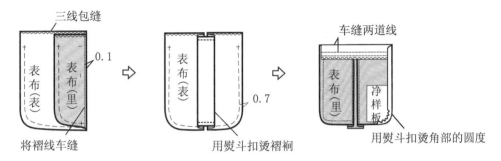

图 3-4　贴袋褶裥扣烫图

4. 车缝固定口袋布和袋盖。将口袋布和袋盖车缝固定在裤片上。

5. 车袋盖明线。钉纽扣。为使口袋盖平坦地盖在口袋上,要用明线车缝固定,然后钉上纽扣(图 3-5)。

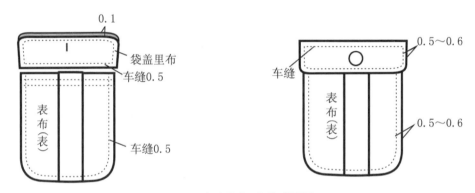

图 3-5　车缝袋布、袋盖明线图

(二)侧缝线上的直插袋

侧缝线上的插袋如图 3-6 所示。这是利用裙子、上衣或裤子的侧缝线而缝制的口袋。其制作方法如下:

1. 制图与裁剪。袋布 A 与袋布 B 要相差 1.5cm(图 3-7)。

2. 缝合袋布 A。在前裙片的袋口处,为防布料变形,要烫上黏衬牵条。然后把袋布 A 缝合在群片的袋位处,再将袋布 A 拉出放平(图 3-8)。

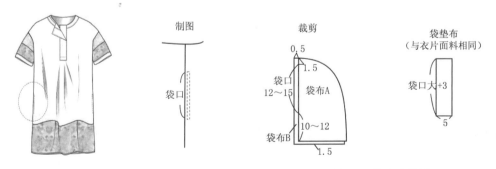

图 3-6　直插袋款式图　　　　　图 3-7　袋布裁剪图

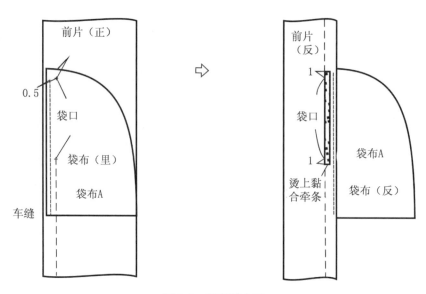

图 3-8　袋布缝合图

3. 缝合侧缝线。后片和前片表面相对,缝合侧缝(袋口不缝合)。袋口两端要用回针缝使之固定(图 3-9)。

4. 将侧缝的缝份分开烫平,在袋口车装饰明线。将缝份烫开后,从表面在袋口上车装饰明线,固定袋布。袋口两端要车 3 道线固定(图 3-9)

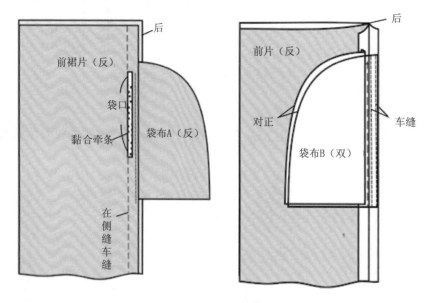

图 3-9　缝合侧缝线

5. 缝合袋布 B。把袋布 B 放在袋布 A 的上面。注意,袋布 A 要固定在前片的缝份上;袋布 B 要固定在后片的缝份上。若袋布 B 的面料与衣片不一致,则应在袋布 B 上车缝固定袋垫布(图 3-10)。

6. 车缝袋布四周并三线包缝。先将衣片掀开,将两片袋布车缝 2 道线固定,然后三线包缝袋布的边缘(图 3-11)。

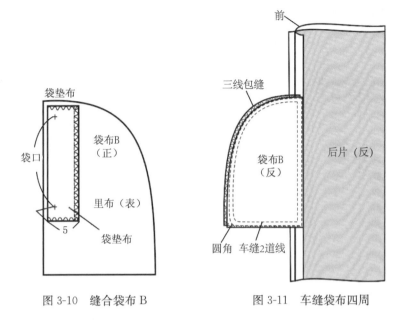

图 3-10 缝合袋布 B　　　　　　图 3-11 车缝袋布四周

(三)斜向箱型插袋

该袋型常用用于外套、大衣、风衣、夹克等服装中,袋口布的丝缕原则上要与衣片面布的丝缕一致,也可根据款式需要另定(图 3-12)。

1. 制图与裁剪(图 3-13)。

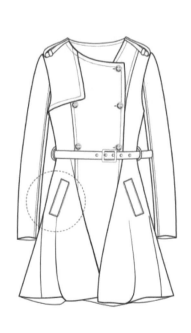

图 3-12 箱型斜插袋款式图

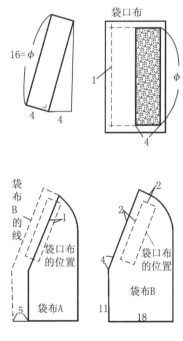

图 3-13 斜插袋裁剪图

2. 缝合袋口布(图3-14)。

3. 车缝袋口。在衣片袋位的反面烫上黏合衬,放上袋口布和袋布 A,按袋位净线车缝(图3-15)。

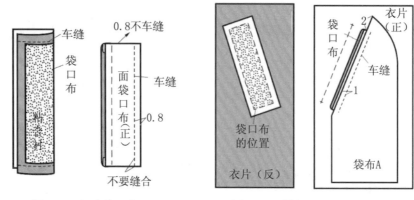

图3-14　缝合袋口布　　　　图3-15　车缝袋口

4. 在袋位中间剪口:按图中位置剪成 Y 形(图3-16)。

5. 车缝固定袋布 B:先在衣片接缝袋口位置与袋布 A 一起车缝。然后放上袋布 B,把袋口布掀开,折叠衣片袋位剪口的缝份,将该缝份与袋布 B 车缝固定,同时把袋口两端的三角车缝固定(图3-17)。

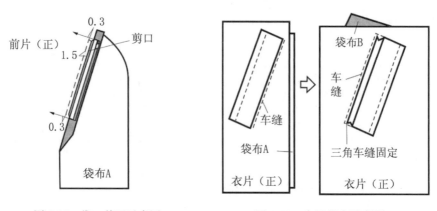

图3-16　袋口剪开示意图　　　　图3-17　车缝袋布示意图

6. 在袋口布两端车装饰明线固定:按住袋口布车袋口一侧的装饰明线,再连袋布一起车缝2道装饰明线(图3-18)。

7. 在袋布四周车缝 2 道线:先将袋布三线包缝后再车缝袋布四周(图3-19)。

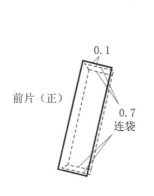

图 3-18　袋口车缝明线示意图　　　图 3-19　车缝袋口示意图

(四)牛仔裤插袋

牛仔裤插袋的缝制要点是把其中的一片袋布与装拉链的门里襟缝合,以防止袋布滑动(图3-20)。

1. **制图与裁剪**(图 3-21、图 3-22)。

图 3-20　牛仔裤插袋款式图

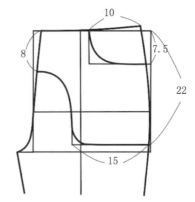

图 3-21　牛仔裤插袋裁剪图

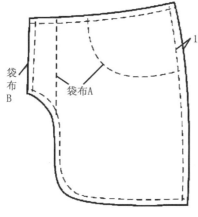

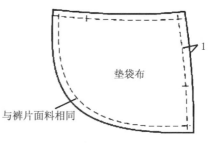

图 3-22　袋布裁剪图

2. 裤片袋口与袋布 A 缝合：先在裤片袋口反面烫上黏合衬，以防其伸缩。然后将袋布 A 与裤片袋位对正后车缝 0.8 cm 的缝份，在缝份的弯曲部位剪口，再将袋布翻到正面，在袋口处里外匀 0.1 cm，烫平后车缝两道装饰明线（图 3-23）。

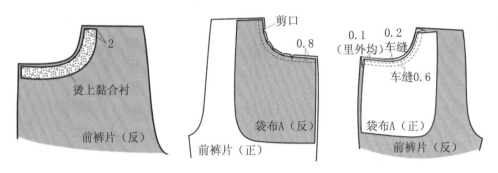

图 3-23　袋口与袋布 A 缝合示意图

3. 垫袋布与袋布 B 缝合：先将垫袋布的弧线部位三线包缝，然后放在袋布 B 上，对正后，将垫袋布的弧线部位与袋布 B 一起车缝两道线（图 3-24）。

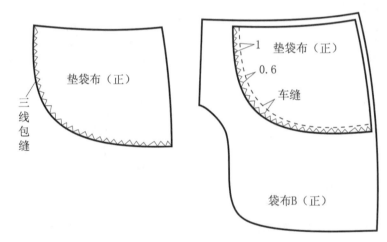

图 3-24　垫袋布与袋布 B 缝合示意图

4. 两片袋布缝合：先把袋布 B 与袋布 A 对正，然后把两片袋布缝合，在袋底及圆弧处车缝两道线，最后将两片袋布一起三线包缝（图 3-25）。

5. 固定袋口：整理袋布，在袋口两端固定假缝（图 3-26）。

6. 缝合裤片车缝：先将前后裤片的侧缝缝合，再把两片一道三线包缝，然后将缝份往后裤片烫倒，从正面在后裤片侧缝车 0.2 cm 宽的装饰明线（图 3-27）。

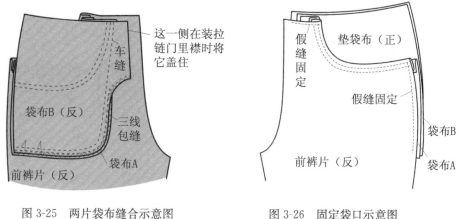

图 3-25　两片袋布缝合示意图

图 3-26　固定袋口示意图

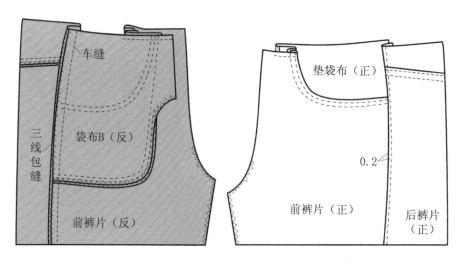

图 3-27　车缝裤片侧缝示意图

二、无领无袖变化工艺

(一)贴边处理的 V 型领线(图 3-28)

图 3-29 为其裁剪图,其制作方法如下:

1. 烫黏衬:在衣片的前后领圈边缘烫上黏衬,缝合肩线,缝份分开烫平(图 3-30)。

2. 衣片和贴边对正后缝合领圈:在贴边的尖角处烫黏衬加固,后片开口装上拉链,然后缝合领圈(图 3-31)。

3. 把贴边往衣片里侧翻折,整理领圈。缝份打剪口,然后将贴边向衣片里侧翻折,烫出里外匀。领圈如果不车装饰线,可用手针点状固定,使贴边固定,以防外吐(图 3-32)。

图 3-28　V 型领款式图

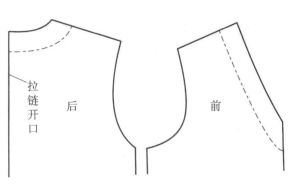

图 3-29　V 型领裁剪图

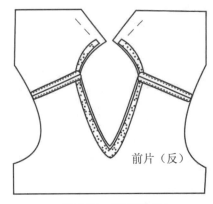

图 3-30　领口黏衬图

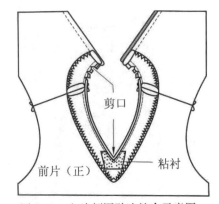

图 3-31　衣片领圈贴边缝合示意图

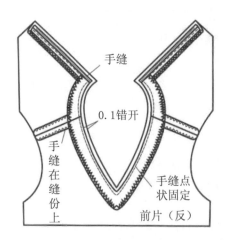

图 3-32　贴边翻烫和成品示意图

(二)无袖袖贴工艺(图 3-33)

1. 无袖结构图(图 3-34)。

图 3-33　无袖款式图

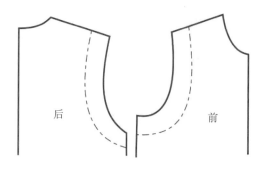

图 3-34　无袖裁剪图

2. 使用面布裁剪贴边：贴边的袖围缝份要比衣片少 0.1～0.2cm，这是为了把袖围整理成里外匀，不使贴边外露（图 3-35）。

3. 缝合衣片、贴边、肩线和侧缝：缝份要修剪成 0.5cm，然后用熨斗分开烫平（图 3-36）。

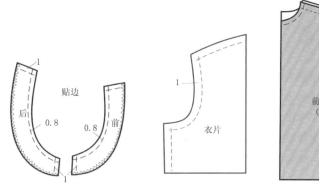

图 3-35　贴边裁剪图

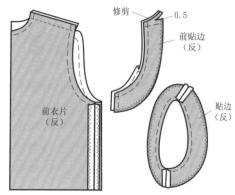

图 3-36　衣片、贴边缝合图

4. 把衣片与贴边对正缝合：将贴边与袖窿的裁剪边缘对正后缝合，缝份 0.7cm，在袖窿转弯处打剪口，以使贴边翻折后，袖窿平整服贴（图 3-37）。

5. 整烫贴边形成里外匀：用熨斗把衣片的袖窿向内侧烫进 0.1cm，以形成里外匀。贴边的肩线、侧缝要用手针缝在衣片的相应位置。最后在袖窿边车一道装饰明线（图 3-38）。

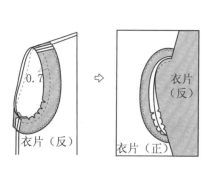

图 3-37　衣片与贴边缝合图

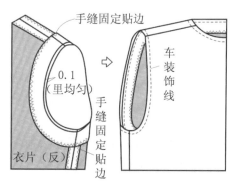

图 3-38　整烫贴边及成型图

三、泡泡袖工艺

泡泡袖如图 3-39 所示。该袖由于其外型抽许多细褶而成泡泡状得名。它给人以活泼可爱的感觉，常用于童装及女装中，其袖子有长短之分，而缝制方法是一样的，现以短袖加以说明。

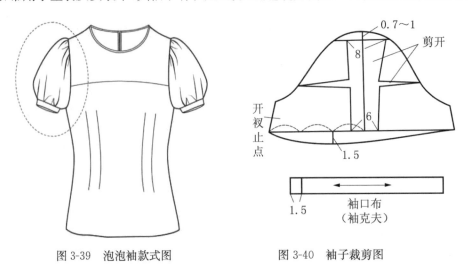

图 3-39　泡泡袖款式图　　　　　图 3-40　袖子裁剪图

1. 裁剪：如图 3-40 所示。在袖片净线四周各放 1cm 缝份，袖克夫放出 1 倍的宽度后，再在四周放 1cm 的缝份。

2. 假缝袖山弧线和袖口弧线：先沿袖山弧线边缘 0.7cm 处手针车缝或长针距车缝第一道线，第二道线距第一道线 0.2cm，再在袖口缝上两道线，方法同上（图 3-41）。

3. 抽细褶：分别将袖山弧线和袖口弧线上的假缝线抽紧成细褶状，要求以袖中线为中心向两边均匀抽线（图 3-42）。

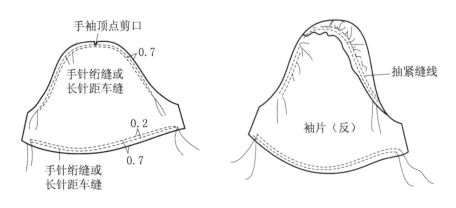

图 3-41　假缝袖山和袖口弧线示意图　　　图 3-42　袖山抽细褶示意图

4. 装袖：先缝合肩缝，再把抽细褶后的袖片与衣片正面相对，袖窿线与袖山线对齐，袖中线刀眼对准衣片肩缝，离边缘 1cm 车缝，将缝份三包缝后，再将袖底缝和衣片侧缝分别三线包缝（图 3-43）。

5. 连续缝合衣片侧缝和袖底缝：把袖山头的缝份往袖片折倒后，再缝合前后衣片的侧缝和袖底缝,注意缝合到袖口的开衩止点为止,并在此处用倒回针固定(图 3-44)。

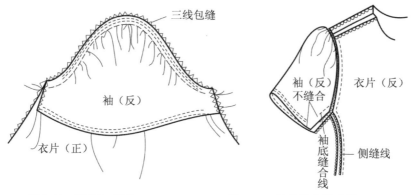

图 3-43 装袖示意图　　　　图 3-44 袖底缝合示意图

6. 缝制袖克夫:先在袖克夫反面烫上黏合衬,其宽度为袖克夫宽加上 1cm。然后将袖克夫对折,两端缝合。注意在叠门一侧要沿净线车缝,倒回针固定后剪口;在另一端把袖克夫的边缘折上 1cm 后车缝。最后把袖克夫翻至正面烫平(图 3-45)。

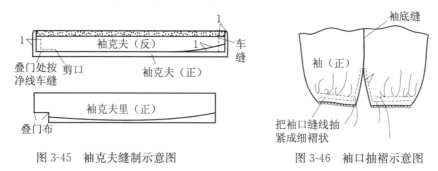

图 3-45 袖克夫缝制示意图　　　　图 3-46 袖口抽褶示意图

7. 抽紧袖口假缝线:先将袖开衩车缝固定,缝份为 0.1cm,再把袖口的两道假缝线抽紧成细褶状(图 3-46)。

8. 装袖克夫:把袖克夫与袖片正面相对,边缘对齐,距边 1cm 车缝固定(图 3-47)。

9. 固定里袖克夫:把袖口缝份往袖克夫一侧折倒后,用手针固定或车缝固定(图 3-48)。

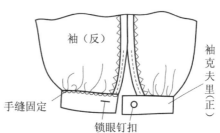

图 3-47 装袖克夫示意图　　　　图 3-48 固定袖克夫里层示意图

四、短门襟圆领开口

如图 3-49 所示，圆领圈的短门襟开口，其制图方法相同，但门襟的处理方法各不相同。可根据需要加以选择，图 3-50 为裁剪图。

门襟缝制方法：本方法使下端角处剪口不会脱线，其方法是先车缝门襟再剪口（图3-51）。

1. 裁剪：左右片门襟裁剪方法相同，将下端如图示修剪后，在反面烫上薄的黏衬（图 3-52）。

2. 按完成状折叠扣烫门襟左右片（图 3-53）。

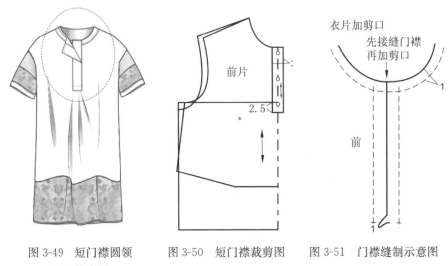

图 3-49　短门襟圆领　　　图 3-50　短门襟裁剪图　　　图 3-51　门襟缝制示意图
　　　　　开口款式图

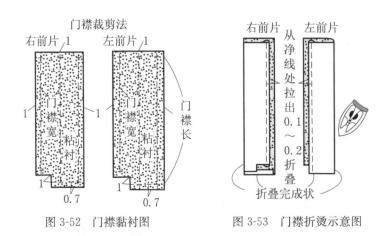

图 3-52　门襟黏衬图　　　　图 3-53　门襟折烫示意图

3. 门襟布与衣片缝合：将门襟布放在领圈已滚过边的前衣片上车缝，然后在前中心剪口，剪口位置距净线 1cm（图 3-54）。

4. 左右片门襟各自正面相对折叠,缝合上端:预先估计一下面料的厚度,在净线稍外侧缝合(图 3-55)。

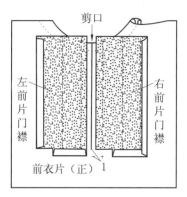

图 3-54　门襟与衣片缝合示意图

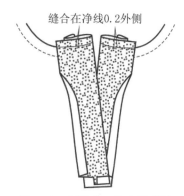

图 3-55　门襟上口缝合示意图

5. 修剪门襟布上端,并翻转到正面:先将缝份折叠部分的一边修剪留 0.5cm,用手指压住角部翻转到正面(图 3-56)。

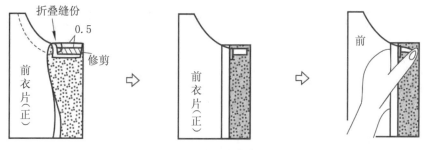

图 3-56　门襟上端修剪示意图

6. 左右门襟车明线:掀开右前片,把左前门襟理成型后,如图示车上装饰明线(图 3-57)。

7. 左右门襟车明线:掀开左前片,整理右前门襟车装饰明线。注意:下端 1cm 不要回针缝(图 3-58)。

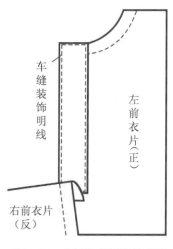

图 3-57　左门襟车明线示意图

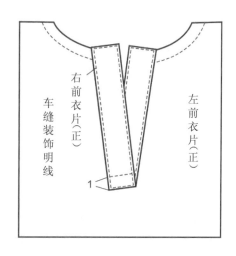

图 3-58　右门襟车明线示意图

8. 固定门襟:重叠对正左右门襟后,两片一起车缝固定下端(图 3-59)。

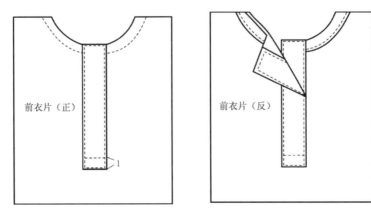

图 3-59　门襟成型图

知识点四:成衣洗水工艺相关知识

一、洗水工艺的发展

(一)普通洗水

1853 年世界上出现第一条用帆布制造的牛仔裤,后来改用牛仔布生产,但当时并没有经过任何洗水处理,生产牛仔裤的厂家更是毫无洗水的概念。后来发现购买者常常将新买的牛仔裤先浸泡于水中一段时间,缩水后的裤子穿着起来更加贴合体形。为了迎合消费者的需求,生产厂家对牛仔裤作了普通洗水(Rinse)即清水洗处理,就是把牛仔裤浸在清水中,待一段时间后吹干。此后又开发了退浆技术,在洗水的同时进行退浆处理,使牛仔裤穿起来相对比较柔软。

(二)石洗

1977 年,美国开发了石头洗水(Stone Wash)技术,用来生产苹果牌(Texwood)"石磨蓝"牛仔裤,使原来粗硬的裤子变得柔软舒适,同时裤子上还呈现出斑斑白点,形成自然仿旧的效果,大受消费者欢迎。最初的石洗可划分为两大类,即洗水效果比较幼细的石洗方法和洗水效果比较粗糙、有洗水痕及花纹的石洗方法。后来将两者取长补短、互相融合,产生了粗中带细、细中有粗的效果。

(三)雪花洗

1987 年,苹果牌牛仔裤生产商又开发了雪花洗(Acid Wash)技术,采用石头加药液干炒或湿洗的方法,从而产生独特的"蓝白花"效果。

(四)冰雪洗

雪花洗最初的洗水效果非常不均匀,蓝白对比强烈,且裤身面料容易破烂。后来 Levis 公司研制了一种效果非常细致的雪花洗,名为冰雪洗,外观给人一种舒适感,蓝白效果也比较均衡。20 世纪 90 年代以后这种洗水方法被禁止使用,主要原因是洗水过程中所用的酸剂会对皮肤造成损伤。

(五)怀旧洗

1990年,Levis公司为处理库存的次品,采用了当时欧洲流行的洗水方法,即将牛仔裤洗出残旧的效果,犹如一条已穿着多时的陈旧的牛仔裤。产品推出市场后,深受年轻人的喜爱。这种名为怀旧洗(Old Wash/2nd—hand Wsah)的洗水技术原创于香港,后来传往欧、美、日,并成为洗水主流。怀旧洗的效果是将牛仔裤洗旧洗损,使整条裤子均匀泛白,而且把纱线洗松弛。

(六)马骝洗

同年由日本发明的马骝洗(Monkey Wash)也是源于怀旧洗。这种洗水的特点就是将牛仔裤特定的部位磨白,如最典型的臀部磨白后酷似猴子(粤语:马骝),马骝洗亦由此得名。

(七)猫须洗

1992年,在"打沙"技术基础上,又创造了猫须洗(Scratch Wash)的洗水方法。"猫须"纹是模仿穿着后的褶皱效果,用打沙或机刷等后整理方式,磨洗出折痕的一种磨白洗水方式,经常出现在牛仔裤的前裤裆左右侧和后裤脚处。随着科技的不断发展,以及制衣业新型设备的开发与应用,牛仔成衣的后整理技术层出不穷,工艺方法也越来越复杂,出现了许多新的后整理工艺。

二、目前比较流行的新型牛仔成衣后整理工艺

(一)打沙

用高压喷枪,将沙粒喷射到牛仔裤的表面,造成裤身局部磨损泛白的效果。早期的打沙方式是操作者手持喷沙枪将沙喷向需要打沙的裤身部位。由于"打沙"的沙尘污染非常严重,为了加强生产安全保护,打沙操作者需要带上头罩和穿上防护服,有条件的厂家还需设立半密封的喷沙工作间,防止沙尘到处飞扬。

(二)机刷

采用刷子摩擦的刷擦法,在整条裤面进行大范围的摩擦,适合前腿位、膝盖处、后臀部等较大面积的"马骝洗"。这种后整理方式一般会先用设备将裤子吹胀并固定。用刷子或磨轮直接在面料的表面进行打磨处理,使衣物表面达到局部磨白的效果,然后再用手工修整裤缝边缘、袋口边、裤脚的折边处等细小的部位,以期达到特殊的效果。

目前市面上所用的磨裤机种类已较齐全,并有带马达的、固定的自动刷出现,大大改善了牛仔裤大面积刷磨的效果和效率。

(三)手擦

常见的方式有手刷擦法、砂纸擦法和刀子刮法,如图7所示。有些厂家在进行"猫须"处理时,会先用扫粉法点出白痕,再用刀片刮出"猫须"的效果。这种预先设计好花纹的方法擦出的效果比较呆板,缺少变化,但适合经验缺乏的年轻技术员操作。目前比较流行的是在手擦之前先将牛仔裤弄皱,如退浆时未退完全,将牛仔裤抓皱,或利用树脂浆皱裤身,然后用砂纸磨花表面凸出的皱纹,或用刀片刮出折边的花纹,再进行下一步的洗水程序。

直接用手工擦出的花纹则更加自然、更有创意,也更受到时尚一族的青睐。

(四)植脂

将裤子弄皱后加上树脂(Resin)浆料,使裤子长久保持皱褶的效果,俗称"皱裤植脂"。目前比较流行的手擦"猫须"洗水方法就是植脂与手擦两种方法相结合。一般是先将牛仔裤某部位弄褶皱后,加入树脂浆料使之定形硬挺,然后用砂纸或刀片磨花褶皱的折边处,再进行退浆洗水,这种效果自然并富有随意感。当然,也有厂家将裤子套在有凹凸"猫须"纹样的模型板

上，直接用磨轮打磨凸出部分，形成须纹，此法简便快捷，但磨出的效果比较统一，缺少变化，深浅效果比较难控制。

(五)喷药剂

喷药剂即着色处理。分为浸色全染和喷色局部染。浸色全染又称成衣套染，是指将经过褪色、石磨洗的牛仔成衣再添染其他色彩，以追求鲜艳、时尚的色彩流行趋势。喷色局部染是目前比较流行的后整理方法之一，首先吹胀裤子并吊挂固定，然后将药液喷射到裤子某个局部的表面，使牛仔裤达到预期效果，如喷马骝。也有将牛仔裤进行植脂处理并将颜色磨浅后，再进行着色处理，即将裤子铺平或鼓胀后在指定的部位喷上怀旧色液，使新裤子不仅有一种局部穿旧磨白的效果，而且还有粘染上污迹的效果。例如在后臀部等处着色后，模仿出因穿着太久而变黄变灰的效果。也可以将挖有猫须状透孔的木板盖在裤身上再喷色液，以获得猫须洗的效果。

(六)镭射雕刻

在成衣上形成商标或图案，最初的方法是将剪出的图案贴封于裤身上，洗水以后再将图案撕去，此时牛仔裤很自然地会留有未洗水的图案轮廓。也有设计者直接在牛仔裤上刻出各种通花图案。现在，用激光镭射机就可以轻易地去除浮在纱线表面的蓝色，在面料上雕刻出特别图案，也可以在织物表面切割出具有镂空效果的各种图案，使成品更加精致和富有创意。

知识点五：服装质量检验

一、服装质量检验标准

(一)总体要求

1. 面料、辅料品质优良，符合客户要求，大货得到客户的认可；
2. 款式配色准确无误；
3. 尺寸在允许的误差范围内；
4. 做工精良；
5. 产品干净、整洁、外观品质好。

(二)外观要求

1. 门襟顺直、平服、长短一致。前胸平服、宽窄一致，里襟不能长于门襟。有拉链唇的应平服、均匀不起皱、不豁开。拉链不起浪。纽扣顺直均匀、间距相等。
2. 线路均匀顺直、止口不反吐、左右宽窄一致。
3. 开衩顺直、无搅豁。
4. 口袋方正、平服，袋口不能豁口。
5. 袋盖、贴袋方正平服，前后、高低、大小一致。里袋高低。大小一致、方正平服。
6. 领缺嘴大小一致，驳头平服、两端整齐，领窝圆顺、领面平服、松紧适宜、外口顺直不起翘，底领不外露。
7. 肩部平服、肩缝顺直、两肩宽窄一致，拼缝对称。
8. 袖子长短、袖口大小、宽窄一致，袖襻高低、长短宽窄一致。

9. 背部平服、缝位顺直、后腰带水平对称,松紧适宜。

10. 底边圆顺、平服、橡筋、罗纹宽窄一致,罗纹要对条纹车缝。

11. 各部位里料大小、长短应与面料相适宜,不吊里、不吐里。

12. 车在衣服外面两侧的织带、花边,两边的花纹要对称。

13. 加棉填充物要平服、压线均匀、线路整齐、前后片接缝对齐。

14. 面料有绒(毛)的,要分清方向,绒(毛)的倒向应整件同向。

15. 若从袖里封口的款式,封口长度不能超过 10cm,封口一致,牢固整齐。

16. 要求对条对格的面料,条纹要对准确。

(三)做工综合要求

1. 车线平整,不起皱、不扭曲。双线部分要求用双针车车缝。底面线均匀、不跳针、不浮线、不断线。

2. 画线、做记号不能用彩色画粉,所有唛头不能用钢笔、圆珠笔涂写。

3. 面、里布不能有色差、脏污、抽纱,不可恢复性针眼等现象。

4. 电脑绣花、商标、口袋、袋盖、袖襻、打褶、鸡眼、贴魔术贴等,定位要准确、定位孔不能外露。

5. 电脑绣花要求清晰,线头剪清、反面的衬纸修剪干净,印花要求清晰、不透底、不脱胶。

6. 所有袋角及袋盖如有要求打枣,打枣位置要准确、端正。

7. 拉链不得起波浪,上下拉动畅通无阻。

8. 若里布颜色浅,会透色的,里面的缝份止口要修剪整齐线头要清理干净,必要时要加衬纸以防透色。

9. 里布为针织布料时,要预放 2cm 的缩水率。

10. 两头出绳的帽绳、腰绳、下摆绳在充分拉开后,两端外露部分应为 10cm,若两头车住的帽绳、腰绳、下摆绳则在平放状态下平服即可,不需要外露太多。

11. 鸡眼、撞钉等位置准确、不可变形,要钉紧、不可松动,特别时面料较稀的品种,一旦发现要反复查看。

12. 四合扣位置准确、弹性良好、不变形,不能转动。

13. 所有布襻、扣襻之类受力较大的襻子要回针加固。

14. 所有的尼龙织带、织绳剪切要用热切或烧口,否则就会有散开、拉脱现象(特别时做拉手的)。

15. 上衣口袋布、腋下、防风袖口、防风脚口要固定。

16. 裙裤类:腰头尺寸严格控制在±0.5cm 之内。

17. 裙裤类:后裆暗线要用粗线合缝,裆底要回针加固。

二、服装常见的不良情况

(一)车缝

1. 针距超差——缝制时没有按工艺要求严格调整针距。

2. 跳针——由于机械故障,间断性出现。

3. 脱线——起、落针时没打回针,或严重浮线造成。

4. 漏针——因疏忽大意漏缝,贴缝时下坎。

5. 毛泄——折光毛边时不严密,挖袋技术不过关,袋角毛泄。

6. 浮面线——梭皮罗丝太松,或压线板太紧。

7. 浮底线——压线板太松,或梭皮罗丝紧。

8. 止口反吐——缝制技术差,没有按照工艺要求吐止口。

9. 反翘——面子过紧;或缝制时面子放在上面造成。

10. 起皱——没有按照缝件的厚薄调换针线;或缝合件有长短。

11. 起缕扭——由于技术不过关缝扭了,缝合件不吻合。

12. 双轨——缉单明线,断线后,接缝线时不在原线迹上;缝制贴件下坎后,补线时造成两条线迹。

13. 双线不平行——由于技术不过关;或操作马虎造成双线宽窄不匀。

14. 不顺直——缝位吃得多少不匀造成止口不顺直;技术差缉明线弯曲。

15. 不平服——面里缝件没有理顺摸平;缝件不吻合;上下片松紧不一。

16. 不方正——袋角、袋底、摆角、方领没有按 90°缝制。

17. 不圆顺——圆领、圆袋角、圆袖头、西服圆摆,由于缝制技术不过关出现细小楞角。

18. 不对称——由于技术差或操作马虎,必须对称的部位有长短、高低、肥瘦、宽窄等误差。

19. 吃势不匀——缩袖时在袖山部位由于吃势不均匀,造成袖山圆胖,或有细褶。

20. 缩位歪斜——缩袖、缩领、定位点少于三个或定位不准。

21. 对条、对格不准——裁剪时没有留清楚剪口位;或排料时没有严格对准条格;缝制时马虎,没有对准条格

22. 上坎、下坎——缝纫技术低或操作马虎,没有做到缉线始终在缝口一边。

23. 针孔外露——裁剪时没有清除布边针孔;返工时没有掩盖拆孔。

24. 领角起豆——缝制技术低;领角缝位清剪不合要求;折翻工艺不合要求;没有经过领角定型机压形。

25. 零配件位置不准——缝制时没有按样衣或工艺单缝钉零配件。

26. 唛牌错位——主唛、洗水唛没有按样衣或工艺单要求缝钉。

(二)污迹

1. 笔迹——违反规定使用钢笔、圆珠笔编裁片号、工号、检验号。

2. 油渍——缝制时机器漏油;在车间吃油食物。

3. 粉迹——裁剪时没有清除划粉痕迹;缝制时用划粉定位造成。

4. 印迹——裁剪时没有剪除布头印迹。

5. 脏迹——生产环境不洁净,缝件堆放在地上。

6. 水印——色布缝件沾水褪色斑迹。

7. 锈迹——金属纽扣、拉链,搭扣质量差生锈后沾在缝件上。

(三)整烫

1. 烫焦变色——烫斗温度太高,使织物烫焦变色(特别是化纤织物)

2. 极光——没有使用蒸气熨烫,用电熨斗没有垫水布造成局部发亮。

3. 死迹——烫面没有摸平,烫出不可回复的折迹。

4. 漏烫——工作马虎,大面积没有过烫。

(四)线头

1. 死线头——后整理修剪不净。

2. 活线头——修剪后的线头粘在成衣上,没有清除。

(五)其他

1. 倒顺毛——裁剪排料差错;缝制小件与大件毛向不一致。

2. 做反布面——缝纫工不会识别正反面,使布面做反。

3. 裁片同向——对称的裁片,由于裁剪排料差错,裁成一种方向。

4. 疵点超差——面料疵点多,排料时没有剔除,造成重要部位有疵点,次要部位的疵点超过允许数量。

5. 扣位不准——扣位板出现高低或扣档不匀等差错。

6. 扣眼歪斜——锁眼工操作马虎,没有摆正衣片,造成扣眼横不平,坚不直。

7. 色差——面料质量差,裁剪时搭包,编号出差错,缝制时对错编号,有质量色差没有换片。

8. 破损——剪修线头,返工拆线和洗水时不慎造成。

9. 脱胶——黏合衬质量不好;粘合时温度不够或压力不够,时间不够。

10. 起泡——黏合衬质量不好;烫板不平或没有垫烫毯。

11. 渗胶——黏合衬质量不好;粘胶有黄色,烫斗温度过高,使面料泛黄。

12. 钉扣不牢——钉扣机出现故障造成。

13. 四合扣松紧不宜——四合扣质量造成。

14. 丢工缺件——缝纫工工作疏忽,忘记安装各种装饰襻,装饰纽或者漏缝某一部位,包装工忘了挂吊牌和备用扣等。

过程一:样衣裁剪

样衣裁剪是样衣缝制的先决条件,裁剪包括铺料、排料、裁剪及验片、分包等工序。样衣的裁剪必须做到精确、精准,以保证最终成品的质量。

一、样衣排料

在裁剪中,对面料如何使用及用料的多少所进行的有计划的工艺操作称为排料。不进行排料就不知道用料的准确长度,铺料就无法进行。排料划样不仅为铺料裁剪提供依据,使这些工作能够顺利进行,而且对面料的消耗、裁剪的难易、服装的质量都有直接影响,是一项技术性很强的操作工艺。

二、铺料裁剪

在铺料裁剪的工序中要注意一下问题:

1. 铺料时点清数量,注意避开疵点。

2. 对于不同批染色或砂洗的面料要分批裁剪,防止同件服装上出现色差现象。对于一匹面料中存在色差现象的要进行色差排料。

3. 对于条格纹的面料,铺料时要注意各层中条格对准并定位,以保证服装上条格的连贯和对称。

4. 裁剪要求下刀准确,线条顺直流畅。铺型不得过厚,面料上下层不偏刀。

5. 根据样板对位记号剪切刀口。

6. 采用锥孔标记时应注意不要影响成衣的外观。

三、验片分包

裁剪后要对裁片进行清点数量和验片工作,并根据服装规格分堆捆扎,附上票签注明款号、部位、规格等。

样衣裁剪案例见本阶段末尾案例:"ZJ·FASHION品牌服装样衣裁剪、缝制与检验"。

思考与练习:

1. 排料的具体要求是什么?

2. 怎样排料才会节省面料呢?

过程二:样衣缝制

样衣缝制是将零散的裁片组合成成衣的一个重要过程。样衣在缝制的过程中要设计合适的缝制流程和缝纫手法,选择适合的缝型,选配恰当的缝针、缝线和线迹密度。如设计师对样衣的缝制有特殊要求的,也要用专业的服装术语在样衣生产通知单上陈述清楚。样衣工在缝制的过程中要严格按照样板和设计的要求来操作,同时,还要注意最终的成衣是否需要做后整理的处理。

一、裙子缝制

裙子是女性最钟爱的服装品种之一,无论是花季少女,还是青年女性,抑或是已走进夕阳的老年人都喜欢穿裙子,裙子的美在于它更能体现女性的婀娜多姿和仪态万方。

裙的种类很多,按造型可分为窄裙、大摆裙、灯笼裙等,裙装上还可以利用滚边、刺绣、装饰线迹、车缝花边等各种各样的装饰工艺为其增色。

二、裤子缝制

裤子款式的变化受流行趋势的影响较大,例如有时流行单褶裤,有时流行双褶裤,有时流行直筒裤,有时流行窄腿裤,甚至连口袋形式也受流行趋势的左右。虽然如此,但这些变化因素之间的组合方式还是具有一定的规律的。直筒裤,作为休闲裤中的中性结构,各变化因素之间组合方式最为自由,因而款式变化也最为丰富。它既可以采用单褶设计,也可以采用无褶设计;既可以选用直插袋,也可以选用斜插袋;腰头的形式、裤脚的形式也均可视穿着需要而灵活采用。而对于喇叭裤和窄腿裤,而这种出于两极的结构变化因素的组合就要受一定的限制。

(一)廓型的变化(图3-60)

1. 窄脚裤

窄脚裤是从臀部至裤脚逐渐变窄的休闲裤。

2．直筒裤

直筒裤是一种从臀部至裤脚,裤腿宽窄一致的休闲裤。

3．喇叭裤

喇叭裤是一种从髋骨线向下慢慢加宽,一直到裤脚的休闲裤。

4．灯笼裤

灯笼裤是一种裤身较宽松、肥大,裤脚口处收拢的休闲裤。

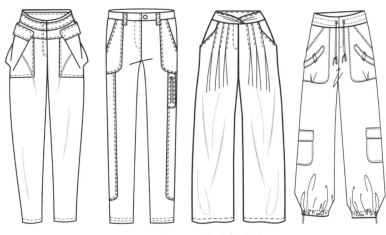

图 3-60　裤子廓型图

（二）腰头的变化

1．无裤襻休闲裤

无裤襻休闲裤系一种门襟处的腰头部分伸出、用纽扣固定、不使用腰带的长裤,裤腰上一般没有皮带扣环(裤襻)。

2．带腰头西裤

带腰头休闲裤最普遍的休闲裤形式,有裤襻,腰头部分不伸出。

3．连腰休闲裤

连腰西裤是不绱腰头、腰部与裤身连裁的休闲裤,是较为古老的款式,多见于女裤。

（三）袋型的变化(图 3-61)

在休闲裤中口袋,一般有插袋、贴袋和挖袋。侧口袋多采用插袋形式,后口袋多采用挖袋和贴袋的形式。

侧插袋有三种基本形式:直插袋、斜插袋与月亮插袋。

后挖袋一般有两种基本形式:单牵线挖袋与双牵线挖袋。此外,还可加入袋盖组合。

贴袋的种类变化较大,主要是口袋造型的变化,如圆角贴袋、方角贴袋、不对称贴袋。

（三）裤脚的变化

1．折脚裤

折脚裤系裤脚向上翻折的休闲款式,在正式场合忌穿用。

2．平脚裤

平脚裤系裤脚平顺无翻折的休闲裤。

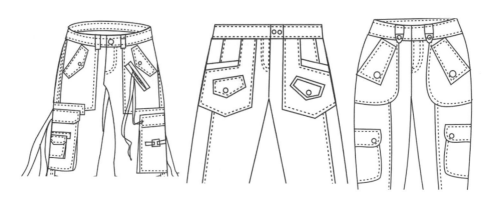

图 3-61 袋型变化图

三、衬衫的缝制

衬衫,顾名思义,是指衬在外衣里面的衣服。它最早只是作为内衣穿着的。随着时代的发展,衬衫不仅从面料、颜色、款式等方面更加趋于完美,而且从内衣逐渐向外衣变化,广泛地在各种场合穿着,成为人们日常生活中需求量最大的成衣品种之一。

女休闲衬衫是女装中重要的组成部分,可搭配各种外套穿着。衬衫也发挥着"外衣"的功效,尤其是在夏、秋两季,衬衫是女装必不可少的品种之一。

由于衬衫在正式场合的特殊作用,它的变化较稳定,主要体现在以下几个方面:

1. 领型的变化

衬衫中最显示其款式特征而且变化最多的要数衬衫的领型。它不仅直接影响衬衫穿着的舒适性,而且影响着服装的配穿效果,是人们选择衬衫的重要参数。领型的变化主要表现在领角的变化,可以形成短方领、长方领、圆领等。领子的开敞程度不同,领型也不一样,有开敞程度大的敞领,也有开敞程度小的长尖领。

2. 前身的变化

衬衫前身的变化主要体现在前胸和前门襟,普通衬衫的左前胸装有贴袋,而礼服用衬衫的前胸一般采用细褶或 U 形劈褶装饰,前门襟的变化分为明门襟和暗门襟两种,明门襟的外形特点是门襟贴边向外贴,贴边宽度与门襟宽度相对应,并用明线缉缝;暗门襟的外形特点是门襟贴边向内贴,贴边宽度与门襟宽度相同,可以不缉线固定。以下是两种不同的变化类型(图 3-62)。

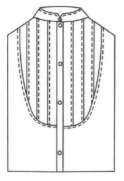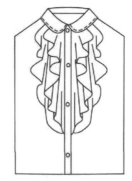

图 3-62 前身变化图

3. 后背的变化

衬衫后身的变化体现在后背褶量的多少。图3-63是三种不同的变化。

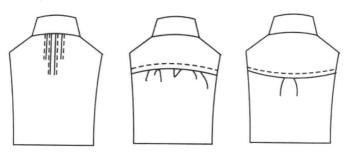

图 3-63　后背变化图

4. 袖口的变化

衬衫的袖口多采用圆角式,此外也可以采用直角式及方角式。一般在袖口上钉两粒纽扣,用来调节松紧。有时为了防止袖开衩的张开,也可以开衩中间钉扣固定(图3-64)。

图 3-64　袖口变化图

5. 下摆的变化

衬衫的下摆除采用直摆外,还常采用前短后长的圆下摆(图3-65)。

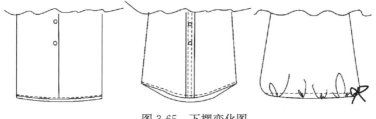

图 3-65　下摆变化图

衬衫的这些变化虽然受流行趋势的影响,但各种变化之间还是有规律可循的。女休闲衬衫为了保证运动方便,其后背多采用中褶或双褶设计,领子采用具有休闲意味的扣尖领,前门襟采用略带装饰性的明门襟,下摆形式采用随意的圆下摆,这样设计出的休闲衬衫,其休闲味较浓,容易让人接受。

四、针织衫的缝制

针织服装柔软而富有弹性,穿着舒适、美观。针织面料广泛用于男装、女装、童装的内衣、外衣及功能性服装。

针织服装在款式、裁剪方法、规格尺寸与缝制技术等方面,均与梭织服装不同,具有自己的特点。针织服装缝纫工艺对体现针织服装的风格,提高产品的质量有着直接的影响。

针织服装制作要点有以下几项:

1. 针织服装里料的使用

针织服装用里料时,要注意不要影响面料的弹性,要选用与面料有同样弹性的里料(针织里料),或在里料后幅加活褶,加大里料的前幅和袖子的裁制尺寸。

2. 针织服装衬布的使用

在服装某些不宜伸长的部位,如前襟、袋口、领和袖口等,可以使用衬布来稳定面料的伸缩性。针织服装所用的衬布,也应与针织面料的弹性大小和方向相适应,一般不宜使用机织黏合衬,而应选用厚薄相当的针织黏合衬或无纺衬,也可以使用非黏合衬。

3. 针织面料的铺料

任何针织面料,铺料时都不能用力拉,否则裁出的衣片会收缩变形。较好的方法是先用松布机把布匹放松,用小张力拉布,以便布料可以自由收缩。拉布完成后不要即刻裁剪,等布料收缩稳定后再进行裁剪。

4. 送布牙运动

送布牙的转动,要调整适当,缝制时,不能用力拉面料,否则线迹会被拉长,成衣因而变形。压脚应采用胶底压脚,以减少摩擦力、高温及静电造成的粘合力。如果是绒面布料(如针织天鹅绒),应顺毛缝纫,如逆毛缝纫,会有起镜面的情形出现。

5. 针织成衣针迹的疏密

针迹的疏密,应视缝线的种类及面料的特征而定,如锁链线迹,对于中等厚度的面料,4～5针/cm 为宜。线迹太疏,会影响服装的牢度,线迹太密,会增加衣物损坏度。

6. 针织成衣的熨烫

熨烫弹性针织服装,可使用蒸汽熨斗。时间、温度、压力要视面料而定,适应的熨烫温度在130～150℃之间。

五、外套的缝制

外套适合在春、秋、冬不同的季节穿着,也适合于日常的正式或非正式场合穿着。因外套的穿着季节和场合比较广泛,其面料的选择余地也很大,通常可以根据穿着的场合和季节的不同,选择一些高支纱、贡丝锦、驼丝锦、华达呢、哔叽、毛混纺织物、毛呢类织物和全棉、棉涤卡其布、牛仔布、竹节帆布、PVC 涂层等;外套廓形的选择范围也很广,可以是 A 型、H 型、O 型、T型和 X 型等,在款式设计上也比较丰富,因此其工艺手法的应用也比较广泛。

外套一般都装有里布,因此在缝制过程中工艺也相对比较复杂。

样衣缝制案例见本阶段末尾案例:"ZJ·FASHION 品牌服装样衣裁剪、缝制与检验"。

过程三:样衣检验

样衣的质量检验是质量控制必不可少的重要组成部分。没有完善的质量检验系统要保证产品的质量是不可能的。质量检验与质量预防相比,虽然可以说是落后了一个节拍,属于事后把关,但是把关毕竟仍是一种重要而有效的控制手段。如果预防看作为是可以不发生质量缺陷,那么检验的积极一面就是为了下次不再发生。所以检验的作用是不可忽视的,在加强质量预防的同时,质量检验也要加强。

一、产品质量检验程序

质量检验程序是指在产品质量检验的过程中,要遵循一定的程序,以避免发生漏检的情况。为此,任何服装的检验都应该事先设计好该产品的检验程序,使产品的每个部位均在目测控制范围之内,从根本上杜绝漏验现象。设计检验程序的原则是:从上到下、从左到右、从前到后、从表到里。从上到下,就是目测视线从领部位到肩部、胸部、腰部、袋位、底边;从左到右,就是在服装上左右平行的两个部位,应从左边往右看;从前到后,就是先检验服装的前面部位,然后再检验服装的后面部位;从表到里,就是先检验服装外型表面部位,然后翻过来检验里子部位。

二、产品质量检验的标准

由于服装产品繁简不一,款式结构也不尽相同,但是不管是哪一类服装,都有一个总体的质量检验标准,具体包括面辅料品质、规格尺寸、工艺质量、产品整体的外观质量等几个方面。同时,在此也列举了三个常规产品供各企业在设计检验程序时参考。

机织类服装国家或行业标准对这类服装外观质量的主要检验项目均为:原辅料、经纬纱向、对条对格、色差、外观疵点、缝制、规格允许偏差、整烫等八大项。根据这类服装产品的成衣特点,其外观质量检验内容应是:从上到下、从左到右、从前到后、从表到里。

1. 衬衫质量检验程序:1.商标;2.领子;3.胸袋;4.两肩;5.纽眼、纽扣;6.门里襟;7.口袋;8.袖底、摆缝;9.袖头;10.测衣长;11.测袖长;12.测胸围;13.测肩宽;14.测领大;15.测针距密度;16.对条对格;17.线路;18.疵点;19.色差;20.熨烫;28.内缝袖窿;19.内缝摆缝;20.下摆。

2. 上衣(西服)质量检验程序:(上胸架)1.商标;2.前领面;3.豁口;4.驳头;5.门里襟;6.纽眼、纽扣;7.肩缝;8.前胸;9.手巾袋;10.胸省;11.口袋;12.袖山头;13.两袖前后位置;14.袖子腋缝;15.袖钮;16.袖口;17.胁省腰部;18.摆缝;19.测衣长;20.测袖长;21.测胸围(放平测);22.测肩宽;23.测领大;24.测针距密度(转胸架);25.后领面;26.领窝;27.后袖缝;28.后背缝;29.背衩(翻转里子朝外);30.挂面;31.夹里肩缝;32.里袋、笔袋、夹袋;33.号型、商标、成分、洗涤标志;34.夹里省缝;35.夹里胁省;36.夹里摆缝;37.摆缝、挂面、滴针;38.袖窿滴针;39.领吊牌;40.里背缝;41.底边(取下胸架);42.里、面、衬结合;43.产品整洁;44.对条对格疵点;45.疵点;46.色差;47.针距密度;48.辅料配件。

3. 裤子质量检验程序:1.商标;2.串带;3.省道;4.两肩;5.纽眼、纽扣;6.门里襟;7.口袋;8.袋盖;9.前后裆;10.下裆十字缝;11.裤腿;12.裤腿裤;13.裤脚口;14.测裤长;15.测腰围;16.测针距密度;17.对条对格;18.线路;19.疵点;20.色差;21.熨烫;22.内缝裤缝;23.内缝裤脚口、贴脚条。

通过以上设置的服装检验程序可以很容易的解决服装产品出厂检验时,不同的检验人员在不同的时间按照事先设计好的规定检验程序使产品的每个部位均在目测控制范围之内,根本杜绝漏验现象。

样衣检验案例见本阶段末尾案例："ZJ·FASHION 品牌服装样衣裁剪、缝制与检验"。

思考与练习：

1. 服装检验的作用是什么？
2. 服装检验包含哪些内容？

■ 案例：

关于 ZJ·FASHION 品牌服装样衣裁剪、缝制与检验

一、裙子的裁剪、缝制与检验

（一）裙子的裁剪

1. 款式特征

无腰灯笼状短裙，长度及膝，前襟装拉襟，腰口钉扣 2 粒，裙摆左右各装贴袋一只，袋口抽带，袋盖袋底均为圆角，底摆抽细褶。款式图见第二阶段过程二样衣制板案例中的女抽褶灯笼裙样衣生产通知单。

2. 排料图（案例图 1）

门幅 144cm，用料 155cm。

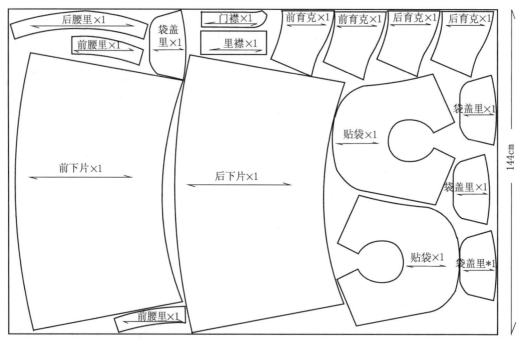

案例图 1　裙子排料图

（二）裙子的缝制

1. 工艺流程（案例图2）

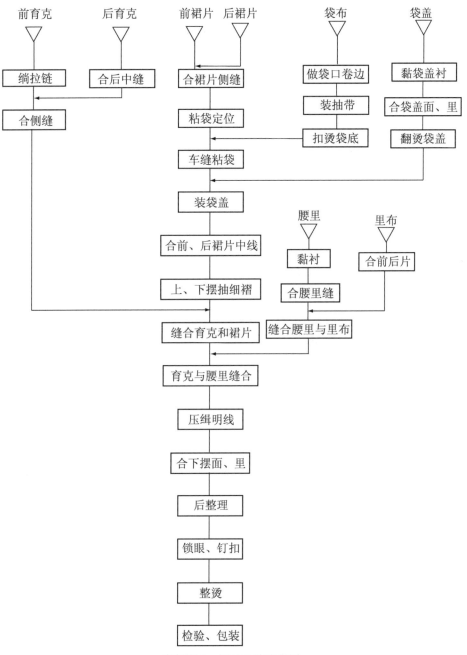

案例图2　裙子工艺流程图

2. 裙子的缝制

(1)连腰式腰的做法(案例表 1)

案例表 1　连腰式腰的做法

序号	工艺内容	工艺制作图	使用工具	缝制要点
1	腰里黏衬	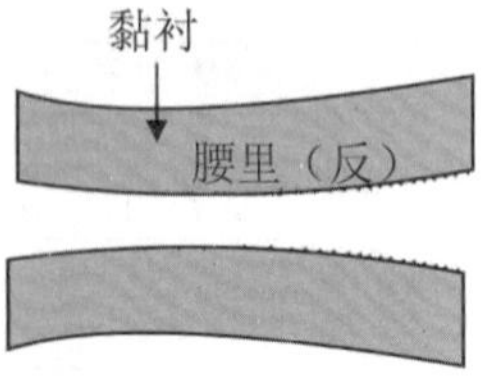	熨斗	1. 在腰里反面黏衬,注意黏接强度,不起泡 2. 下口包缝 3. 拼合前后腰进里侧缝,缝份1cm,烫分开缝
2	装腰里	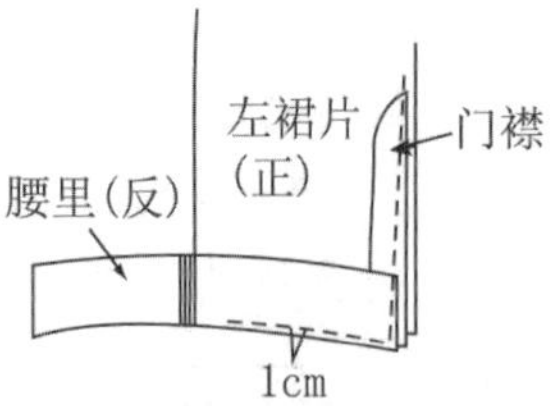	单针平缝机	1. 前门襟和左腰里同时与左前片缝合,缝份1cm,宽窄一致 2. 缝合时腰里在上,裙片在下,对位刀眼对齐 3. 右腰里与右裙片缝合时,右腰里比前中突出 1cm 止口 4. 将缝份稍修剪至 0.6cm
3	扣烫腰里	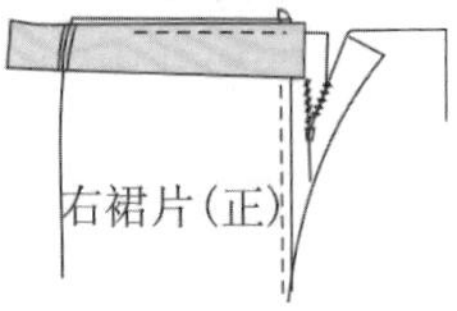	单针平缝机	1.将腰里缝份折向腰里,在腰里正面压缉 0.1cm 防止腰里外吐 2. 折烫腰里,烫里外匀
4	固定腰里止口	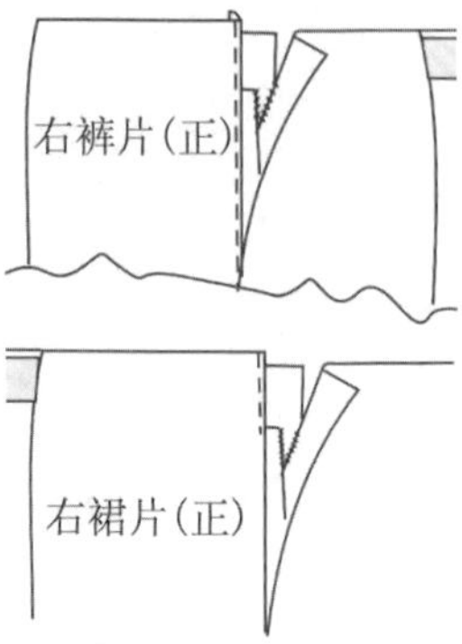	单针平缝机	缉面线固定腰里末端,此线迹要与原前中线迹重叠
5	压腰口明线	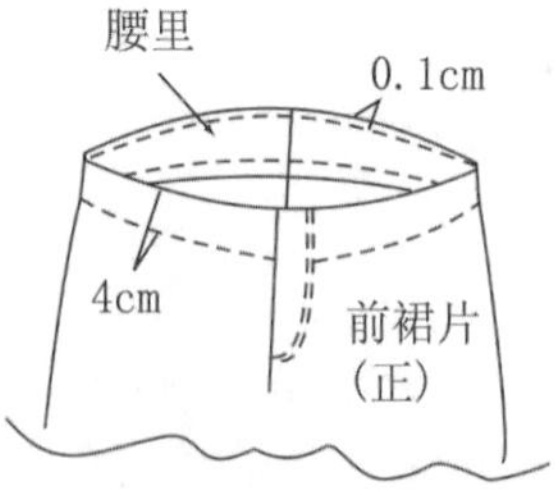	单针平缝机、熨斗	根据款式要求,正面压缉压线4cm,要求面、里平服,缝份均匀,不起涟形,熨烫服贴

（2）大贴袋的缝制（案例表2）

案例表2　大贴袋的缝制

序号	工艺内容	工艺制作图	使用工具	缝制要点
1	做袋口卷边	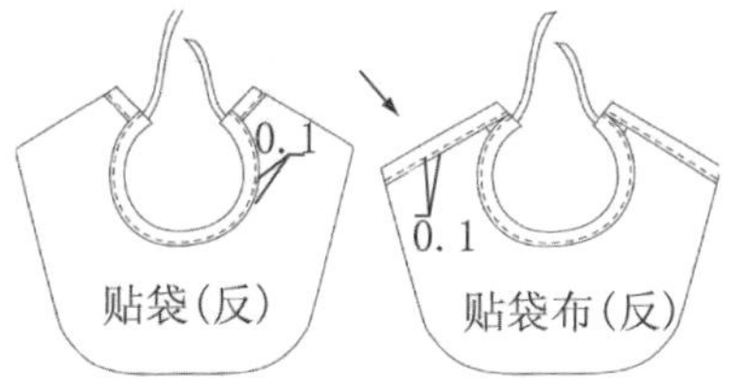 贴袋（反）　　贴袋布（反）	单针平缝机	1.上口开口卷边2cm宽 2.弧形袋口用内贴，做好2cm宽 3.穿成品织带1cm要求袋口弧形圆顺，无起涟现象
2	扣烫袋底	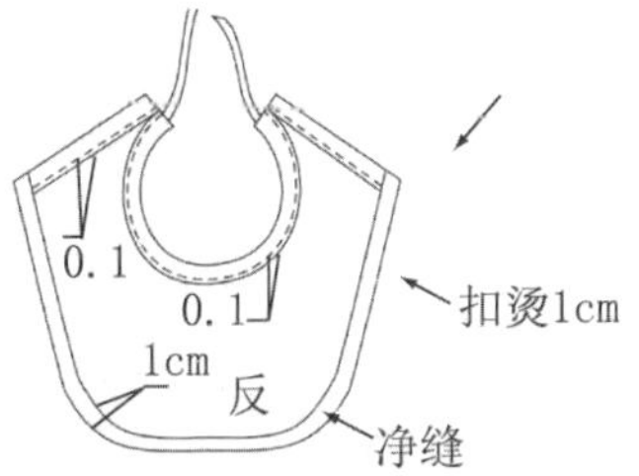 扣烫1cm　1cm　反　净缝	单针平缝机、熨斗	袋布反面朝上，下袋底放工艺板（净板）画出净缝线或按净板扣烫袋底，缝份1cm
3	做袋盖	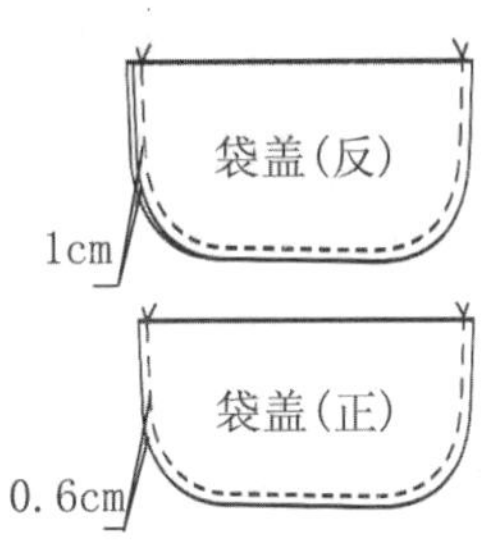 袋盖（反）　1cm　袋盖（正）　0.6cm	单针平缝机	1.袋盖面反面黏衬，画出净样线 2.袋盖面，袋盖呈正面相对，缝份1cm，袋盖里稍拉紧 3.将缝头修剪到0.5cm，翻烫袋盖，要求里外均匀
4	绱贴袋	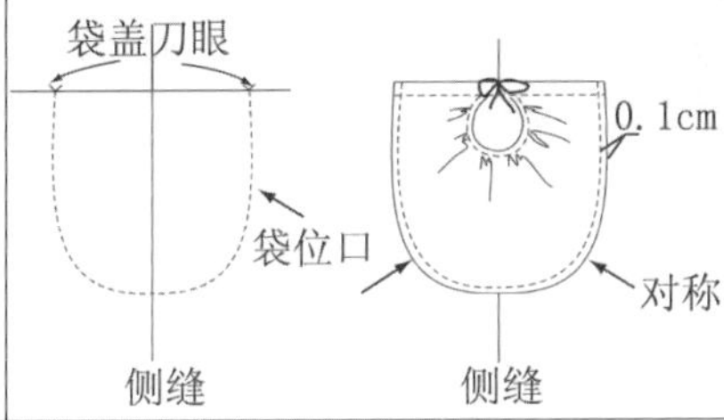 袋盖刀眼　0.1cm　袋位口　对称　侧缝　侧缝	单针平缝机	1.在裙片上做贴袋定位 2.将扣烫好的贴袋用珠针固定两端，左右对称，压绱0.1cm
5	装袋盖	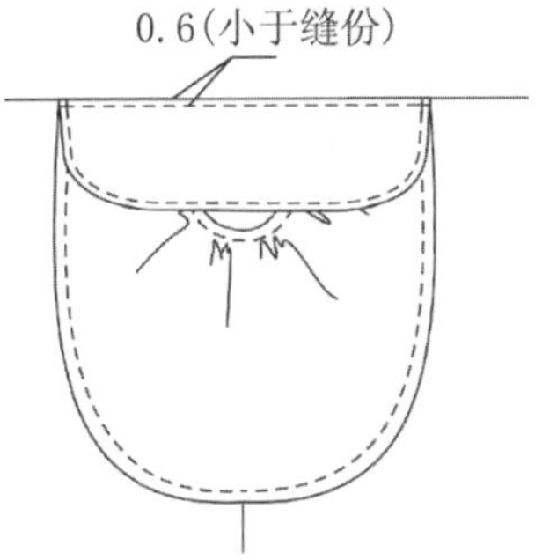 0.6（小于缝份）	单针平缝机	将袋盖上口与裙片毛缝对齐，压绱0.6cm一道，注意此缝份为固定线，应小于1cm缝份

（三）裙子的检验

1. 针距宽度表规定（案例表3）

案例表3　针距宽度表

项目	针距密度针数		备注
明线	3 cm	12～14	装饰线例外
暗线	3cm	13～15	

2. 规格公差（案例表4）

案例表4　规格公差表

部位	公差
裙长	±1
臀围	±2
腰围	±1

3. 缝制质量要求

(1)各部位线路清楚顺直、整洁、平服、牢固,针距密度一致。

(2)辅料需与面料相适应,缝线色泽应一致。

(3)上下线松紧适宜,无跳针、断针。起落针应有回针。

(4)商标、号型标志、成份标志、洗涤标志位置端正,清晰准确。

(5)各部位缝纫线迹30cm内不得有两处单跳针和连续跳针,链式线迹不允许跳针。

(6)符合成品规格。

(7)外观平整无皱,整洁,内外无线头,无跳线、跳针现象。

(8)腰头顺直,宽窄一致,明缉线宽窄一致,面、里平服,不涟、不皱、不翻吐。

(9)门、里襟平服,长短一致,互差不大于0.3cm,拉链不外露。

(10)口袋袋布和袋盖平服,高低一致,左右对称。

(11)底边抽褶均匀,里布不外露。

二、裤子的裁剪、缝制与检验

（一）裤子的裁剪

1. 款式特征:

装弧形腰头,前后装斜插袋,左右对称,腰侧左右各装日字扣襻1只,后片横向、纵向各作弧形分割,后挖袋两只,左右对称。门襟装拉链,腰头装三根腰襻,脚口左右装宝剑头襻各一只,裤长及膝,侧缝、下裆缝、分割缝、袋口等部位缉明线。款式图见第二阶段过程二样衣制板案例中的女休闲中裤样衣生产通知单。

2. 女休闲中裤排料图（案例图3）

门幅144cm,单件用料80cm。

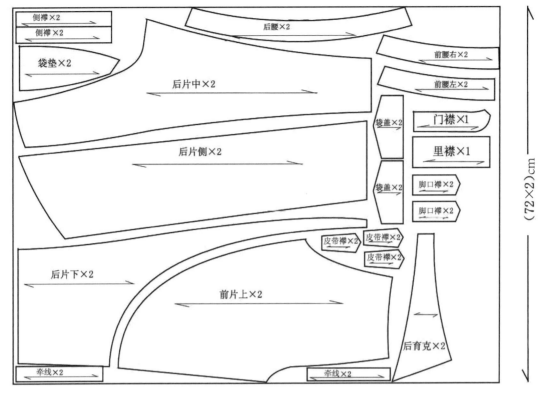

案例图 3 女休闲中裤排料图

（二）裤子的缝制

1. 裤子缝制工艺流程

（1）裤子阶段工艺流程图（案例图 4）

案例图 4 裤子阶段工艺流程图

（2）具体工艺流程图（案例图 5）

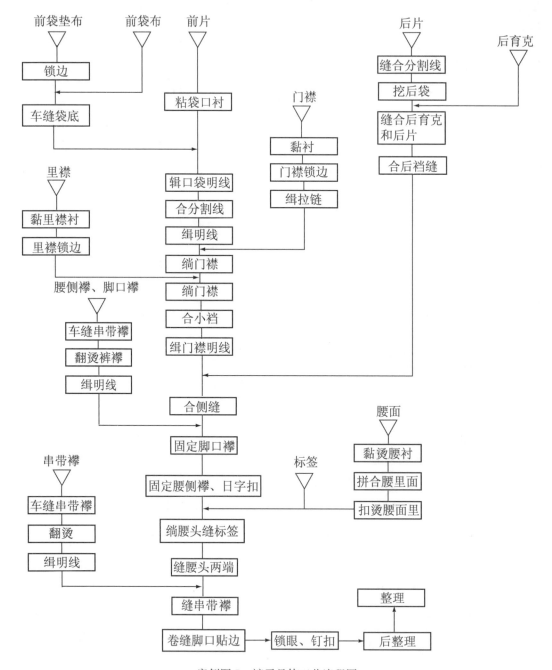

案例图 5　裤子具体工艺流程图

2. 裤子的缝制(案例表 5)

案例表 5　裤子的缝制

序号	工艺内容	工艺制作图	使用工具	缝制要点
1	粘袋口衬	 前裤片(反) 牵条衬	熨斗	在前裤片斜袋口位黏上 1cm 宽牵条衬,黏在净缝内侧,黏牵条应用直丝,目的使袋口不变形
2	缝袋垫布	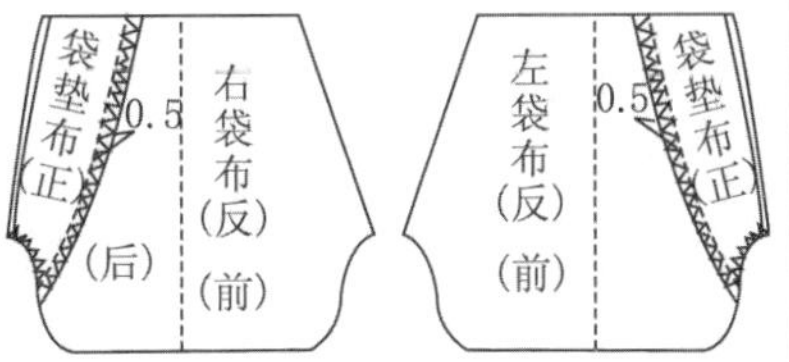 袋垫布正(后) 0.5 右袋布(反)(前) 左袋布(反)(前) 0.5 袋垫布正	单针平缝机或双线链缝机	将袋垫布上口及侧面对齐,正面朝上放于前裤片正面。沿袋布垫布下缉缝一道,也可用链缝机缝合,缉线要顺直、均匀、无跳线,左右袋布对称
3	兜缝袋底	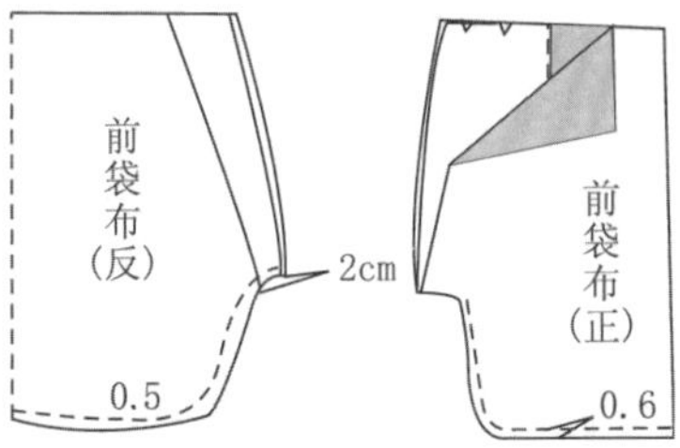 前袋布(反) 0.5 2cm 前袋布(正) 0.6	单针平缝机	1.将袋布反面朝外沿中心对折,使袋上口、下口对齐,沿袋下口平缝 0.5cm 一道,缝至距袋口止口 2cm 打回针 2.翻出袋布正面,沿下袋口缉 0.6cm 缝份,至距袋口止点 2cm 处打回针,缉线顺直宽窄一致
4	缉前袋布	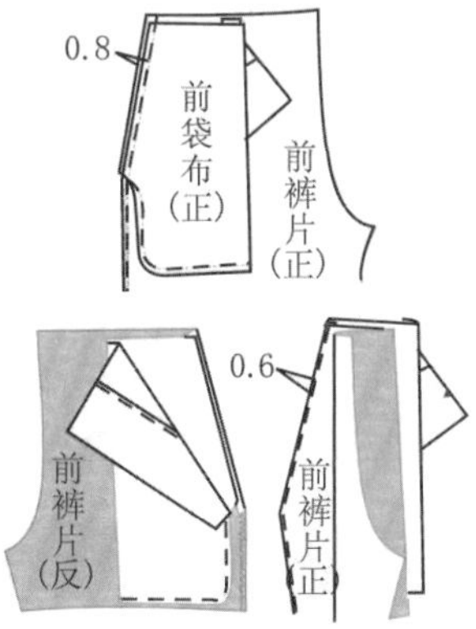 0.8 前袋布(正) 前裤片(正) 0.6 前裤片(反) 前裤片(正)	单针平缝机	1.将前袋布反面与前裤片的正面在袋口位处对齐车缝,缝份 0.8cm 2.按袋口净缝将缝份扣烫出里外匀,前裤片袋口正面缉压 0.6cm 止口线,注意缉线时要将后袋布掀起,避免与前袋口缝在一起

序号	工艺内容	工艺制作图	使用工具	缝制要点
5	侧缝上口封口	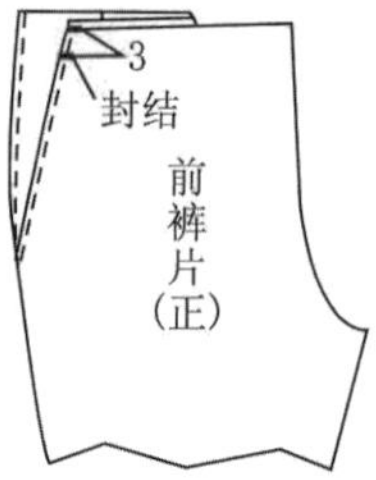	单针平缝机或套结机	将袋垫布的腰口剪口位置与前裤片腰口处袋口位置对齐,放平后,缝合上缝口,要求袋口平服,无倒吐,无扭曲
6	合前片分割线	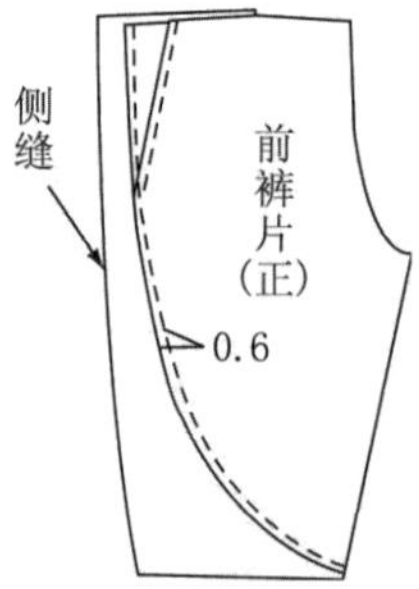	单针平缝机	1.前中片在上,前侧片在下,正面相对,连袋垫布前中片与前侧片车缝至裤口,缝份1cm 2.双层包缝后,缝份倒向前中,正面压缉0.6cm止口,要求弧线圆顺,无坐缝现象
7	门里襟黏衬与包缝	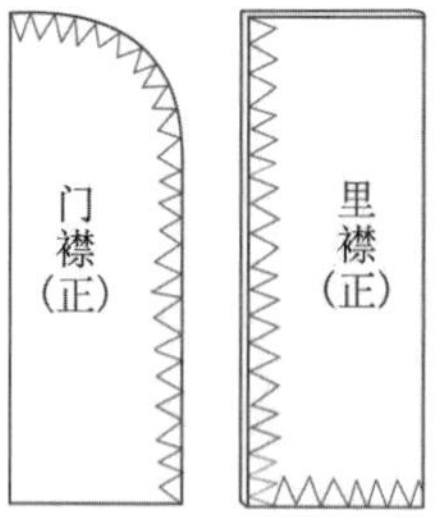		1.用熨斗将无纺衬黏在门、里襟的反面 2.门襟正面朝上,里襟对折后,包缝
8	包缝前裆缝	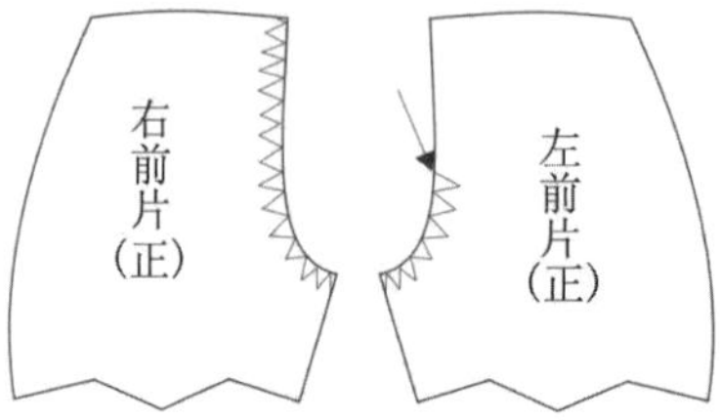		右裤片全包缝,左裤片只包缝门襟止口以下部分
9	门襟贴边缉拉链	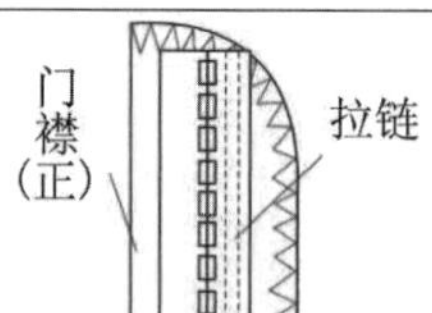	单针平缝机	1.将拉链与门襟贴边正面相对,一边链带与门襟直边距离如图所示 2.将拉链用双线缝于门襟上,要求拉链下端不能长于门襟贴边下端

序号	工艺内容	工艺制作图	使用工具	缝制要点
10	缉门襟	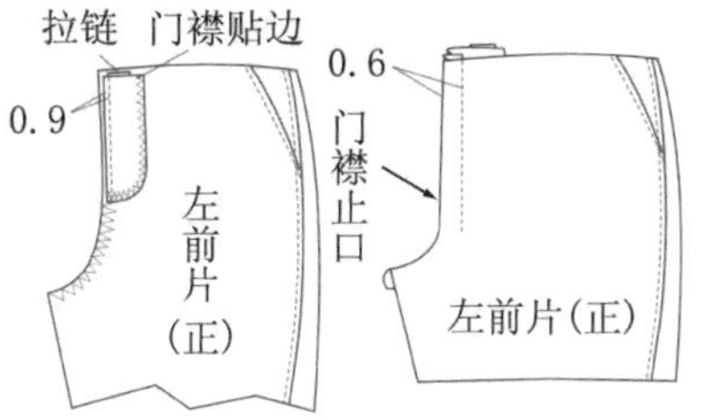 拉链 门襟贴边 0.9 0.6 门襟止口 左前片(正) 左前片(正)	单针平缝机	1.将门襟贴边与左裤片正面相对,贴边直边和上口分别与裤片裆缝、腰口对齐,缝份0.9cm 2.将门襟贴边翻转扣烫,使贴边止口稍偏里,不外吐 3.沿裤片止口压缉一道明线,要求平行止口,顺直均匀,无断线,无跳针
11	缉门襟明线	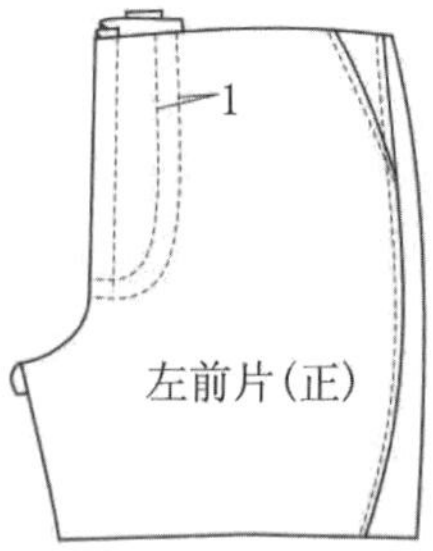 1 左前片(正)	单针平缝机	将门襟缉线模板放于裤前片,其上口对齐腰口,直边对齐前裆缝,沿模板另一边从腰口起缉明线
12	缝合拉链,底襟和右裤片	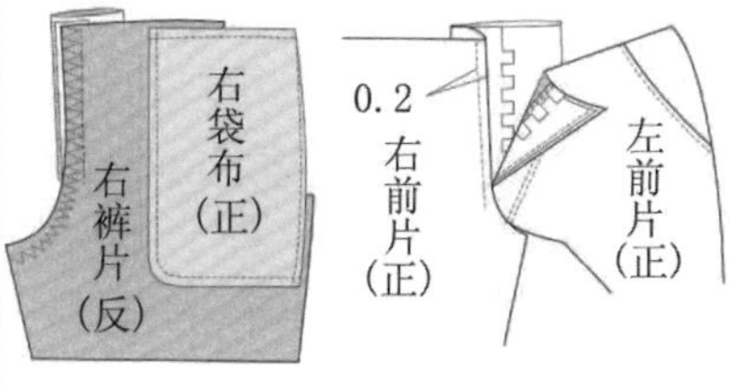 右袋布(正) 右裤片(反) 0.2 右前片(正) 左前片(正)	单针平缝机	1.将拉链另一边与里襟缝合,上腰口对齐 2.拉链、里襟与右裤片正面相对,三者在腰口和裆缝处对齐后,平缝缉合 3.将裤片正面翻上,压缉一道明线
13	合小裆	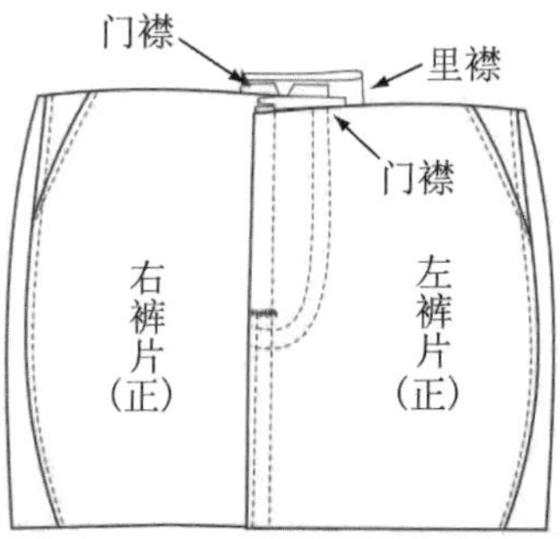 门襟 里襟 门襟 右裤片(正) 左裤片(正)	单针平缝机	将小裆缝缝份向左裤片方向倒,按图示扣缝小裆缝

序号	工艺内容	工艺制作图	使用工具	缝制要点
14	合后片分割和育克	后片（反）1 后片（正）0.6 → 后片（正）0.6 0.6	单针平缝机	1. 后下片中与后下侧片正面相对,缝份1cm 2. 两层包缝,缝份倒向后中,正面压缉0.6cm明线 3. 拼合后育克与后下片,双层包缝,缝份倒向腰口,正面缉0.6cm明线,要求缉线顺直,宽窄一致
15	后挖袋定位,放小袋布	口袋定位 后片（正） 反 口袋位 袋布 2	手针	1. 在后裤片正面用划粉划出后袋位 2. 在后裤片反面将小袋布手工钉缝固定,注意袋布位置应高过挖袋位2cm,且袋布上口与后袋位平行
16	扣烫牵线及做袋盖	袋嵌条（反） → 后袋盖（反） → 后袋盖（正）0.6 上袋垫（正）	熨斗、单针平缝机	1. 将袋嵌条及后挖袋位置反面黏衬,然后将下袋嵌条对折扣烫 2. 将后袋盖正面相对,车缝1cm,在修剪至0.5cm,翻烫后正面压缉0.6cm明线 3. 袋盖、上袋垫正面朝上,上口毛边对齐,压缉一道固定线,缝头不得超过1cm

序号	工艺内容	工艺制作图	使用工具	缝制要点
17	绱牵线	后片（正）	单针平缝机	后裤片正面朝上，将扣烫好的上下牵线车缝在袋口位
18	剪袋口，封三角	袋垫（反） 后片（正）	单针平缝机、剪刀	1. 在两条绱线中间将袋口剪开，距袋口两端1cm开始剪三角形口，之后将牵线翻到反面整平顺 2. 掀起裤片，来回车封牵线翻过来的三角，然后将下牵线下口缝份向里折光扣缝在前袋布上
19	装袋布	两段套节封口 烫开缝份 袋垫固定缝 2 袋垫 后片（正） 袋布 袋布	单针平缝机	1. 兜缝大小后袋布，要求上下平服 2. 袋布正面压绱0.6cm明线，掀开裤片，将袋布上口缝合，两端用套结或倒回针固定
20	装脚口襻	脚口襻（反） → 0.6 侧缝 后裤片（正） 后下侧缝 （反） 侧缝 后裤片（正） 后下侧缝 0.6	单针平缝机	1.将脚口襻正面相对，缝绱1cm缝份，然后修剪至0.5cm 2.翻腰烫脚口襻，正面绱0.6cm明线 3.按样板定位，压绱0.6cm明线，注意宝剑头朝向

序号	工艺内容	工艺制作图	使用工具	缝制要点
21	拼后裆缝		单针平缝机	1. 后裤片正面相叠,左右片育克要准确对位,腰口要平齐,缝份 1cm 2. 双层锁边 3. 正面压缉明线,要求宽窄一致
22	合侧缝		单针平缝机	将左右前片与相应的后片侧缝对齐,正面相对,前片在上平缝,一边从腰口缝至脚口,另一边从脚口缝到腰口,边可用五线包缝机同时进行
23	装侧襻		单针平缝机	1. 做侧襻 2. 装日字扣 3. 侧襻定位,然后分两道压缉
24	合下裆缝		单针平缝机、三线包缝机	1. 将裤反面翻出,使前、后片下裆缝正面相对对齐,前后裆缝及裤口对齐 2. 前片在上,后片在下,缝头 1cm 3. 缝合后双层包缝
25	缉腰头缝标签		单针平缝机	1. 缉腰时要按对位标记对位缝合 2. 腰面与腰里折边要对称平齐,防止腰里漏缝

序号	工艺内容	工艺制作图	使用工具	缝制要点
26	缝腰头两端		单针平缝机	1.修掉腰头两端的多余部分,留1.2cm缝份 2.将缝份向里折进,使腰头角方正平服,两端止口不能倒吐,且与门里襟止口平齐 3.从腰头一端起缝,然后缝腰止口,最后缝腰头另一端,线迹平行美观无跳针
27	卷缝裤口贴边		单针平缝机	1.使裤正面朝外,先折0.5cm再折2cm贴边,反面压0.1cm止口,要求缉线平行裤口,宽窄一致
28	缉皮带襻		单针平缝机	1.皮带襻面、里正面相对,除止口外,缝份1cm兜缝 2.修剪缝头至0.3cm,翻烫皮带襻正面压缉0.6cm止口 3.皮带襻先反面朝上,压0.5cm,然后折向正向压0.6cm
29	锁眼、钉扣		单针平缝机	1.在门襟侧腰头划定眼位,然后锁眼,在里襟侧腰头划定扣位,然后钉铜扣 2.脚口襻锁眼、钉扣 3.腰口皮带襻锁眼、钉扣

（三）裤子的检验

1. 成品主要部位允许偏差（案例表6）

案例表6　主要部位允许偏差　　　　　　　　　单位：cm

主要部位	允许偏差	
	水洗产品	非水洗产品
裤长	±2.3	±1.5
腰围	±2.3	±1.5
臀围	±3.0	±2.0

（2）成品规格测定（见案例表7）

案例表7　主要部位测量方法　　　　　　　　　单位：cm

部位名称	测量方法
裤长	由腰上口沿侧缝，摊平垂直量至裤脚口
腰围	扣好裤扣（纽扣），沿腰宽中间横量
臀围	腰上口至横裆2/3处，前后分别横量

3. 缝制质量要求

（1）针距密度符合以下规定：

A. 明线≥8针/3cm；

B. 三线包缝≥9针/3cm；

C. 五线包缝≥11针/3 cm；

D. 机器圆头锁眼≥6针/1cm。

（2）各部位线迹顺直、整齐、牢固、松紧适宜。

（3）零部件、明线、短距离内不允许接线，长距离（60cm）内接线只允许一次。

（4）各部位30cm内不得有两处单跳针或连续跳针。

（5）商标位置端正，尺码标志清晰。

（6）扣眼位不偏斜，与眼位相对应，钉扣牢固，套结位置正确。

4. 整烫要求

（1）外观整洁，无线头。

（2）熨烫平服，无焦黄，无污渍。

5. 外观质量规定

（1）门、里襟：里、衬平服、松紧适宜，长短一致，前后互差不大于0.3 cm，门襟不短于里襟。

（2）前、后裆：圆顺、平滑。

（3）串带襻：长短、宽窄一致，位置准确、对称，前后互差不大于0.6 cm，高低互差不大于0.3 cm。

（4）裤袋：袋位高低、前后大小一致，互差不大于0.5 cm，袋口顺直平服。

（5）裤腿：两裤腿长短一致，互差不大于0.4 cm，肥瘦互差不大于0.3 cm。

（6）脚口：两脚口大小互差不大于0.3 cm。

5. 女休闲中裤的后整理

普通水洗。

三、衬衫的裁剪、缝制与检验

(一)衬衫的裁剪

1. 款式特征

本款式为翼领,半门襟,右襟开 3 粒扣眼,前摆左右贴袋各一只,下摆抽带,袖口开宝剑头开衩,收两个裥,装方头袖克夫。款式图见第二阶段过程二样衣制板案例中的女休闲衬衫样衣生产通知单。

2. 排料图(案例图 6)

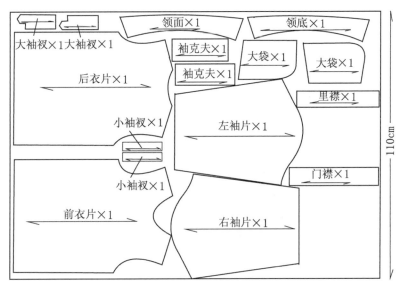

案例图 6　衬衫排料图

门幅 144cm,用料 150cm。

(二)衬衫的缝制

1. 女休闲衬衫工艺流程图

(1)缝纫工序工艺流程图(案例图 7)

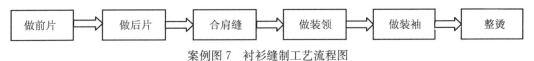

案例图 7　衬衫缝制工艺流程图

(2)具体工艺流程图(案例图8)

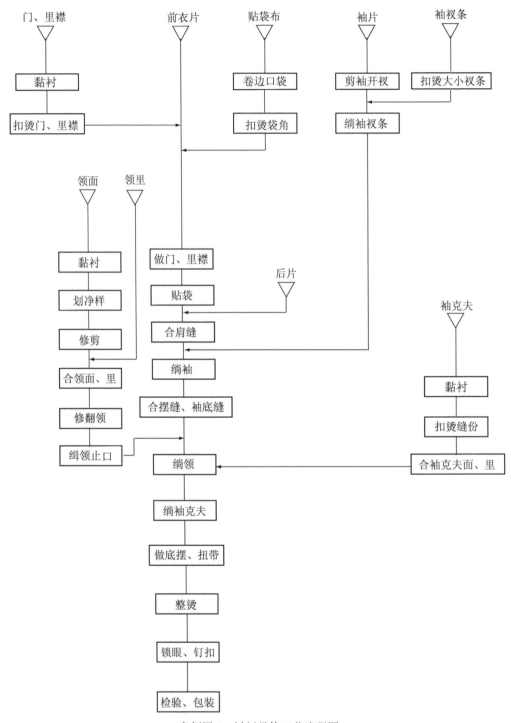

案例图8 衬衫具体工艺流程图

2. 女休闲衬衫缝制

(1)做、装领工艺(案例表 8)

案例表 8　做、装领工艺

序号	工艺内容	工艺制作图	使用工具	缝制要点
1	领片黏衬	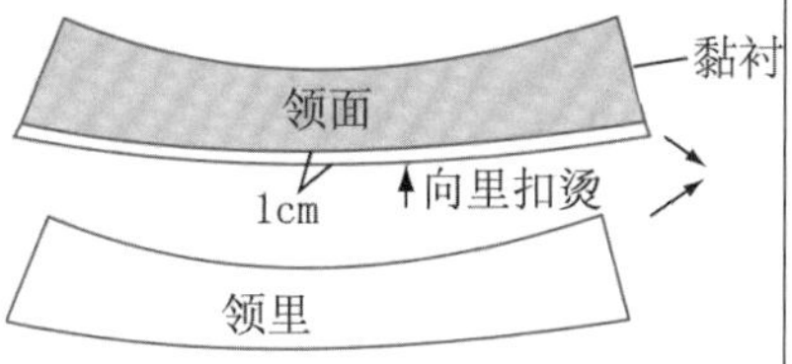 领面　黏衬 1cm　向里扣烫 领里	熨斗	1.领面后面黏衬; 2.领面下领口向反面扣烫 1cm 3.用领工艺板(净板)在领面、画净样线,之后将缝份修剪成 1cm
2	合领面、里	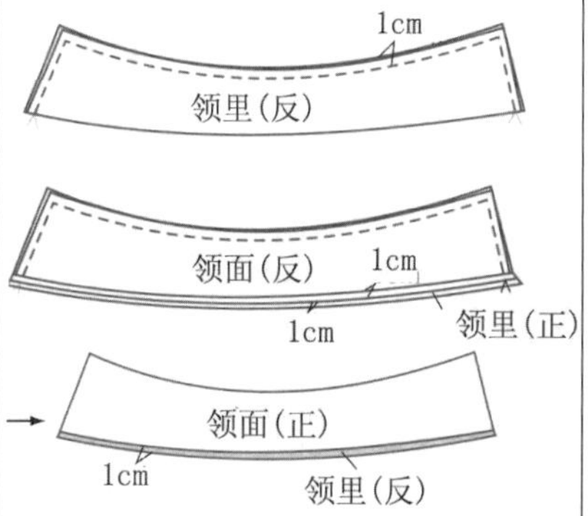 领里(反)　1cm 领面(反)　1cm　领里(正) 1cm 领面(正) 1cm　领里(反)	剪刀、单针平缝机	1.领面、领里正面相对,沿净线车缝,拉紧领里,特别是在领角处 2.在领角处把缝份修剪成0.3cm左右,然后将缝份向领面折烫 3.将领子正面翻出,整好领角,扣烫止口,要求里外均匀
3	绱领	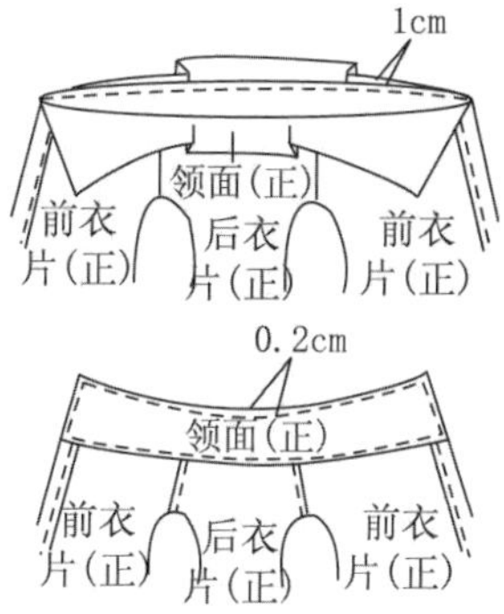 1cm 前衣片(正)　领面(正)　后衣片(正)　前衣片(正) 0.2cm 领面(正) 前衣片(正)　后衣片(正)　前衣片(正)	单针平缝机	1.前衣片正面朝上,领面正面朝上,装领刀眼对齐 2.沿领里下领线净缝车缝,缝头 1cm 3.正面压线 0.2cm 要求线迹顺直、宽窄一致
4	整烫领子	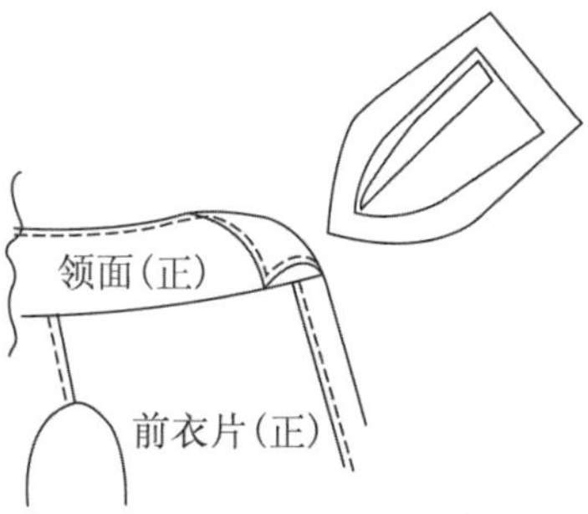 领面(正) 前衣片(正)	熨斗	将领子的翻领部分烫成形

(2)袖开衩工艺(案例表 9、案例表 10)

案例表9 宝剑头袖衩工艺

序号	工艺内容	工艺制作图	使用工具	缝制要点
1	扣烫袖衩条、剪袖衩		剪刀、熨斗	分别扣烫宝剑头衩条及小衩条。然后剪开袖衩，要求：衩条的下止口要稍宽0.1cm
2	包缲小衩条		单针平缝机	1.将小衩条正面向上，夹住衩口一边缝份，与袖口对齐。从三角处起向下车缝 0.1cm 止口 2.将衩条一边的袖片向正面翻折，把衩条上端与三角缝合在一起 3.注意：衩条下边不能漏缝，也不能缝的过多，应是0.2cm止口
3	包缲宝剑头衩条		单针平缝机	1.先将宝剑头袖衩反面向上，插到开衩中间，其缝份边缘与开衩对齐，再将面折转放平，要求盖住小衩条 2.将宝剑头衩条翻到袖片下面，把小衩条移开，按图所示缲缝 3.要求线迹均匀，尖位美观，左右袖衩位置对称

案例表 10　一般袖衩工艺及袖克夫装法

序号	工艺内容	工艺制作图	使用工具	缝制要点
1	做袖衩		熨斗、单针平缝机	1.按标记剪开袖衩,将袖衩条一边向反面扣烫0.6cm 2.缉衩条:将衩条未扣的一边正面与袖片衩口部位反面对齐车缝,缝份0.6cm,开衩转弯处缝份0.3cm 3.将袖衩翻到正面,在袖子正面将扣光缝份的袖衩一边盖过第一道缝线,缉明线0.1cm 4.封袖衩:将袖子沿衩口正面对折,袖口平齐。衩条摆平,在袖衩转弯处向袖衩外口斜向回针缉3～4道线封口
2	做袖克夫		熨斗、单针平缝机	1.袖克夫反面黏衬,然后向反面折烫1cm 2.袖克夫沿中心线,正面相对对折,袖克夫里长出1cm,两头压缉1cm缝头 3.翻烫袖克夫,要求袖克夫宽窄一致,方角平整

序号	工艺内容	工艺制作图	使用工具	缝制要点
3	装袖、缝合摆缝及袖底缝	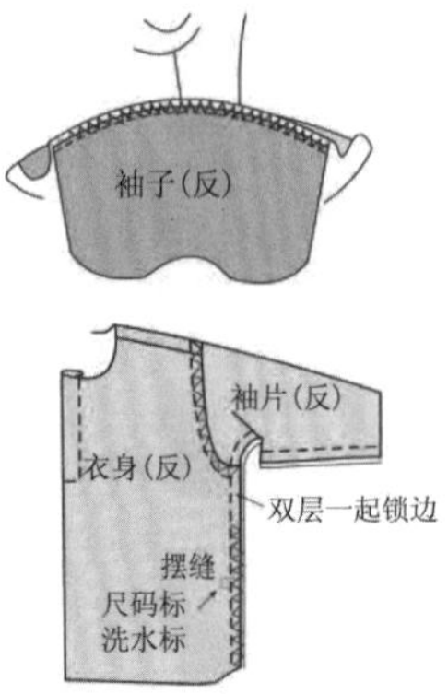 袖子(反) 衣身(反) 袖片(反) 双层一起锁边 摆缝 尺码标 洗水标	单针平缝机、三线包缝机	1.袖片与衣身正面相对,对合袖山与袖窿标记,平缝绱合,缝份1cm,双层锁边 2.前衣片在上,后衣片在下,正面相对,袖底十字缝对齐,缝份1cm,在右摆缝夹缝尺码标和洗水标,其位置见图示
4	袖口抽细褶	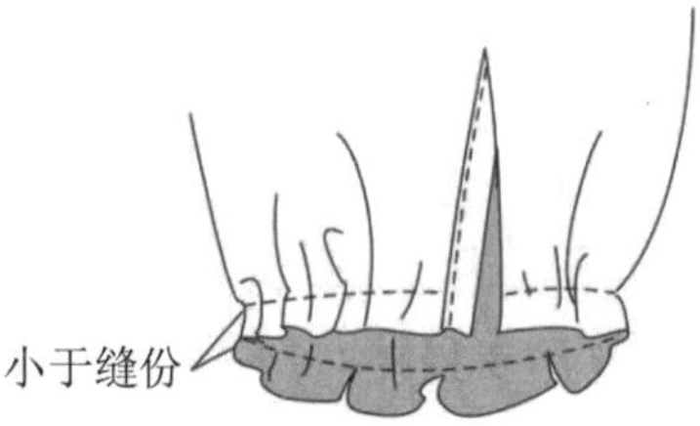 小于缝份	单针平缝机	用大针码在需要抽碎褶的部位沿边绱线,绱线不要超过缝头(因为此线一般不用拆掉)。抽缝后袖口长度与袖头长度一致,为便于抽线,可将平缝机上线调松些
5	装袖克夫	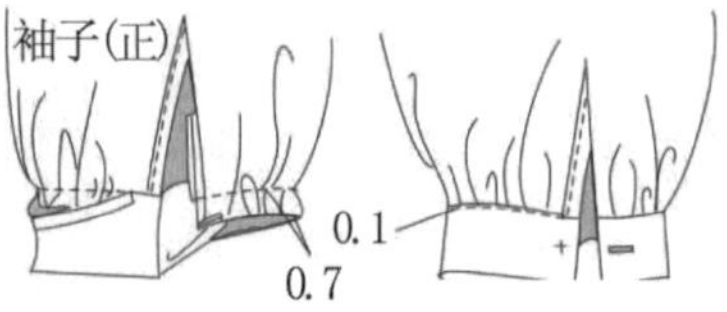 袖子(正) 0.1 0.7	单针平缝机	1.袖头里下面与袖片反面相对,袖口对齐,车缝0.7cm缝份。注意:袖衩两端一定要使袖头偏出0.1cm 2.翻正袖头,把所有缝份塞进袖头,两边包紧,正面绱0.1cm明线

（三）女休闲衬衫的检验

我们在这里用的衬衫主要质量指标引自 GB/T2660－1999 有关衬衫质量、规格的要求部分细则。

1. 规格要求（案例表 11）

案例表 11　衬衫成品主要部位规格极限偏差表　　　　　单位：cm

部位名称	一般衬衫	棉衬衫	部位名称	一般衬衫	棉衬衫
领大	规格＋0.6	＋0.6	袖长（短）	规格＋0.6	－
衣长	规格＋1.0	＋1.5	胸围	规格＋2.0	＋0.3
袖长（长）	规格＋0.8	＋1.2	肩宽	规格＋0.8	＋1.0

2. 规格测定方法(案例表 12)

案例表 12　规格测定方法

部位名称	测量方法
领大	领子摊平横量,立领量上口,其他领量下口
衣长	男衫:前、后身底边拉齐,由领侧最高点垂直量至底边
	圆摆衫:从后领窝中点垂直量至底边
袖长	由袖子最高点量至袖头边
胸围	扣好纽扣,前、后身放平(背褶不可拉开)在袖底缝处横量(周围计算)
肩宽	男衬衫:由过肩两端、后领窝 2~2.5cm 处为定点水平测量
	女衬衫:由肩袖缝交叉处,解开纽扣放平量

3. 外观质量要求

(1) 面料对条、对格规定(案例表 13)

案例表 13　面料条、格要求(面料有明显条格在 1cm 以上的,按该表规定对条、格)

部位名称	对格对条规定	备注
左右前身	条料对中心(锁眼、钉扣)条,格料对格互差不大于 0.3cm	格子大小不一致,以前身 1/3 上部为准
袋与前身	条料对条、格料对格,互差不大于 0.2cm	遇格子大小不一致,以袋前部的中心为准
斜料双袋	左右对称,互差不大于 0.3cm	以明显条为主(阴阳条例外)
袖头	左右袖头条格顺直,以直条对称,互差不大于 0.2cm	以明显条为主
后过肩	条料顺直,两头对比互差不大于 0.4cm	
长袖	条格顺直,以袖山为准,两袖对称,互差不大于 0.5cm	2cm 以下格料不对格,1.5cm 以下条料不对条
短袖	条格顺直,以袖口为准,两袖对称,互差不大于 0.5cm	2cm 以下格料不对格,1.5cm 以下条料不对条

(2)拼接规定:优等品全件产品不允许拼接,装饰性拼接除外。

(3)缝制规定

A. 针距密度,见案例表 14 规定。

案例表 14　针距密度要求

项目	针距密度	备注
明线	不少于 14 针/3cm(一般衬衫)	包括暗线
	不少于 11 针/3cm(棉衬衫)	
包缝线	不少于 12 针/3cm 包缝线	包括锁缝(链式线)
锁眼	(细线)不少于 15 针/cm	机锁
	(粗线)不少于 9 针/cm	手工锁
钉扣	(细线)不低于 8 根线/孔	——
	(粗线)不低于 4 根线/孔	

B. 各部位缝制线路整齐、牢固、平服。

C. 上、下线松紧适宜,无跳线、断线,起落针处应有回针。

D. 前领、胸部位不允许跳针、接线,其他部位30cm内不得两处有单跳针(链式线迹不允许跳线)。

E. 领子平服,领面松紧适宜,不反翘、不起泡、不渗胶。

F. 商标位置端正,尺码标志清晰、正确。

G. 袖、袖头及口袋和衣片的缝合部位均匀、平整、无歪斜。

H. 锁眼位置准确,一头封口上、下回转四次以上,无开线。

I. 扣与眼位相对,针距密度和线量应达到表规定。

J. 整烫外观:

K. 成品内、外熨烫平服、整洁。

L. 领型左右基本一致,折叠端正、平挺。

M. 同批产品的整烫折叠规格应保持一致。

四、针织衫的裁剪、缝制与检验

(一)针织衫的裁剪

1. 款式特征

此款为堆领加长针织衫,上部分合体,下摆加大的A型设计,前、后身收褶至下胸围处打开;泡泡袖,袖口抽细褶,装克夫,袖形呈灯笼状。胯部可系成品腰带作装饰,款式时尚、简约。款式图见第二阶段过程二样衣制板案例中的加长堆堆领打褶针织衫样衣生产通知单。

2. 排料图(案例图9)

门幅144cm,用料180cm。

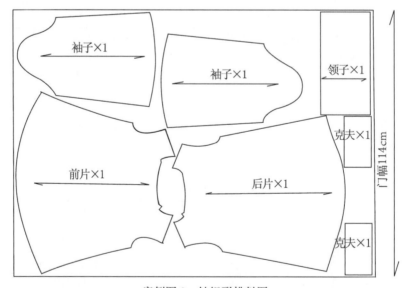

案例图9 针织形排料图

(二)针织衫的缝制

1. 堆领针织衫工艺流程图(案例图 10)

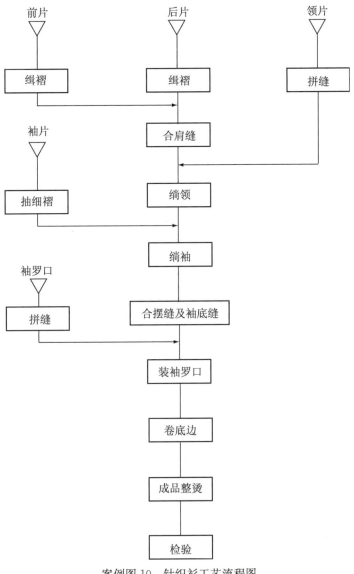

案例图 10　针织衫工艺流程图

2. 堆领针织衫缝制(案例表 15)

序号	工艺内容	工艺制作图	使用工具	缝制要点
1	定褶位	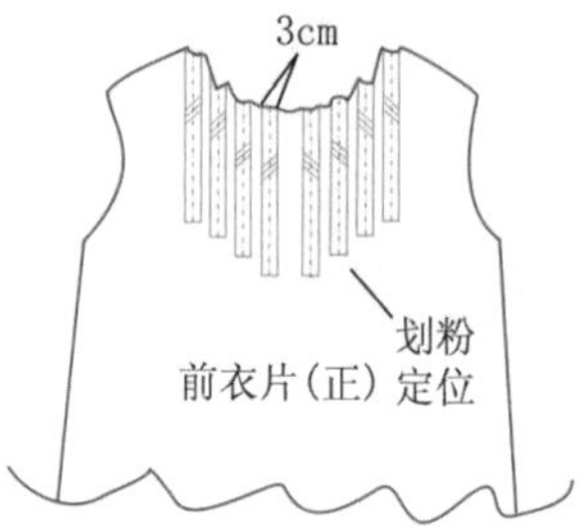 3cm 划粉 前衣片(正) 定位	划粉	1.将前衣片铺平后,反面朝上,用定位板划出褶位,做好褶裥的位置和大小的标记和对位刀口 2.后衣片方法同上
2	前、后衣片缉褶	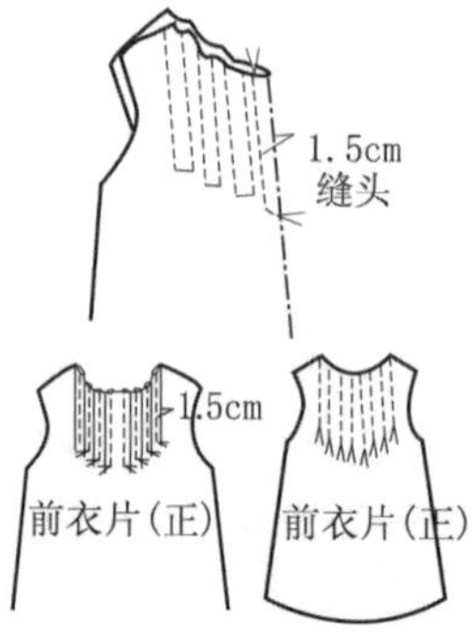 1.5cm 缝头 1.5cm 前衣片(正)　前衣片(正)	单针平缝机、熨斗	1. 将前衣片反面朝外,如图所示,将衣片对折后按照褶位压缉1.5cm 2.缉好后,衣片反面朝上,用熨斗将褶裥往两侧压烫 3.要求褶裥宽窄一致,左右对称。
3	合肩缝	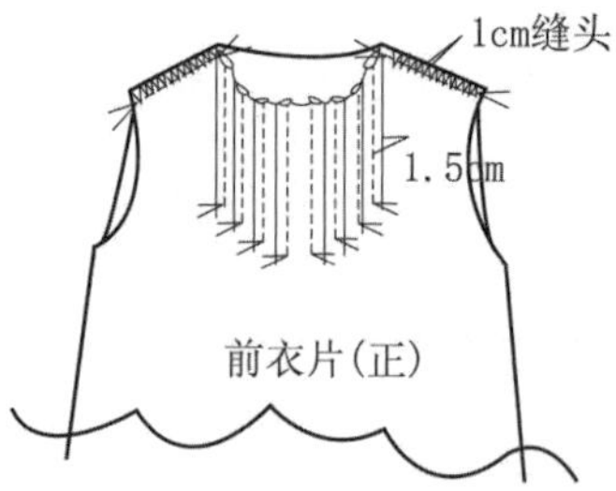 1cm缝头 1.5cm 前衣片(正)	三线包缝机	将前后衣片正面相对,车缝1cm,为防止拉伸也可加缉牵带加固,然后将缝份向后片倒
4	做领	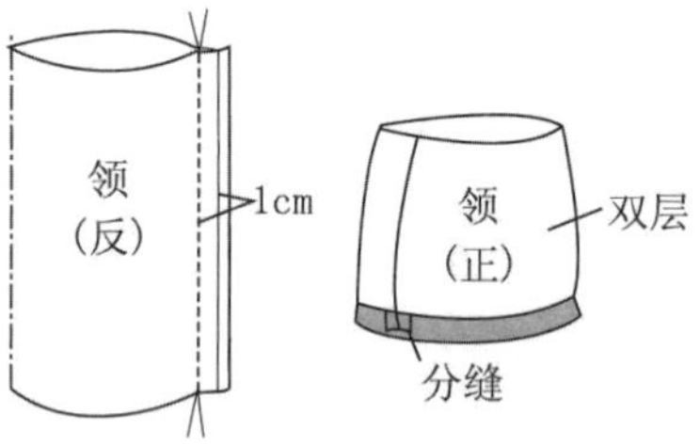 领(反)　1cm　领(正)　双层 分缝	单针平缝机	1. 将领正面朝里对折,双层对齐后平缝机压缉1cm,然后分开熨平 2.领正面朝外,横向对折

序号	工艺内容	工艺制作图	使用工具	缝制要点
5	装领	1cm 领 前衣片（片） 前衣片（正）	四线包缝机	1. 将双层领口与领圈正面对齐,用三线包缝机压缉 2. 注意领圈与领口松度,勿出现强拉或打褶现象 3. 领口须作好对位刀眼。将针距调至最大
6	袖山及袖口抽褶	缝头小于1cm 抽细褶 袖片 抽细褶	单针平缝机	1.在袖山及袖口处车缝一道抽缩,缝份必须小于1cm后 2.将袖山及袖口抽至规定长度,袖山刀眼与袖窿处对齐,褶量均匀
7	装袖	衣身（反） 袖子（反）	四线包缝机	袖片在上,大身在下,正面相对,使袖山与袖窿的标记对合,用三线或五缝包缝机缉合,要求两层松紧适宜,吃势均匀
8	合摆缝、袖底缝	袖片（反） 衣身（反） 摆缝 双层包一缝 尺码标 洗水标 12～14cm	四线包缝机	前衣片在上,后衣片在下,正面相对,袖底十字缝对齐。从下摆处起针缝合,缝至袖口。要求缝合时袖窿缝份倒向衣袖方向,在右摆缝里夹缝尺码标和洗水标,其位置距离底摆12～14cm

序号	工艺内容	工艺制作图	使用工具	缝制要点
9	做、装袖罗口	图略	单针平缝机、三线包缝机	制作方法同做、装领
10	卷底边	衣片(反)　衣片(正)　2cm　双针绷缝	双针绷缝机	底摆正面朝上,向衣片反面折进2cm,从侧缝处起针,要求绲线顺直,宽窄一致

（三）针织衫的缝制

1. 针织品缝制品质的统一规定

（1）主料之间及主辅料之间是同色的色差不得超过三级。

（2）线迹要清晰、成形正确、松紧适度,不得出现针洞和跳针。

（3）卷边起头在接缝处（圆筒产品在合肋处）,接头要齐,重线只允许一次,重针2～3cm以内。

（4）如断线或返修,须拆清旧线头后再重新缝制。

（5）厚绒合缝应先用单线切边机或三线包缝机缝合后再用双针绷缝,儿童品种的领、袖、裤脚罗纹口只用三线包缝,不需要绷缝加固。

（6）棉毛、细薄绒合缝用三线包缝,只在罗口或裤裆缝处用绷缝机加固,运动衫裤在后领及肩缝处要用双针绷缝机加固。

（7）平缝、包缝明针落车处必须打回针,或用打结机加固。

（8）挽边裤腰及下摆,中厚料要用双针绷缝机,绷缝轻薄料用三线或双线包缝机缝制。

（9）合肩处应加肩条（纱带或直丝本料布）,用三线包缝机合肩,用双针绷缝机绲加固。

（10）背心的三圈（领圈和两个挂肩圈）,汗布男背心用平缝机拆边,网眼布用双针机拆边;女式背心用三针机拆边（两面饰）;滚边用双针机滚边,加边用三线包缝合缝后在用双针绷缝,背心肩带用五线包缝和三线包缝后再用平缝机加固。

（11）绒类、汗布类产品用平细布做里襟布;棉毛类用本料或平细布做里襟布。

（12）松紧带裤腰一般用松紧带机缝制,也可用包缝机包边后,再用平车拆边缝制,或用双针绷缝机拆边缝制。

（13）打眼处要衬平细布或双面布。

2. 各种缝纫机缝制的统一规定

（1）三线包缝切边合缝缝边宽（包缝线迹的总宽度）0.3～0.4cm,起落处打回针时线迹重合不得留线辫,绲罗口要均匀一致,断线或跳针重缝不得再行切布边,切缝后衣片应保持原形,袖底缝与大身合肋缝对齐,挂肩底肩头处错缝不超过0.3cm。

（2）包缝挽底边宽窄均匀一致,不匀程度不超过0.3cm,布正面不允许露明针,中薄坯布明针长度不超过 0.2cm,布不允许漏缝,中薄坯布在骑缝处允许 1~2 针。

(3)双针挽底边宽窄一致,里面不许露毛。

(4)双针绷缝不得出轨跑偏,不得大拐弯;重线不超过 3cm,少于 1.5cm 缝应在接缝或隐蔽处。

(5)平缝订口袋或拆边眼皮宽窄一致,订商标针脚不得出边 1~2 针,凡未注明眼皮规格的均为 0.1cm。

(6)三针绷缝挽边宽窄一致,不得搭空和露毛,挽领圈起头在右肩缝后 2~3 处,终点不得过肩缝;背心挂肩圈起头在肋缝处偏后;滚边要做到松紧一致。

(7)滚领(双线链缝)应松紧一致,要滚实、丰满、端正;领圈正面眼皮为 0.1cm,起头在右肩缝后 1~2cm。

(8)犬牙边牙子大小均匀一致,起头在缝处,领圈起头在右肩缝后 2~3cm。

(9)锁眼眼子端正,眼孔大小与纽扣规格相配,眼孔端打 3~4 针套结或用打结机打结。

(10)钉扣扣子要钉牢,位子对准扣眼。

3. 外观质量要求

(1)符合规定的成品规格。

(2)外观整洁,无线头。

(3)各部位缝制线路整齐、牢固、平服。

(4)上、下线松紧适宜,无跳线、断线,起落针处应有回针。

(5)双针挽底边宽窄一致,里面不许露毛。

(6)商标位置端正,尺码标志清晰、正确。

(7)整烫平整,衣领等重要部位不得变形。

五、外套的裁剪、缝制与检验

(一)外套的裁剪

1. 款式特征

此款为带帽风衣,款型呈下摆加大的 A 型设计,下摆抽带,抽缩后呈灯笼状。前、后身有分割,并有活褶;袖子前侧为连身袖,后侧为插肩袖形式。款式图见第二阶段过程二样衣制板案例中的连衣袖带帽外套样衣生产通知单。

2. 排料图

(1)面布排料图(案例图 11)

门幅 144cm,单件用料 240cm。

(2)里料排料图(案例图 12)

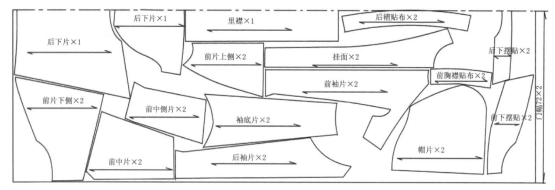

案例图 11　外套面料排料图

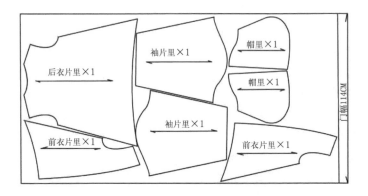

案例图 12　外套里布排料图

3.女休闲外套衣片部件(案例表 16)

案例表 16　裁配表

名称	前上侧片	前中片	前中侧片	前下片	后上片	后下片	帽片	前胸褶贴
数量	2	2	2	2	1	1	2	2
名称	前袖片	后袖片	袖底片	挂面	前下摆贴	后下摆贴	里襟	后褶贴布
数量	2	2	2	2	2	1	1	1

4.女休闲外套辅料(案例表 17)

案例表 17　铺料裁配表

名称	里布	罗纹	四盒扣	金属拉链	尺码标	成分带	无纺衬	商标	尺码标	线
数量	200cm	10cm	2	1	1	1	1	2	1	若干

5.黏衬部位:挂面、前下摆贴、后摆贴、斜袋口、袖口。

(二)外套的缝制

1. 女休闲外套工艺流程图(案例图13)

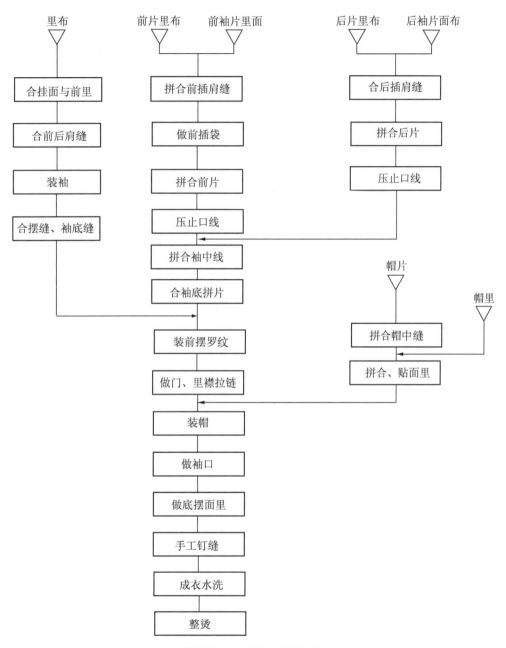

案例图13　外套工艺流程图

2. 女休闲外套缝制

1. 前襟拉链做法(案例表18)

案例表18　前襟拉链缝制

序号	工艺内容	工艺制作图	使用工具	缝制要点
1	拉链与前片缝合	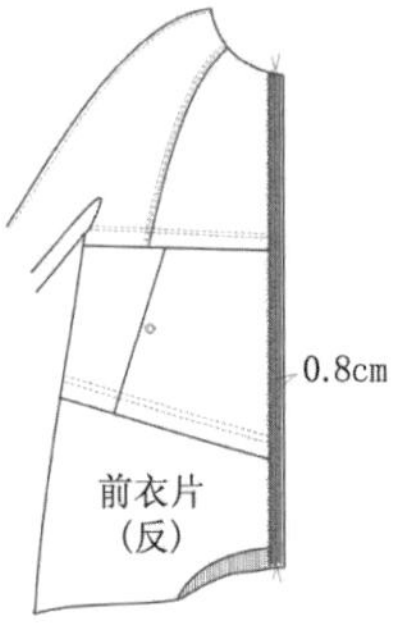 前衣片（反）　0.8cm	单针平缝机	1. 先把拉链拉开,将右前片与右边拉链正面相对,放齐后由下往上缲线0.8cm一道,缝份应小于1cm,注意核对对位刀眼 2. 缝合左前片与左拉链,方法同上 3. 要求拉链与衣片平服,无起皱现象,左右拉链位置高低一致
2	装里襟	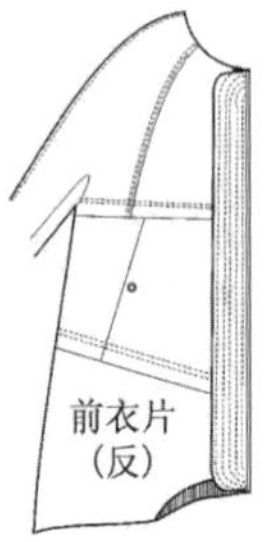 前衣片（反）	单针平缝机	1. 里襟黏衬后再纫缝压线,线距0.6cm 2. 将里襟与左前片正面相对,可用长针距先固定一道,缝份小于1cm,也可三层并齐后,一起压缲
3	合前片面、里	 挂面（反）　1cm　前衣片（反）	单针平缝机	1. 将挂面黏衬后与前里布拼合,缝份1cm 2. 挂面与前衣片正面相对,注意对位刀眼,并齐后缲线1cm,注意要盖过前两道线(可换用单边压脚压缲) 3. 左、右做法相同
4	整烫	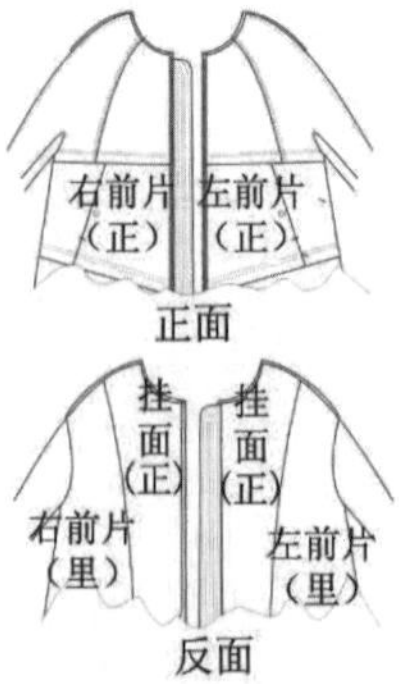 右前片（正）　左前片（正）　正面　挂面（正）　挂面（正）　右前片（里）　左前片（里）　反面	熨斗、单针平缝机	1. 将衣片翻至正面,拉链拉上后,检查左右对位情况,要求高低一致 2. 用熨斗盖烫布小烫

（2）做、装帽工艺（案例表 19）

案例表 19　做、装帽工艺

序号	工艺内容	工艺制作图	使用工具	缝制要点
1	做帽、帽里	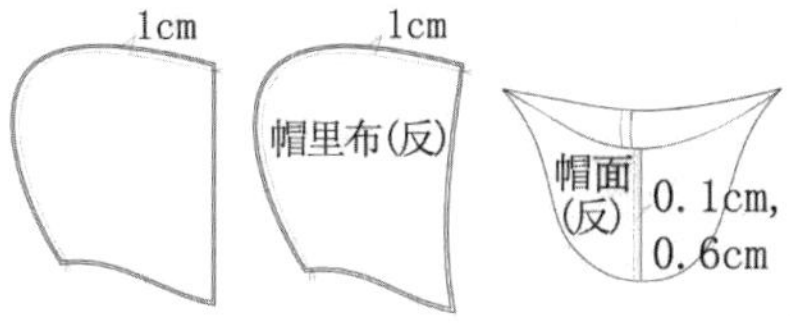 1cm　1cm　帽里布（反）　帽面（反）0.1cm，0.6cm	单针平缝机	1.把帽片正面相对，兜缝帽顶线，缝份 1cm 2.将帽顶缝头往单边倒，正面压缉 0.1cm，0.6cm 双止口 3.将里布正面相对，帽顶拼缝 1cm 缝份。然后用熨斗扣烫
2	拼合帽、里	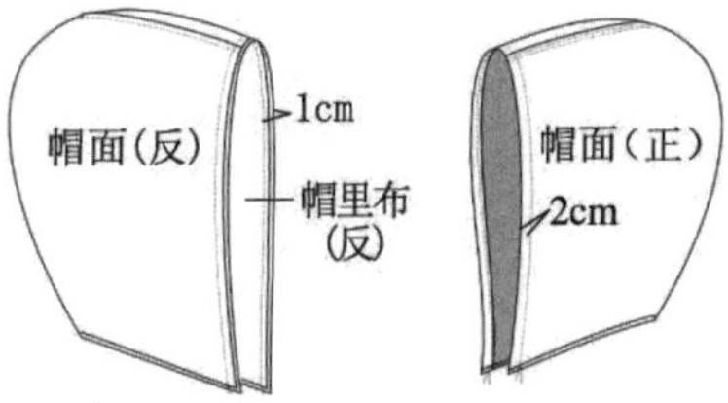 帽面（反）1cm　帽里布（反）　帽面（正）2cm	单针平缝机	1.把帽面布与帽里布正面相对，反面朝上，在帽口处压 1cm 缝头 2.将帽子翻向正面，往里扣烫 2cm，然后压线，要求缉线顺直，宽窄一致
3	装帽	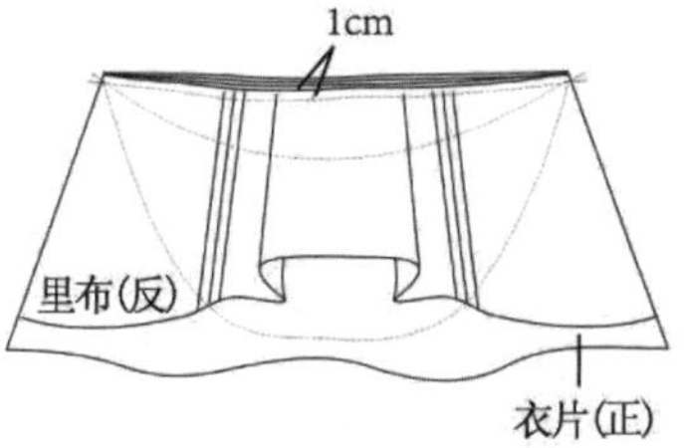 1cm　里布（反）　衣片（正）	单针平缝机	1.将衣片与里布正面相对，里布反面朝上 2.帽片里布朝上，夹于两层中间，对位点对准；从一个装领点起缝到另一个装领点止针，起落针打回车
4	缉领圈明压线	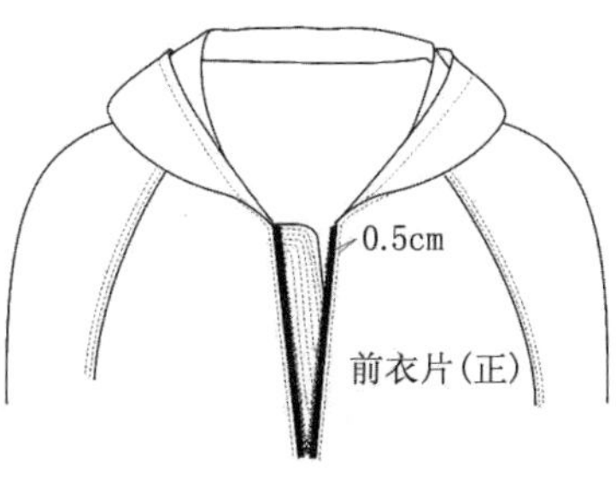 0.5cm　前衣片（正）	单针平缝机	将衣片翻至正面，从左衣片拉链下摆处起针，绕领圈压缉一圈至右前摆止针，起落针打回车，缝份 0.5cm

(三)外套的检验

1. 成品规格公差

(1)衣长:规格±1cm。

(2)袖长:规格±1.2cm(圆装袖为1cm)。

(3)总肩宽:规格±0.8cm。

(4)胸围:规格±2cm。

(5)领圈:规格±0.6cm。

2. 缝制规定

(1)针距密度(案例表20)

案例表20　针距密度要求

序号	项目		针距密度	备注
1	明线		3cm 不少于 12 针	包括暗线
2	包缝		3cm 不少于 9 针	
3	锁眼	细线	12～14 针/1cm	机锁眼
		粗线	1cm 不低于 9 针	手工锁眼
4	钉扣	细线	每眼不少于 8 根线	缠绕脚高低与扣眼厚度相适应
		粗线	每根不少于 6 根线	

(2)各部位线迹顺直、整齐、平服、牢固、松紧适宜。

(3)帽子平服,帽口松紧适宜,弧线圆顺。

(4)绱袖圆顺,前后基本一致。

(5)四合扣定位准确,大小适宜,上、下扣对位,整齐牢固。

(6)袋口平服无拉还,左右大小、高低一致,

(7)各部位 30cm 以内不得有两处单跳针或连续跳针,链式线迹不允许跳针。

(8)商标位置端正、尺码标志清晰准确。

3. 外观质量

(1)整烫:平服、无亮光、无熨黄、无水渍,黏衬部位无起泡、脱胶和渗胶现象。

(2)帽子:装帽左右对称,帽顶缉线顺直、整齐,领窝圆顺。

(3)袖子:袖缝平服无皱、缉线顺直、整齐,袖子长短一致,袖头平齐、对称,明缉线顺直整齐。

(4)斜袋:袋口平服,无还口、尺寸正确、封结牢固美观、左右袋位正确、上下互差不大于 0.3cm,左右互差不大于 0.5cm。

(5)门襟:止口直、薄、平,明缉线美观。

(6)衣身:肩缝顺直、平服,左右长度一致,侧缝顺直、平服,缉线顺直,长短一致。

(7)底摆:里布不外露,宽窄一致,止口顺直、薄,缉线美观、顺直、不断线、无跳针。

第四阶段　产品的组合搭配与筛选

知识点一:服装款式搭配技巧

服装款式搭配从服装的整体廓型上来说要注意哪几点内容:

一、长与短的搭配

(一)上长下短

上长下短是近几年最流行的款式搭配法则。上面的衣服能盖过臀部,以人体的黄金比例为准,上衣下摆就位于黄金比例点上下浮动。款式优点在于:

1. 能够修饰臀部过大的女生,遮掩缺点。

2. 能够在视觉上形成错觉,让人苗条高挑。这是因为我们在观察人的时候会有一种无意识状态,会自觉不自觉的把自己的视觉集中在人的上半身上,我们在观察人的时候大部分人会以头,上身,下身,脚,从上到下的进行观察。其中上身的观察占观察总数的50%到80%,这就说明我们可以穿着上长下短来修饰我们先天不足的身高,如果再配上高鞋跟,则更能发挥掩饰的作用。

(二)上短下长

上短下长是前几年流行的款式,现在穿上叫复古。上短下长的优点在于:

1. 突出下身的修长,对美腿起拉长效果,特别是对身材上长下短的人来说这样的搭配能够起到了一定的修正作用。

2. 短小的上装能够突出胸部,特别是对自己胸部不满意的女性,可以尝试着选择短小的上装来突出胸部,上装长度最好不要超过肚脐。

(三)上下一般长

这是大众最为不接受的一种长短搭配方式。因为这种搭配过于均衡,毫无亮点,不知道想突出什么,如果再加上一条有点显眼的腰带的话,很容易让旁观者看成拦腰斩断的效果。而近几年流行的非主流中却有不少这样的款式搭配出现,我想人们审美观的转变与流行是有很大关系的,我们中的不少青年人都或多或少的认同这种搭配。

二、宽与窄的搭配

(一)上宽下窄

这是男士应该具有的身材。而女性加宽上部不同于男士,举个例子就如泡泡袖,泡泡袖带给我们轻松和谐的欧洲宫廷式的洛可可风格。对于胸部偏小的女性来说,短小的较为宽松的上装能够在视觉上放大胸部。上宽下窄适合穿着的身材有 A 型、H 型。

(二)上窄下宽

这种形式的服装首先排除了 A 型身材(就是梨形身材)的人穿着。而 Y 型身材女生(就是上宽下窄的体型)穿着的话会起到很好的效果,H 型身材的女性也适合穿着此类服装。

(三)上下一般宽

上下一般宽这种搭配很需要高技巧性,可以从面料材质,颜色,配饰等方面进行对比调和的搭配。

知识点二:服装色彩搭配技巧

一、服饰色彩搭配原则

服饰色彩搭配相关联的因素较多,但就服装本身而言会遵循以下色彩搭配原则,也可从权威流行咨询网站 WGSN 的 2015/2016 秋冬的流行趋势中借鉴一些配色原则。

(一)冷色＋冷色 (图 4-1)

墨绿＋灰绿＋苔藓绿＋冰灰绿

图 4-1　冷色＋冷色搭配

(二)暖色＋暖色 (图 4-2)

深红色＋玫红色＋深粉红色＋浅粉红色

图 4-2　暖色＋暖色搭配

(三) 冷色＋中间色(图 4-3)

午夜色＋冰雪蓝＋雪白色

图 4-3　冷色＋中间色搭配

(四)暖色＋中间色（图4-4）

黑色＋暗灰色＋芥末黄＋灰红色

图4-4　暖色＋中间色搭配

(五)中间色＋中间色（图4-5）

黑灰色＋烟灰色＋蓝灰色＋淡灰色

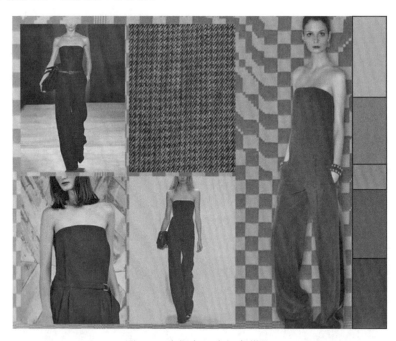

图4-5　中间色＋中间色搭配

(六)纯色＋纯色(图 4-6)

黑色＋中灰色＋浅灰色＋白色

图 4-6　纯色＋纯色搭配

(七)纯色＋图案(图 4-7)

墨绿色＋灰紫色＋冰绿色＋图案

图 4-7　纯色＋图案搭配

二、服饰色彩搭配方法

（一）上深下浅：端庄、大方、恬静、严肃。

（二）上浅下深：明快、活泼、开朗、自信。

（三）突出上衣时：裤装颜色要比上衣稍深。

（四）突出裤装时：上衣颜色要比裤装稍深。

（五）绿色或冷色调颜色，可与黑色或白色搭配在一起。

（六）上衣有横向花纹时，裤装不能穿竖条纹的或格子。

（七）上衣有竖纹花型，裤装应避开横条纹或格子的。

（八）上衣有杂色，裤装应穿纯色。

（九）裤装是杂色时，上衣应避开杂色。

（十）上衣花型较大或复杂时，应穿纯色裤装。

三、服装整体色彩搭配规律

（一）全身色彩要有明确的基调，淡色调的服装显得鲜明，暗色调的服装显得稳重。主要色彩应占较大的面积，相同的色彩可在不同部位出现。

（二）全身服装色彩要深浅搭配，并要有介于两者之间的中间色，必须从整体出发，注意什么地方需要使用浓色，什么地方需要淡色。上衣和下装的色彩配合，如果要有浓淡之分，必须依据人的高矮胖瘦，要以符合人的站立重心为准。

（三）全身大面积的色彩一般不宜超过两种。如穿花连衣裙或花裙子时，背包与鞋的色彩，最好在裙子的颜色中选择，如果增加异色，会有凌乱的感觉。

（四）服装上的点缀色应当鲜明、醒目、少而精，起到画龙点睛的作用，一般用于各种胸花、发夹、纱巾、徽章及附件上。

（五）上衣和裙、裤的配色示例：淡琥珀—暗紫；淡红—浅紫；暗橙—靛青；灰黄—淡灰青；淡红—深青；暗绿—棕；中灰—润红；橄榄绿—褐；黄绿—润红；琥珀黄—紫；暗黄绿—绀青；灰黄—暗绿；浅灰—暗红；咖啡—绿；灰黄绿—黛赭。

（六）万能搭配色：黑、白、金、银与任何色彩都能搭配。配白色，增加明快感；配黑色，平添稳重感；配金色，具有华丽感；配银色，则产生和谐感。

四、主要色彩的搭配原则

（一）白色的搭配原则

白色可以与任何颜色搭配，但要搭配得巧妙，还是得花一番心思。

白色和黑色搭配在表现效果上更具有戏剧性，更有力度，更有冲击力。黑和白对比强烈，相互搭配能产生动感，在这个基础上点缀一点鲜艳的颜色会使人感到既大方又朴素。

白色下装搭配条纹淡黄色的上衣，这是柔和色的最佳组合；下身着象牙白长裤，配淡紫色西装小外套，配纯白色衬衣，也不失为一种成功搭配，充分显示出自我个性；白色皱褶配淡红色上衣给人温柔飘逸的感觉；上身白色休闲衫下身穿红色窄裙，显得热情潇洒，在强烈对比下，白色分量越重越显得柔和，白色特别适合淑女型。

（二）蓝色的搭配原则

所有颜色中，蓝色是最容易与其他颜色搭配的一种色，不管是近于黑色的蓝色还是深蓝色，都比较容易搭配。而且蓝色给人的视觉上有紧缩身材的效果，极具魅力。生动的蓝色搭配红色使人显得妩媚俏丽，但蓝红比例要得当。例如：漂流木帆布包的所有颜色对搭配服装来说都比较百搭，因为简约、随行的设计风格，让漂流木帆布包在国内的箱包行业内占有一席之地。上身穿蓝色外套或是蓝色背心，下身着细条纹灰色长裤，再拿上一款漂流木浅灰色小款帆布包，呈现出素雅的风格，因为流行的细条纹可以柔和蓝灰中间的强烈对比，帆布包增添优雅的气质；蓝色外套配灰色褶裙是一种略带保守的组合，但如果这种组合配葡萄酒红色衬衫和花格衬衫，自我个性就变得明快起来了；蓝色与淡紫色搭配起来给人一种微妙的感觉；蓝色长裙配白衬衫是非常普通的一种搭配但如果在加上一件淡紫色小外套就平添几分都市成熟的味道。

蓝灰色调的服装与黑色配合可以使服装的整体效果既沉稳又纯美。

蓝色的牛仔衣配上黄色的裤子可以让人感受这种搭配格外地有活力，但有时不易调和，加上白色的内衣和鞋等可以使服装的整体气氛更协调。

（三）红色的搭配原则

红色是一种喜庆色彩，它与白色搭配给人一种热情又清纯的感觉，如白衬衫配红短裙，可显现短裙的魅力，增添优雅气息。红色毛衣搭配褐色格子长裤，可显现雅致成熟的味道；选用栗子色面料做外套，配以红色围巾以及红色毛衣，鲜明生动、俏丽无比。

（四）黑色的搭配技巧

黑色与任何色彩都能调和，大面积的黑色与鲜艳颜色相配，使黑色更大方，艳色更纯净。然而黑色搭配也大有学问，一般认为：黑色与白色是最佳搭档，以黑色为主，白色为辅；黑色的服装加上粉色的装饰可以打破黑色的沉闷；黑色的服装上饰以鲜艳的纹样，色彩对比强烈又很调和协调；黑、白、灰三个颜色等面积相间也能产生较好的和谐感。

（五）黄色的搭配技巧

黄色是明度较高的色彩，单一的黄色会显得特别刺眼，在服装搭配时运用对比的手法，恰当的和其他颜色搭配，就能互相烘托。如黄色的服装面料饰以白色的花纹，白色显现"冷"的感觉；白色的服装面料饰以黄色的花纹，黄色显现"暖"的感觉。

黄色的服装上罩一层白色的纱，给人一种青紫色的感觉。

黄色与黑色配置具有稳重和艳丽的感觉。

黄色与紫色、白色配合将使服装既有阳光感，又有艳丽感。

（六）金色的搭配技巧

金色在中国服饰文化中一向被认为是高贵色，在服装配色中，无论是比较深沉的色彩还是比较艳丽的色彩都可以用金色进行点缀。金色可以使深沉的色调显现辉煌，艳丽的色调显现稳重。

知识点三：样衣的评审与筛选

样衣评审一般分为过程样评审（包含初样和若干次的修改样）以及最终确认样评审。

过程样的评审通常由相关设计师和技术人员（如样板师、样衣工等）参与，评审的内容主要为：样衣效果是否与设计意图相吻合，面辅料、工艺的选择是否合理，颜色的搭配是否协调这些方面。评审时有时是单款评审，但多数时候为提高工作效率一般是系列评审。

过程样评审过程中设计师起比较主导的作用，应充分表达自己的设计意图，积极与样板师和样衣工深入沟通，让其明白自己的要求。当然如果是非常有经验的设计师，对于任何的修改意见都可以直接以指令式的要求进行修改，但是这种强势的做法需要有极高的功底和对结果敢于负责的态度。对于一般的设计师而言虽然起主导作用，但是在沟通上应注意措辞和方式。

最终确认样的评审通常除上述人员参与外，还包括销售部人员（如专业买手、大客户、销售部门经理等）以及生产部门人员（如采购、成本核算员、生产部经理等），评审的内容主要判断产品的销售把握性、下单数量、工艺风险与成本控制难度、系列搭配性、产品结构完整性等，最终综合各方意见决定下单生产的款式、生产数量以及具体细节修改意见。通常在最终确认样评审后，公司内部（或委托下单工厂）还会再制作一次产前封样，作为下单和验货的标准。

最终样评审时多数公司会比较重视销售部门或专业买手的意见，设计师相对处于被评审的状态，因此在最终样评审时设计师要更多侧重表达对设计产品与流行趋势把握切合度的解说，以及设计特色、系列搭配多样性、系列产品结构完整性方面的解说，不要局限于单款或局部细节的说明。

评审中，样板师和样衣工要充分掌握评审中的相关信息和修改建议，并按照要求将需要修改和调整的部分修改好，以便保证下单大货生产时产品的质量。

过程一：样衣的系列组合与搭配

品牌服装强调产品的系列化，要求产品之间有随意搭配的可能性，方便在销售时向顾客推荐。产品的系列组合是产品最终推出的搭配设计，在此期间不仅款式要进行组合，色彩也要进行搭配，根据搭配来确定最终投产的数量和色彩种类。

■ **案例：**

ZJ·FASHION 产品样衣系列组合与搭配

一、款式系列组合搭配

款式的系列组合要注意长短、宽窄、松紧的有序搭配，同时在搭配的时候还要考虑各个单品的可随意搭配性。

款式系列组合：（案例图1～案例图3）

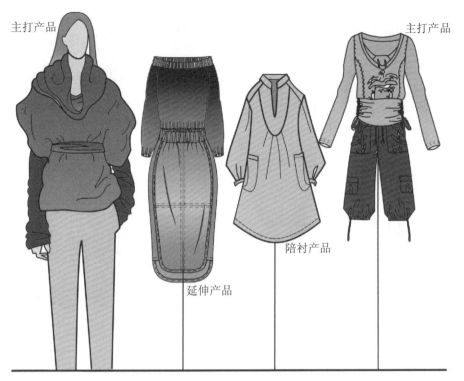

主打产品

延伸产品

陪衬产品

主打产品

案例图 1　款式系列组合一

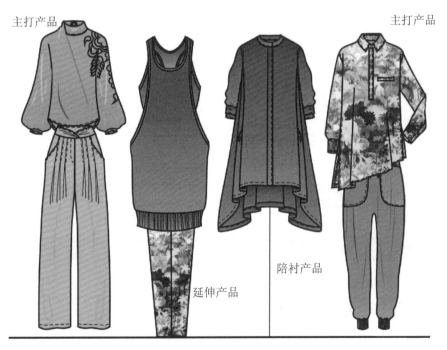

主打产品

延伸产品

陪衬产品

主打产品

案例图 2　款式系列组合二

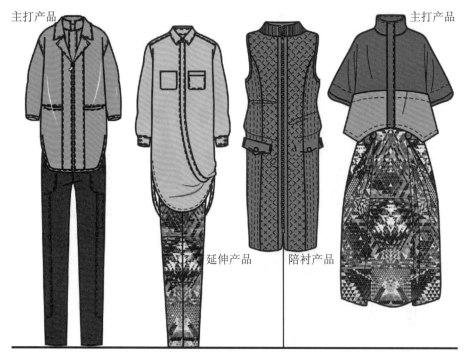

主打产品　　　　　　　　　　　　　　　　　　　　　　　　　　　主打产品

延伸产品　　陪衬产品

案例图3　　　款式系列组合三

二、款式系列色彩组合

　　品牌服装的色系组合是在设计企划的时候就设定好的,因此其样衣的面料色彩是根据设定的色系组来选择的,这样能保证在一个色系组之间单品的色彩搭配具有很强的和谐性。

　　ZJ·FASHION品牌产品是根据自己的色彩企划进行搭配的,具体的搭配如下图。在搭配过程中,要注意各个色系组之间也需要具有一定的可搭配性,这就需要一些无彩色或中性色来进行协调。

　　(一)2015年秋季产品色系企划(案例图4)

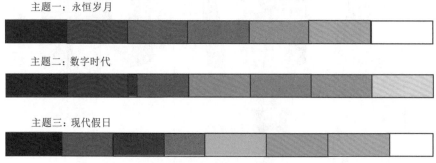

主题一：永恒岁月

主题二：数字时代

主题三：现代假日

案例图4　2015年秋季产品色系企划

　　(二)单品的色彩确定(案例表1)

　　根据色系企划来确定单品色彩,确定时要考虑单品的可搭配性,以及和其他款式的色彩协调性。

案例表 1　2015 年秋季产品单品配色

单品色彩	款号：20150011	单品色彩	款号：20150021
单品色彩	款号：20150031	单品色彩	款号：20150041
单品色彩	款号：20150051	单品色彩	款号：20150061

（续表）

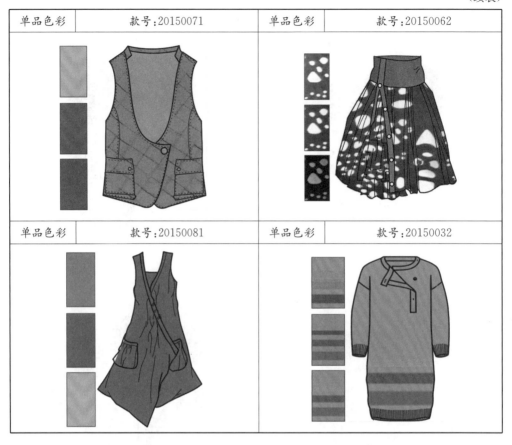

（三）系列色彩搭配（案例图1～案例图4）

　　根据色系企划来确定产品系列色彩搭配，这一点非常重要，设计总监和销售总监要对下一季节的色彩有较强的预测能力，确定时要考虑单品的可搭配性，也要考虑货品进入店铺时的可搭配性，当营销人员在陈列货品时比较容易上下、里外服装进行搭配。案例图1～案例图4是几组系列搭配的效果图。

思考与练习：

1. 理解款式、色彩搭配的原则。
2. 完成小组内成衣的款式单品色彩搭配图，每组做六款搭配图。
3. 完成小组内成衣款式的系列组合色彩搭配图，每组做三套搭配图。

过程二：样衣的评审与筛选

　　样衣的评审和筛选等是为了确定企业最终需要投产的产品，其内容包括不仅包括样衣本身的款式、结构、面辅料及颜色选择的合理性，还包括对产品结构的完整性、系列搭配性、产品销售把握性的判断和工艺风险与成本的控制。

一、样衣的评审

样衣的评审通常有企业的设计师、样板师及销售、采购部门的人员参加,目前很多企业还邀请专家学者来参加样衣评审。样衣的评审可以从样衣的款式、颜色、面料、规格尺寸、板型及整体的可搭配性等几个方面去观察,同时也要对样衣的市场适销性作出预测。

二、样衣的筛选

样衣筛选与样衣评审基本是同步进行的,评审团队通过对样衣的评审,将一些款式好、结构合理、市场适销性好的服装筛选出来,作为下一季产品。同时,对于投产产品的生产数量、具体细节及相关的修改意见进行沟通、确认。

■ 案例:

ZJ·FASHION 产品样衣评审与筛选

一、ZJ·FASHION 品牌样衣评审

(一)静态评审(过程样评审)

每周在规定的时间内由静态模特或道具模特展示服装款式的着装效果,由评审人员对服装产品进行评估。与动态评审相比在静态评审中评审人员有足够的时间来查看、接触服装。但在服装穿着的舒适性、合体性、直观性等方面存在局限。

(二)动态评审

动态评审 ZJ·FASHION 有两种形式,每两周有一名真人模特穿着样衣,由评审人员观察衣服的着装效果,主要从外观美观度、面料舒适行等方面来详细研究,这一过程中由于参与的模特只有一个,不牵扯到舞台、灯光等因素,可以花很长时间进行细细研究。另一种是每年有四次大型的动态秀,以最佳的效果向代理商展示下一季节新产品,评审人员也和前一种不同,有所有的代理商参与,在这次动态评审中,代理商会根据模特的舞台走秀下订单,所以这次的动态评审对企业来说非常重要,每次走秀都是聚全企业的力量来举办。

(三)二次评审

在动态评审结束后,设计部门根据代理商提出的建议,对订货量小的样衣取消大货生产,对有异议的样衣进行修改,对色彩不够协调的样衣重新配色。经过这一环节后,再由企划部门组织样衣评审,这次评审会选择一位真人模特,对所有确认的样衣进行试穿,评审人员再做一次评定。

(四)终极评审(最终样评审)

通过二次评审后,所有样衣开始由供货商制作大货生产样,在这一过程中会暴露出很多工艺方面的问题,比如打样衣的时候做小样完成的印花,大货时无法达到预期效果,一些工艺大货生产时耗费人力过大,也要进行修改。

二、ZJ·FASHION 品牌样衣的筛选

样衣的筛选和评审是分不开的,ZJ·FASHION 品牌在样衣筛选时通常使用下

列表格进行样衣筛选(案例表1)。

案例表1　样衣评审表

款号:20150071	二次评审	终极评审	最终意见
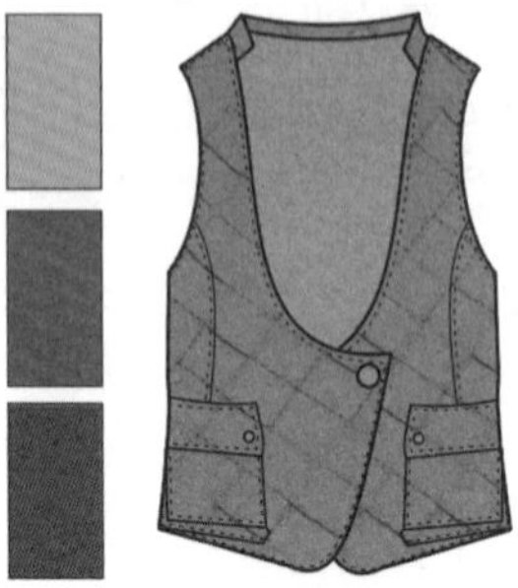	面料的克重要增加,马甲主要是搭配别的衣服,紫色配色要暗一些	修改后的搭配性较强,通过	同意大货生产
款号:20150021	二次评审	终极评审	最终意见
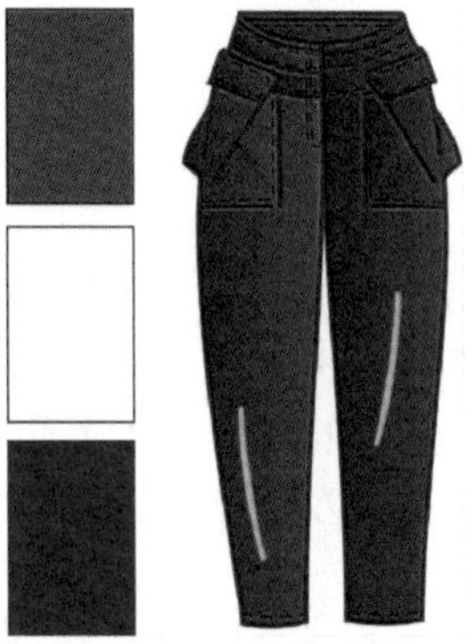	小脚口裤子主要是和长上衣搭配,但设计重点在上口袋部分,显示不出设计优点,需要修改	该款式订货会时客户订货较少,修改后依然有问题,缺乏新意	取消大货生产
款号:20150041	二次评审	终极评审	最终意见
	采用数码印花,面料换成垂感较好的面料,成衣水洗,增加舒适度	该款式订货会时客户订货量大,采用不对称下摆,搭配性强,不需修改	同意大货生产,首单增加600件

思考与练习:

1. 如何实施样衣的评审? 评审应从哪几方面入手?
2. 样衣评审需要哪些人员参与? 他们的职能是什么?
3. 对每组学生设计的样衣进行模拟评审,每组制作样衣筛选表一份。

第五阶段　产品投产准备

知识点一：产品订货会及促销相关知识

一、订货会简介

订货会是品牌服装向社会公开展示其设计开发能力,并吸引公众注意的重要活动之一。订货会的形式大致可分为三种:

第一种:代理商和加盟店主为主要对象的产品订货会。

第二种:时装周以招商引资为主的品牌发布会。

第三种:在各大商圈举行的促销发布会。

在这三种订货会中,最能带来客户和效益的是第一种订货会,即以代理商和加盟店主为主要对象的产品订货会。

这类客户直接面向终端市场,他们对产品的需求较大程度上反映了终端市场的需求。在订货会上,服装企业通常会将多款设计样品提供给客户做订购参考,样品并不一定就是将来批量生产的成品。订货会上接到的订单也可能变来变去,服装企业一般会对订单进行综合分析,取消或更改有悖于市场口味的品种,重新考虑供应款式,经过一番调整,才能最后形成正式的订货需求明细。

另外,订货会一般要求客户缴纳一定比例的定金,但这部分定金并不完全等同于预付款或发货款,需要单独地进行管理。

不同的订货会运作策略有不同,如第一种订货会是针对现有的代理商和经销商的订货会,每年上半年的5、6两月以及下半年的11.12两月,都是订货会集中举办的时间,一般的公司都会选择租用酒店举办订货会,这样会比较方便,因为酒店有专门的音响和灯光设备等。近些年,随着订货会越来越火爆,很多对订货会的市场运作模式熟悉的酒店搞起了包括机场接送、车辆安排、宣传材料、会议组织、旅游参观等一条龙的服务事宜,深得企业的青睐。对于第二种订货会来说,重点是招商,为了让更多的专业人士和专业营销人员认知自己的品牌,企业选择在大型的时装周上做产品发布会,目的是吸引新的代理商和商场关注。第三种订货会是为了应对目前的竞争压力,在一些大型商圈内组织当季热销的产品发布会,可以利用发布会现场进行热卖活动,增加客户与企业的互动机会,这类发布会现场的招待工作越来越重要,要采取一些手段让客户留驻脚步,关注品牌产品,进而喜欢产品。

二、主要的订货会程序

对企业而言,第一种,也就是代理商和加盟店主为主要对象的产品订货会是企业最重要的订货会,为了成功地举办这次订货会,企业都会做好下面三个阶段的工作:准备阶段,订货阶段和反馈阶段。

1. 准备阶段

订货会的准备阶段主要从以下方面考虑(表5-1)。

表5-1　订货会准备

准备阶段	细节	备注
分析客户类型	根据客户的综合实力及其所在城市确定客户的级别,可分为一级经销商、二级经销商、三级经销商以及散户	一级经销商不能太多,便于管理,一般为三四个最佳
确定邀请的客户	在区分客户类型后,针对性地邀请参会客户。一个区域只邀请一家,也可以一个区域邀请二三家	要协调好同区域内的客户关系,以保持相互刺激、良性竞争的关系
会务准备	会场选择;展厅准备;订货会产品准备	
会务内容	会议形式;会议政策;会议流程;费用预算	

2. 订货阶段

订货阶段是订货会的关键部分,一般会遵循下面的程序(表5-2)。

表5-2　订货会各阶段程序

订货阶段	细节	备注
动态发布会	客户观看动态发布会,	
静态展示	所有新品编号陈列,代理商仔细挑选。营销人员对号跟踪,对重点代理商一对一服务	安排客户先走马观花看一遍,让其对货品有一个初步印象,得知客户对货品的满意程度
填写订货单	提前准备好订货手册,当代理商仔细研究和挑选完产品后,便开始填写订货手册,并且要选择订货的颜色和数量	要有专业设计师指导
货品价格商讨	不同的代理商有不同的价格折扣,对重点客户要大力支持,让利扶持	每个客户的定价相对保密
突发事件应对	订货会场人多,出现价格争执是要礼貌平息;如遇突发自然灾害或认为灾害时要冷静组织客户离开现场	要有预案

3. 反馈阶段

订货会结束后要根据客户订货手册的信息进行以下程序(表5-3)。

表 5-3　订货结束后程序

订货阶段	细节	备注
汇总订货手册	会后把所有的订货手册按照区域划分汇总,迅速得出单品订货数量	数量供采购部门准备面辅料
修改款式	对订货数少的款式进行修改或者直接取消,对订货数多的款式开会再讨论是否增加生产数量	
确认订货数量	和代理商沟通确认最后的订货数量	
缴纳定金	按照不同的代理级别缴纳定金,按照公司的规定打入财务部门	要跟踪
告知代理商	把最后的订单和数量要及时告知代理商,代理商研究后还可以增减数量	要有预案

三、促销

产品促销是指在召开订货会的同时,通过品牌订货会的广告招贴和订货手册样本、产品样板和促销宣传画等手段让更多的客商了解产品,加盟企业。

知识点二:推板相关知识

一、推板的原理

服装推板的方法很多,但原理是一样的,都需要建立一个直角坐标系。建立直角坐标系的关键是坐标原点和基准线的选取。

服装推板需要的是平面面积的增减,所以必须在一定的二维直角坐标系中控制两个方向的增减,而不同的直角坐标系直接影响推板的方便与否,从而影响推板的效益。

坐标轴(基准线)设置原则:

1. 坐标轴必须取直线或曲线率比较小的弧线。

2. 对于不同的原点,具体的轮廓点平移的档差值也就不同,所以应尽量选取使轮廓点平移档差趋整的原点,以简化档差计算,提高推板效益。

3. 坐标轴应有利于大曲率轮廓弧线打开距离避免推档后的轮廓线交叉或靠得太近。

以正方体为例:假设下面的正方形为基准样,推出边长大 10cm 的正方形,可取的坐标轴有 n 多种,从以下三种坐标轴的设置来看,按照第(1)种的坐标设置,A、B、C 三点变化,其中 A 点纵向变化 10cm,B 点纵向横向都变化 10cm,C 点横向变化 10cm;按照第(2)种的坐标设置,A、B、C、D 四个点都要变化,且纵横向都变化 5cm;按照第(3)种的坐标设置,A、B、C、D 四个点都要变化,其中 A 点纵向变化 20/3cm,横向变化 10/3cm,B 点纵向横向都变化 20/3cm;C 点纵向变化 10/3cm,横向变化 20/3cm;D 点纵向横向都变化 10/3cm。由此可见,按照第(1)种方法取坐标原点和基准线,不仅档差值计算方便,推档也最为简单,因此为最佳坐标轴设置(图 5-1)。

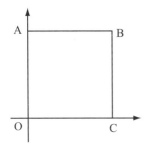 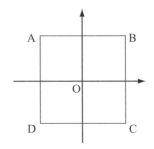 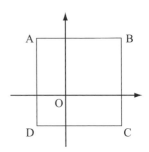

(1)以正方形的边为坐标轴　　(2)以正方形的中点为坐标轴　　(3)以正方形的边上任意一点为坐标轴

图 5-1　坐标基准线的选择

　　推板主要应用的原理是根据数学中的相似形原理和坐标平移原理,推放出系列样板。

　　相似性原理适用于样板设计中的任何图形。例如:在平面内有任意图形 S,在这个平面外取一点 O,并且把 O 点与图形 S 上的 A,B,C,…,M 连接起来,然后在射线 OA,OB,OC,…,OM 上分别截取 OA′,OB′,OC′,…,OM′,并使 $\frac{OA'}{OA}=\frac{OB'}{OB}=\frac{OC'}{OC}=\cdots=\frac{OM'}{OM}$,那么就形成新的图形 S′,那么图形 S′ 就是 S 的相似形图形。而且,我们在射线 OA,OB,OC,…,OM 上可以取无数个图形 S 的相似形图形(图 5-2)。

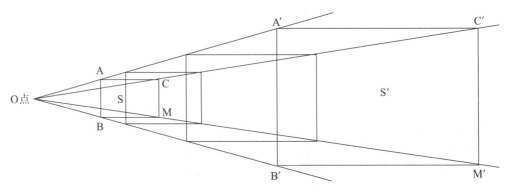

图 5-2　相似性原理推板

　　当相似形原理应用于平面时,即在图形 S 上定义直角坐标系,假设以 B 点作为原点,同样可得相似形图形 S′(图 5-3),其中 $\frac{OA'}{OA}=\frac{OB'}{OB}=\frac{OC'}{OC}=\cdots=\frac{OM'}{OM}$。

二、推板的方法

　　服装推板的方法多种多样,一般有手工推板、计算机推板等,在同一款服装的推板中,可以使用一种方法,也可以综合的应用多种方法。

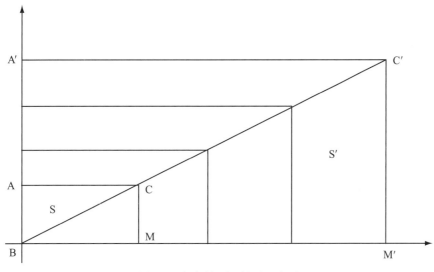

图 5-3　相似性原理的平面应用

（一）手工推板

1. 制图法

将基准样拓在一张足够大的纸上，定好基准点和基准线。根据各个控制部位的档差，依据已设定的直角坐标系，算出每个放缩点的纵、横向档差，根据档差值在纸上描下新的放缩点。将新的放缩点依次连接，即得全套纸样在一张纸上，然后逐个复制下来即完成了。

2. 等分法

等分法的基准样必须是大小码两个，且各码成衣的档差是相等的。将大码和小码之间的差值根据需要的分数分成几等分，然后连接，拓印下来就可以了。

3. 移板法

在纸上定出基准点和直角坐标，直接在纸上根据计算出来的档差值移动基准样板，定出轮廓端点，然后再以基准样板作为曲线板，连接各码的各个端点，形成新的样片，从而得出全套纸样。

4. 理纸法

基准样板必须是最小规格纸样，在基准样板下放与所需码数相同的纸，整理全套纸样，依次移出每一段结构线的推档量，然后按照基准样板的结构线剪出其他样板的结构线。重复以上步骤，直至完成全套样板。

（二）计算机推板

计算机推板就是利用 CAD 软件把已有的基准样板，按照成衣规格系列进行放大或缩小的过程。目前服装 CAD 系统中采用的推板原理一般有以下三种：

1. 切开线法

在基准样板上制定辅助线，假象在辅助线处切开，添加或叠加档差，以得到大小码。

2. 端点移位法

利用相似形推档原理，以及假定的直角坐标系，定义原点及各个放缩点的位移方向及推档量,计算机根据这些信息自动推档得出大小码。

3. 自动推档法

根据绘制基准样的方法,用每一个码的尺寸重新绘制出整套样板。

三、推板的步骤

(一) 选择和确定基准样板

制板人员依据号型系列结合产品实际或订单上的规格表,选择具有代表性并能上下兼顾的规格作为基准,以此规格进行制板,然后再以此作为基准板进行推板。

(二) 样板的检查

在推档之前,要对基准样板进行全面、仔细地检查。如果基准样板不准确,推档掌握的再熟练也是徒劳。样板检查的内容有:

1. 样板造型与效果图或样衣是否一致。

2. 规格、尺寸是否正确。

3. 结构制图是否正确;对合部位长短是否一致、缝缩量设置是否合理。

4. 缝份大小、折边量是否符合工艺要求。

5. 全套纸样是否齐全。

6. 剪口是否做好,样板的标识是否齐全。

(三) 坐标基准线的确定

坐标基准线确定原则见推板的原理一段。常用基准线约定如表 5-4 所示。

表 5-4　常用基准线的约定

上装	衣身	纵向	前后中心线、胸宽线、背宽线
		横向	上平线、胸围线、腰围线
	袖子	纵向	袖中线、袖缝线
		横向	袖肥线
	领子	纵向	领中线、领角线
		横向	领宽线
下装	裤片	纵向	前后裤中线
		横向	横裆线、上平线
	裙片	纵向	前后中心线
		横向	上平线、臀围线

(四) 确定档差

档差是同一款服装同一部位相邻规格之间的差值。档差有二种形式,一种是规则档差,就是每个规格之间的同一部位差值是均等的;另一种是不规则档差,即某些部位是并档(几个尺码并为一档)或通码(所有尺码都一样大小)。

(五) 推板

按照各部位的档差值放缩各点并连接形成新的样板。

内销服装企业的服装规格一般是根据国家号型标准结合企业品牌服装的消费群体的特点来制定的。不同企业的推档方法也有所不同。一般来说，外贸服装注重规格的准确、到位，即每个部位的规格尺寸都必须符合订单要求，自己不能随意更改。内销企业在推档时则注重结构，在对基准板进行放大和缩小时，要保持服装的"型"不变。

知识点三：工艺单制作及生产流程的相关知识

一、工艺单阐述

生产工艺单是指导服装生产的技术依据之一，是服装制作过程中的一个重要环节，是对服装企业中订单样板打制、样衣制作的特定文件，是控制服装质量的重要环节之一。

二、工艺单的分类

（一）规格示样书（下单工艺单）

一般是贸易部门向生产企业或生产部门下达的工艺文件，重点布置生产部门需要做到的各项要求以及必须达到的技术指标。但是，一般情况下，这一类工艺文件没有阐述工艺技术与操作技法，而只提出要求。

（二）工序工艺单（工艺操作规程）

这是生产企业为了按质、按量、准时履约，在企业内部统一操作方法，组织工艺流程而设计的工艺文件。这类工艺文件非常具体，它反映了产品工艺过程的全部技术要求，是指导产品加工和工人操作的技术法规，是贯彻和执行生产工艺的重要手段，是产品质量检查及验收的主要依据。

三、工艺单格式的制作形式

工艺单的格式有很多种，可以以图表的形式表达，也可以以文字陈述，但常见的工艺单格式是两者兼具的，即既有文字陈述又结合图表，这样使查阅者看起来更加方便易懂。工艺单根据需要可以以规格指示书的类型展示，也可以以工艺制作流程的形式展示，具体选择哪种形式还要结合企业产品的实际来选择。

四、服装生产流程(图 5-4)

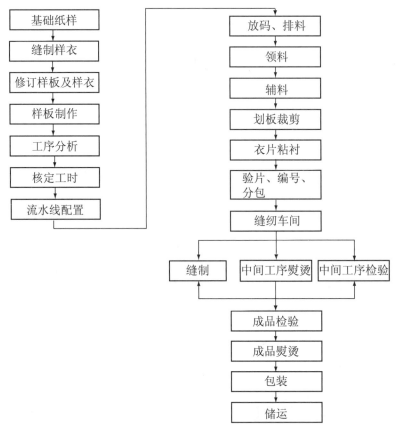

图 5-4　服装生产流程

过程一:产品订货会及促销方案

订货会与促销方案是服装企业预测市场需求,争夺终端市场的有效途径。

举办一场成功的订货会首先要做好的准备工作,如邀请客户、制定宣传画册、及确定会务的相关内容;其次要做好订货阶段的相关工作,如服装的静动态展示,商品的组合搭配定价、与客户的商讨会务等工作;再则要做好反馈工作,以便于下一步做款式的调整和安排生产。

■ **案例：**

ZJ·FASHION 产品订货会及促销方案

ZJ·FASHION 产品订货会除了遵守以上程序以外,这里主要展示 ZJ·FASHION 品牌订货会的广告招贴和订货手册样本。

一、订货会宣传画

订货会宣传画是企划部根据设计部策划的设计主题进行设计,2015秋季订货会 ZJ·FASHION 共推出三个主题,宣传画可以按照改三个主体分别设计:

主题一:永恒岁月。为那些活动在办公室空间的女人们设计,春夏秋冬浑然一起,黑白灰搭配、笔挺有型、建筑风格是阐述这一主题的主要元素(案例图1)。

主题二:数字时代。对真实的自然和数字世界难以区分,工程蓝图变形处理、网络线条、方格面料和手工细节装饰是阐述这一主题的主要元素(案例图2)。

主题三:现代假日。强调简洁的线条和外衣廓形,数码印花的女人味实足的衬衣来与简洁风格搭配,配中性裤装,形成了刚中带柔,柔中带刚的都市女性知性独特的美(案例图3)。

宣传画根据订货会货品摆放位置来招贴,让代理商有明确的主题概念。

案例图1　主题一

二、订货手册(案例表1)

2015 ZJ·FASHION 秋季订货手册填写时注意事项:

1. 每款都有自己的编号,在汇总表里只填写编号;

2. 每款有三个颜色,填写订货款式的颜色和数量;

3. 每个款式分 L、M、S 三个号码,请仔细填写每个码的量;

案例图 2　主题二　　　　　　　　　案例图 3　主题三

4. 请根据样表认真填写自己的订货手册。

案例表 1　订货手册

款号：20150071	颜色	订货数量			小计
	米黄	L 50	M 50	S 25	
	灰绿	L 50	M 50	S 25	375
	紫色	L 50	M 50	S 25	
	铁锈红	L 25	M 100	S 25	
	白色	L 25	M 100	S 25	475
	黑色	L 50	M 100	S 25	
款号：20150032	颜色	订货数量			小计
	橙色	L 50	M 80	S 20	
	浅紫色	L 50	M 80	S 20	450
	灰蓝色	L 50	M 80	S 20	

三、促销方案

2015 ZJ·FASHION 秋季产品促销方案分为二种：

1. 产品样本

ZJ·FASHION 品牌 2015 秋季产品共有三本图册，一本是用于招商宣传的样品册，一本是供店内陈列用的陈列搭配册，还有一本是用于节假日促销的样品小手册。

招商宣传样品册内容包括：品牌 2015 秋季设计主题；货品的一些创新点；新的裁剪技术及新面料的应用；每个系列产品的图片。

陈列搭配手册内容包括：系列产品的分波段上市陈列效果图及上市日期；主打产品详细的陈列说明；每个系列产品的搭配效果图；各个波段产品的陈列主要区域展示图。

节假日促销小手册内容包括：主打产品的形象图片；节假日促销品图片；促销优惠政策说明；下一季节产品预告图片。

2. 促销宣传画（案例图 4）

ZJ·FASHION 品牌促销宣传画是由企划部根据本季节的产品主题特色设计而成。ZJ·FASHION 品牌该季节有三个小主题，因此宣传画根据主题而定，比如一个主题是"数字时代"，主题图案侧重于工程蓝图变形处理、网络线条、方格面料和手工

案例图 4　促销宣传画

细节装饰等，因此在促销宣传画中选择灰蓝色集合图形来渲染该主题。

思考与练习：

1. 复习产品订货会相关知识。

2. 按照小组完成的样衣制定订货手册一本。

3. 完成小组内产品促销宣传画两张。

过程二:投产产品系列样板制作

服装的系列样板制作即服装样板推档,也称推板、放码,是服装生产厂商根据国家技术标准规定的成套规格系列标准和客户要求的规格系列,推放出各个号型规格的全套裁剪纸样的过程。服装工业样板的推档,一般以中间规格(也可以是最大或最小规格)作为基准样板或标准母板,兼顾各个号型和规格之间的关系,绘制出各规格或号型系列的裁剪用样板的方法。它是服装工业生产过程中很重要的一项工作,具有很强的技术性和科学性,要求细致、严谨、科学。

一、投产产品系列规格设计

系列规格是推档的依据。系列规格是生产厂家根据国家号型系列,结合自身品牌服装的特点和所适应的消费者的体型特征所制定的适合大众人群的服装规格。女装产品由于款式变化快,追求时尚、个性等特征,因此生产的批量往往比较小,所以一般只设计3~5个规格,通常用字母 XS、S、M、L、XL 等来表示不同大小的规格,也有的用数字来表示;有的则直接以号型表示。(按国家号型系列设计系列规格见第二阶段知识点中"服装号型在工业样板中的应用"之中的服装系列规格设计。)

二、投产产品基准样板的准备

基准样板是推板的依据,一般选中间号型的样板,目的是为了在推档的过程中减小大码和小码的误差。如上述案例中的裤子系列规格中,可选择 M 号或 L 号作为基准样板。基准样板是推档的基础,为了保证推档的准确性,必须确保基准样板的准确性。故在推档前,要检查基准样板的款式是否与服装款式相一致、样板尺寸是否与尺寸表上的一致,样板的数量是否正确。

三、投产产品放码推档

将各种服类产品根据设定的系列规格进行放码,做出不同尺码的面、里、衬裁剪样板和工艺样板,在放码推档的过程中,需要注意一下问题:

1. 规格一致:即系列样板的各个控制部位规格要符合规格表上的规格尺寸。
2. 造型一致:保型性要好,大小码的服装造型必须与基准样的服装造型一致,不能变形、走样。
3. 效率兼速度:在保证服装规格和造型的前提下,提高推档的速度。

■ **案例一:**

ZJ·FASHION某款裤子的系列规格设计

款式图:(案例图1)

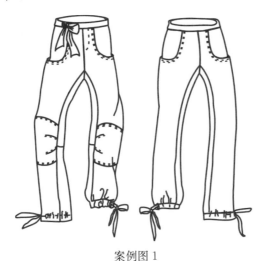

案例图1

ZJ·FASHION品牌的消费群体是25~40岁之间的女性,参照国家号型标准以160/68A为中间体比较合适。对照号型标准中的该体型的各个控制部位尺寸:腰围高为98cm,臀围90cm,腰围68cm。由于该品牌服装的风格偏向于欧版,整体比较休闲、随意。所以各个部位的放松量要相应大些。根据以上的原则,设定裤长加放4cm,中腰款腰围加放4cm,臀围加放8cm,中间体规格见案例表1。

案例表1 中间体规格表 单位:cm

号型	裤长	腰围	臀围	立裆深	脚口
160/68A	102	72	98	24.5(连腰)	46

根据5·4系列设定四个尺码的系列规格如案例表2。

案例表2 5·4系列裤子规格表 单位:cm

尺码 规格	S 155/64A	M 160/68A	L 165/72A	XL 170/74A	档差
裤长	99	102	105	108	3
腰围	68	72	76	80	4
臀围	92.4	96	99.6	103.2	3.6
立裆深	23.6	24.5	25.4	26.3	0.9
脚口	45	46	47	48	1

■ **案例二：**

具体款式推板

一、裙子推板

(一)款式和系列规格设计

1. 款式图（案例图2）："ZJ·FASHION 品牌裙装制板" 案例中的裙装款一。

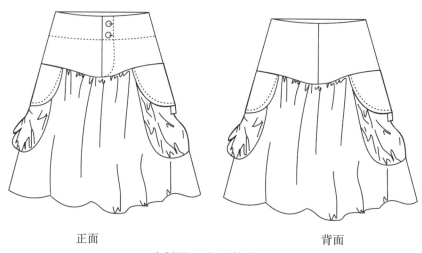

正面　　　　　　　　　　　　　背面
案例图2　裙子款式图

2. 系列规格设计

款一裙子的中号规格如案例表1。根据国家号型标准中的5·4系列，设定各部位档差和大、中、小码系列规格见案例表4。

案例表3　款一裙子M号(中号)规格表　　　　　　　　　　单位：cm

号型	裙长	腰围	臀围	腰臀深
160/68A	62	70(低腰3cm)	95	18

案例表4　款一裙子系列规格表　　　　　　　　　　单位：cm

部　位	155/64A(S)	160/68A(M)	165/72A(L)	档　差
裙长	60	62	64	2
腰围	66(低腰3cm)	70(低腰3cm)	74(低腰3cm)	4
臀围	91.4	95	98.6	3.6
腰臀深	17.5	18	18.5	0.5

注：1. 本规格系列为5·4系列，推板时以160/68A为基准板。

2. 以上的系列规格为制板规格，已包含缩率、工艺损耗等影响成品规格的因素。

(二)裙子推板

1. 前片（案例图3）

①前片上侧推板

基准线约定：以前中心线为纵坐标、以前裙片的横向分割线作为横坐标。

各部位推档量和放缩说明，见案例表5。

案例表 5 前片上侧各部位推档量和放缩说明

代号	推档量(单位:cm)		放缩说明
A	↕	0.5	取腰臀深档差 0.5cm
	↔	0	纵坐标基准线上的点,不放缩
B	↕	0.5	取腰臀深档差 0.5cm
	↔	1	取腰围档差的 1/4
C	↕	0	坐标基准点
	↔	0	坐标基准点
D	↕	0	横坐标基准线上的点,不放缩
	↔	0.9	取臀围档差的 1/4

②前裙片推板

基准线约定:以前中心线为纵坐标、以前片上侧的横向分割线作为横坐标。

各部位推档量和放缩说明:见案例表 6。

案例表 6 前裙片各部位推档量和放缩说明

代号	推档量(单位:cm)		放缩说明
A、B	↕	1.5	取裙长档差减去腰臀深档差
	↔	0.9	取臀围档差的 1/4
C、D	↕	0	横坐标基准线上的点,不放缩
	↔	0.9	取臀围档差的 1/4

③门里襟:门里襟宽度不变,横向不放缩;纵向变化为腰臀深档差 0.5cm。

④袋口滚条:通码,不放缩。

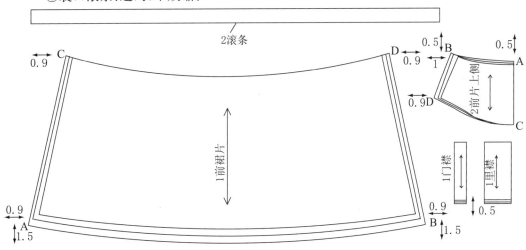

案例图 3 前片推板图

2. 后片(案例图 4)

①后片上侧推板

基准线约定:以后中心线为纵坐标、以后裙片的横向分割线作为横坐标。

各部位推档量和放缩说明同前片上侧。

②后裙片推板

基准线约定：以后中心线为纵坐标、以后片上侧的横向分割线作为横坐标。

各部位推档量和放缩说明同前裙片。

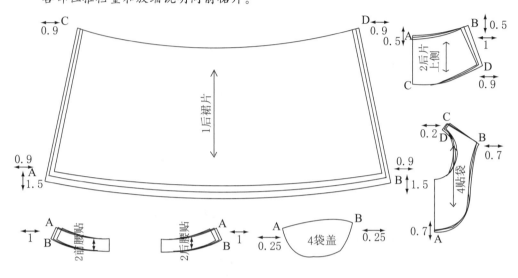

案例图4　后片推板图

3. 前后腰贴(案例图3)

前后腰贴宽度不变,纵向不放缩;横向放缩量为腰围档差的1/4,即1cm。

4. 贴袋(案例图4)

①贴袋推板

以袋中线和袋口线为基准线。各部位推档量和放缩说明:见案例表7。

案例表7　贴袋各部位推档量与放缩说明

代号	推档量(单位:cm)		放缩说明
A	↕	0.7	因贴袋较长、较大,设定袋长档差为0.7cm
	↔	0	纵坐标基准线上的点,不放缩
B	↕	0	横坐标基准线上的点,不放缩
	↔	0.7	设定为0.7cm
C,D	↕	0	横坐标基准线上的点,不放缩
	↔	0.2	设定袋口档差为0.5cm,因B点变化0.7cm,所以C点放缩0.2cm

②袋盖推板:因袋口变化0.5cm,所以袋盖两边的点各变化0.25cm;因袋盖宽不变,所以纵向不放缩。

5. 里布推板(案例图5)

①前裙片里布推板

基准线约定:以前中心线为纵坐标、臀围线作为横坐标。

各部位推档量和放缩说明,见案例表8。

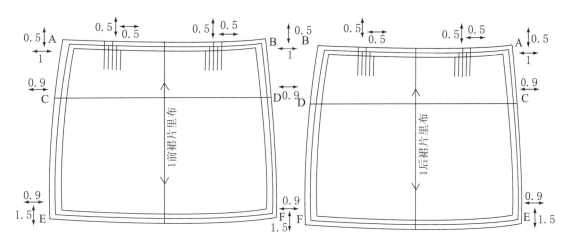

案例图 5　里布推板图

案例表 8　里布各部位推档量与放缩说明

代号	推档量（单位：cm）		放缩说明
A、B	↕	0.5	取腰臀深档差 0.5cm
	↔	1	取腰围档差的 1/4
C、D	↕	0	横坐标基准线上的点，不放缩
	↔	0.9	取臀围档差的 1/4
E、F	↕	1.5	取裙长档差减去腰臀深档差
	↔	0.9	取臀围档差的 1/4
褶裥	↕	0.5	取腰臀深档差 0.5cm
	↔	0.5	取腰围档差的 1/2（褶裥位于腰线的 1/2 处，褶量大小不变）

②后裙片里布推板

基准线约定：以后中心线为纵坐标、臀围线为横坐标。

各部位推档量和放缩说明同前裙片。

（三）拓印成样板

拓印成样板可一码一码进行，如先用 M 码推出 L 码，把它拓印好后，然后用 M 码推出 S 码，再拓印，这样比较清楚，不容易混淆。

二、裤子推板

（一）款式和系列规格设计

1. 款式图（案例图 5）：“ZJ·FASHION 品牌裤装制板”案例中的裤装款一。

2. 系列规格设计

款一裤装的中号规格如案例表 7。根据国家号型标准中的 5·4 系列，设定各部位档差和大、中、小码系列规格见案例表 10。

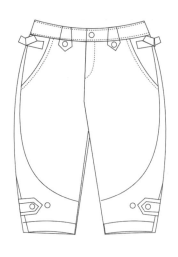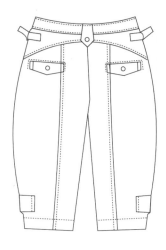

正面   背面

案例图 5　裤子款式图

案例表 9　款一裙子 M 号(中号)规格表　　　　单位:cm

号型	裤长	腰围	臀围	脚口
160/68A	56	72(低腰 3cm)	100	41

案例表 10　款一裙子系列规格表　　　　单位:cm

部　位	155/64A(S)	160/68A(M)	165/72A(L)	档　差
裤长	54	56	58	2
腰围	68(低腰 3cm)	72(低腰 3cm)	76(低腰 3cm)	4
臀围	96.4	100	103.6	3.6
脚口	40	41	42	1

注:1.本规格系列为 5·4 系列,推板时以 160/68A 为基准板。

　2.以上的系列规格为制板规格,已包含缩率、工艺损耗等影响成品规格的因素。

(二)裤子推板

(1)前片(案例图 7)

基准线约定:以裤中线为纵坐标、横裆线为横坐标。

各部位推档量和放缩说明:见案例表 11。

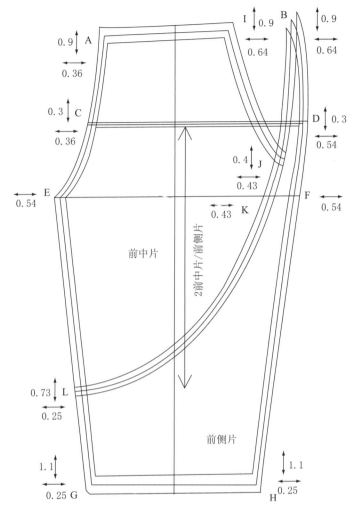

案例图 7　前片推板图

案例表 11　裤子各部位推档量与放缩说明

代号	推档量(单位:cm)		放缩说明
E、F	↕	0	横坐标基准线上的点,不放缩
	↔	0.54	取臀围档差的 1/4 加上小裆档差(臀围档差的 1/20)之和的 1/2
C	↕	0.3	取立裆深档差(臀围档差的 1/4)的 1/3
	↔	0.36	取 E 点横向变化量减去小裆档差(臀围档差的 1/20)
D	↕	0.3	同 C 点
	↔	0.54	取臀围档差的 1/4 减去 C 点的横向变化量
A	↕	0.9	取立裆深档差(臀围档差的 1/4)
	↔	0.36	同 C 点

代号	推档量（单位：cm）		放缩说明
B	↕	0.9	同 A 点
	↔	0.64	取腰围档差的 1/4 减去 A 点的横向变化量
I	↕	0.9	同 B 点
	↔	0.64	同 B 点，袋口离侧缝的距离不变
J	↕	0.4	用 I 点的纵向变化量减去袋口档差（设定为 0.5cm）
	↔	0.43	取 D 点横向变化量的 4/5（因为 J 点大概占裤中线到 D 点距离的 1/5）
K	↕	0	横坐标基准线上的点，不放缩
	↔	0.43	同 J 点
G、H	↕	1.1	取裤长档差减去立裆深档差（臀围档差的 1/4）
	↔	0.25	取脚口档差的 1/4
L	↕	0.73	取 G 点变化量的 2/3（因为 L 点大概位于 EG 线的 1/3 处）
	↔	0.25	同 G 点

2. 后片（案例图 8）

①后中片、后侧片推板

基准线约定：以裤中线为纵坐标、横裆线为横坐标。

各部位推档量和放缩说明见案例表 12。

案例表 12　后片各部位推档量与放缩说明

代号	推档量（单位：cm）		放缩说明
E、F	↕	0	横坐标基准线上的点，不放缩
	↔	0.63	取［臀围档差的 1/4 加上后裆档差（臀围档差的 1/10）］的 1/2
C	↕	0.3	取立裆深档差（臀围档差的 1/4）的 1/3
	↔	0.27	取 E 点横向变化量减去大裆档差（臀围档差的 1/10）
D	↕	0.3	同 C 点
	↔	0.63	取臀围档差的 1/4 减去 C 点的横向变化量
A	↕	0.9	取立裆深档差（臀围档差的 1/4）
	↔	0.27	同 C 点
B	↕	0.9	同 A 点
	↔	0.73	取腰围档差的 1/4 减去 A 点的横向变化量
I	↕	0.9	同 B 点
	↔	0	分割线大概位于横裆线的中点
J	↕	0.3	同 C 点
	↔	0	同 I 点

（续表）

代号	推档量（单位：cm）		放缩说明
K	$\updownarrow$	0	横坐标基准线上的点，不放缩
	$\leftrightarrow$	0	同 J 点
G、H	$\updownarrow$	1.1	取裤长档差减去立裆深档差（臀围档差的 1/4）
	$\leftrightarrow$	0.25	取脚口档差的 1/4
L	$\updownarrow$	0.73	同 G 点
	$\leftrightarrow$	0	同 J 点

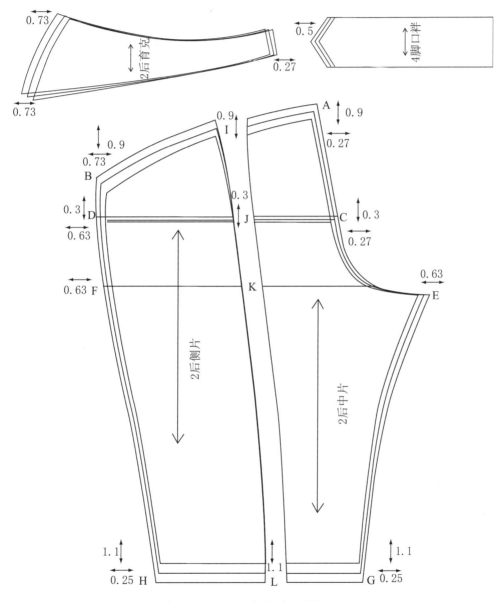

案例图 8　后片、后育克、脚口襻推板图

②后育克推板

后育克宽度不变,纵向不放缩;后中横向放缩量同后中片 A 点;侧缝横向放缩量同后侧片 B 点。

③脚口襻

脚口襻宽度不变,长度放缩量设定为 0.5cm。

3. 前后腰推板(案例图 9)

前后腰贴宽度不变,纵向不放缩;横向放缩量为腰围档差的 1/4,即 1cm。

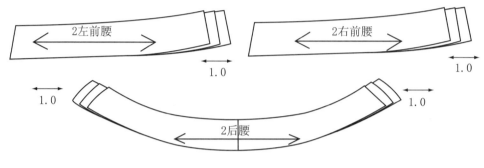

案例图 9 前后腰推板图

4. 后袋各片样板推板(案例图 10)

后袋盖、袋贴、牵线和袋布纵向不放缩,横向放缩袋口的变化量 0.3cm。

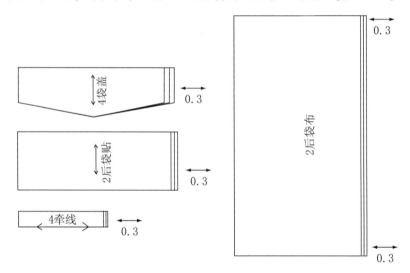

案例图 10 袋部件推板图

5. 门里襟样板推板(案例图 11)

门里襟宽度不变,横向不放缩;门里襟长度大概占立裆深的 2/3,所以纵向变化立裆深档差 0.9cm 的 2/3,即放缩 0.6cm。

(6)斜插袋袋布、袋贴推板(案例图 11)

因袋口档差设定为 0.5cm,因此小袋布、袋贴在袋口边放缩 0.5cm;宽度不变。

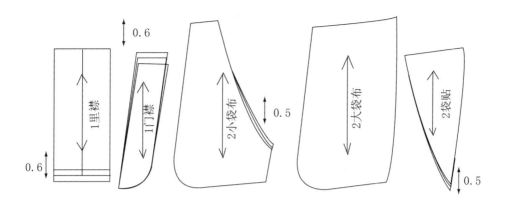

案例图 11　门里襟、袋布、袋贴推板图

（三）拓印成样板

方法同裙子样板拓印，在此不再赘述。

三、衬衫推板

（一）款式和系列规格设计

1. 款式图：案例图 12 "ZJ·FASHION 品牌衬衫制板" 案例中的衬衫款一。

正面　　　　　　　　　　背面

案例图 12　衬衫款式图

2. 系列规格设计

款一衬衫的中号规格如案例表 13。根据国家号型标准中的 5·4 系列，设定各部位档差和大、中、小码系列规格见案例表 14。

案例表 13　款一衬衫 M 号（中号）规格表　　　　　　　　　单位：cm

号型	衣长	胸围	肩宽	袖长	袖口
160/84A	68	101	43	60	23

案例表 14　款一衬衫系列规格表　　　　　　　　　　　　　单位:cm

部　位	55/80A(S)	160/84A(M)	165/88A(L)	档　差
衣长	66	68	70	2
胸围	97	101	105	4
肩宽	42	43	44	1
袖长	58.5	60	61.5	1.5
袖口	22	23	24	1

注:1. 本规格系列为 5·4 系列,推板时以 160/84A 为基准板。

　　2. 以上的系列规格为制板规格,已包含缩率、工艺损耗等影响成品规格的因素。

（二）衬衫推板

1. 前片（案例图 13）

基准线约定:以前中心线为纵坐标、胸围线为横坐标。

各部位推档量和放缩说明（前片左右对称,以半片为例）（案例表 15）:

案例表 15　前片各部位推档量和放缩说明

代号		推档量(单位:cm)	放缩说明
B	↕	0.67	取胸围档差的 1/6
	↔	0.16	取颈围档差的 1/5(5·4 系列女子 A 体型的颈围档差为 0.8cm)
A	↕	0.5	取 B 点纵向变化量减去直开领变化量(颈围档差的 1/5＝0.16cm)
	↔	0	纵坐标基准线上的点,不放缩
C	↕	0.56	取 B 点纵向变化量减去直开领变化量(颈围档差的 1/5＝0.16cm)的 2/3
	↔	0.5	取肩宽档差的 1/2
D	↕	0.3	取 B 点纵向变化量的 1/2 略小一点
	↔	0.6	取胸围档差的 0.15 倍
E	↕	0	横坐标基准线上的点,不放缩
	↔	1	取胸围档差的 1/4
F	↕	1.33	取衣长档差减去 B 点纵向变化量
	↔	1	取胸围档差的 1/4
G	↕	1.33	同 F 点
	↔	0	纵坐标基准线上的点,不放缩

2. 后片（案例图 13）

基准线约定:以后中心线为纵坐标、胸围线为横坐标。

各部位推档量和放缩说明（后片左右对称,以半片为例）（案例表 16）。

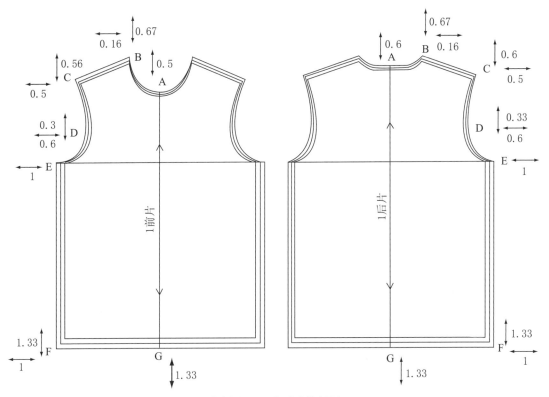

案例图 13　前后片推板图

案例表 16　后片各部位推档量和放缩说明

代号	推档量(单位:cm)		放缩说明
B	↕	0.67	取胸围档差的 1/6
	↔	0.16	取颈围档差的 1/5(5・4 系列女子 A 体型的颈围档差为 0.8cm)
A	↕	0.6	取 B 点纵向变化量减去后直开领变化量(横开领变化量 0.16cm 的 1/3)
	↔	0	纵坐标基准线上的点,不放缩
C	↕	0.6	取 B 点纵向变化量减去后直开领变化量(横开领变化量 0.16cm 的 1/3)
	↔	0.5	取肩宽档差的 1/2
D	↕	0.3	取 B 点纵向变化量的 1/2
	↔	0.6	取胸围档差的 0.15 倍
E	↕	0	横坐标基准线上的点,不放缩
	↔	1	取胸围档差的 1/4
F	↕	1.33	取衣长档差减去 B 点纵向变化量
	↔	1	取胸围档差的 1/4
G	↕	1.33	同 F 点
	↔	0	纵坐标基准线上的点,不放缩

(3)袖子(案例图 14)

基准线约定:以袖中线为纵坐标、袖肥线为横坐标。

各部位推档量和放缩说明(案例表17)。

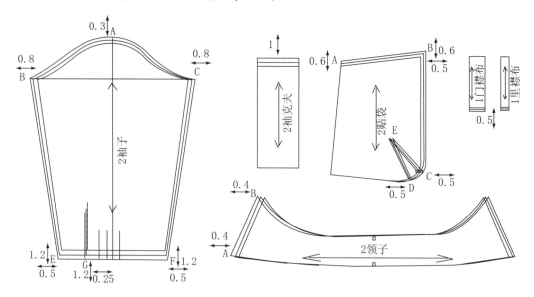

案例图14 袖子、领子及零部件推板图

案例表17 袖各部位推档量和放缩说明

代号	推档量(单位:cm)		放缩说明
A	↕	0.3	取前后肩点变化量的平均值乘以50%~60%
	↔	0	纵坐标基准线上的点,不放缩
B、C	↕	0	横坐标基准线上的点,不放缩
	↔	0.8	前后窿门宽的变化量之和
E、F	↕	1.2	取袖长档差减去A点纵向变化量
	↔	0.5	取袖口档差的1/2
G	↕	1.2	同E、F点
	↔	0.25	取袖口档差的1/4

4. 领子(案例图14)

领子宽度不变,长度左右各推领围档差的1/2,即0.4cm。

5. 袖克夫(案例图14)

袖克夫单边推袖口档差的1/2,即0.5cm。

6. 门里襟(案例图14)

门里襟宽度不变,长度单边推0.5cm。

7. 贴袋(案例图14)

贴袋袋口档差设定为0.5cm,袋长档差设定为0.6cm。所以A点纵向放缩0.6cm;B点纵向放缩0.6cm,横向放缩0.5cm;省道长度和大小都不变,因此C、D、E点纵向不变,横向放缩0.5cm。

(三)拓印成样板

方法同裙子样板拓印，在此不再赘述。

三、外套推板

（一）款式和系列规格设计

1. 款式图（案例图15）："ZJ·FASHION品牌外套制板"案例中的外套款一。

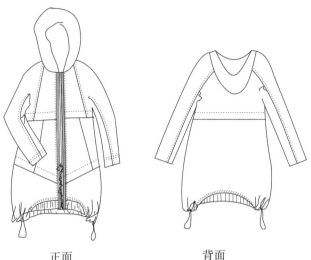

正面　　　　　　　背面

案例图15　外套款式图

2. 系列规格设计

款一外套的中号规格见案例表18。根据国家号型标准中的5·4系列，设定各部位档差和大、中、小码系列规格见案例表19。

案例表18　款一外套M号（中号）规格表　　　　　　　单位:cm

号型	衣长	胸围	肩宽	袖长	袖口
160/84A	81.5	102	41	62	28

案例表19　款一外套系列规格表　　　　　　　单位:cm

部　位	155/80A(S)	160/84A(M)	165/88A(L)	档　差
衣长	79	81.5	84	2.5
胸围	98	102	106	4
肩宽	40	41	42	1
袖长	60.5	62	63.5	1.5
袖口	27	28	29	1

注:1. 本规格系列为5·4系列，推板时以160/84A为基准板。

　2. 以上的系列规格为制板规格，已包含缩率、工艺损耗等影响成品规格的因素。

（二）外套推板

1. 前片（案例图16）

①前片上侧推板

基准线约定:以前中心线为纵坐标、胸围线为横坐标。

各部位推档量和放缩说明（案例表20）。

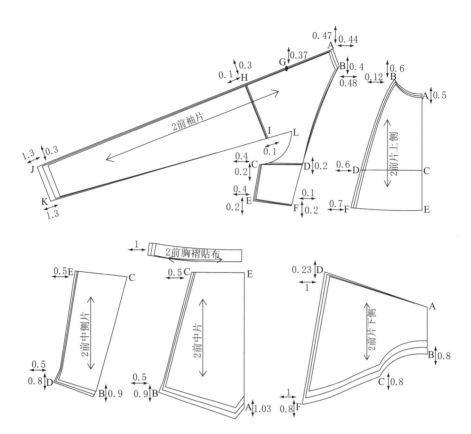

案例图 16　前片推板图

案例表 20　前片各部位推档量和放缩说明

代号	推档量(单位:cm)		放缩说明
A	↕	0.5	袖窿深档差为胸围档差的 1/6,等于 0.67cm;而直开领档差为颈围档差的 1/5,即 0.8/5=0.16cm,A 点为前领中点,所以 A 点变化量为前两者之差,即 0.67-0.16=0.51,约 0.5cm
	↔	0	纵坐标基准线上的点,不放缩
B	↕	0.6	B 点大概位于直开领的 1/2 偏上一点的位置,取变化量为 0.6cm
	↔	0.12	B 点大概位于横开领的 3/4 处,取横开领档差(颈围档差/5=0.16)的 3/4
C	↕	0	坐标基准点
	↔	0	坐标基准点
D	↕	0	横坐标基准线上的点,不放缩
	↔	0.6	D 点位于胸围的 1/2 偏后一点的位置,取 0.6cm
E	↕	0	不放缩
	↔	0	纵坐标基准线上的点,不放缩
F	↕	0	不放缩
	↔	0.7	D 点位于胸围的 1/2 偏后一点的位置,取 0.7 cm

②前袖片推板

基准线约定：以 L 点为基准，衣身部分按衣身的纵、横丝缕推，袖子纵向按袖中线推，横向按袖肥线推。

各部位推档量和放缩说明（案例表 21）：

案例表 21　前袖与各部位推档量和放缩说明

代号	推档量（单位：cm）		放缩说明
A	↕	0.47	袖窿深档差（胸围档差的 1/6），因基准点 L 大概位于袖窿深的 2/3 处，因此 A 点放缩量取 0.47cm
	↔	0.44	L 点到前中心线的变化量为 0.6cm（0.15 倍的胸围变化量），而横开领的变化量为 0.16cm（0.8/5），则 A 点变化量为两者之差，即 0.6－0.16＝0.44cm
B	↕	0.4	B 点大概位于直开领的 1/2 偏上一点的位置，取变化量为 0.4cm
	↔	0.48	L 点到前中心线的变化量为 0.6cm，而横开领的变化量为 0.16cm，B 点大概位于横开领的 3/4 处（即 0.16 * 3/4＝0.12cm），所以 B 点的变化量为 0.6－0.12＝0.48cm
C	↕	0.2	袖窿深档差（胸围档差的 1/6）减去 A 点的纵向变化量
	↔	0.4	胸围档差的 1/4 减去前片上侧 D 点的变化量
D	↕	0.2	同 C 点
	↔	0	不放缩
E	↕	0.2	同 C 点
	↔	0.4	同 C 点
F	↕	0.2	同 E 点
	↔	0.1	E 点变化量加上前片上侧 F 点的变化量减去胸围档差的 1/4
G	↕	0.37	A 点的纵向变化量减去肩斜的变化量 0.1cm
	↔	0	肩宽变化量为 0.5cm，与 L 点的变化量 0.6cm 差不多，不变
H	↗	0.1	袖山高变化量 0.3cm（计算参见里布袖子的袖山高计算）减去 G 点在袖山方向的变化量（约 0.2cm）
	↘	0.3	袖肥的变化量 0.4cm（同 C 点横向变化量）减去袖底片的袖肥变化量（设定为 0.1cm）
I	↗	0.1	同 H 点
	↘	0	不放缩
J	↗	1.3	袖长档差 1.5cm 减去 G 点在袖山方向的变化量（约 0.2cm）
	↘	0.3	同 H 点
K	↗	1.3	同 J 点
	↘	0	不放缩

③前中片推板

基准线约定：以 AE 为纵坐标，CE 为横坐标。

各部位推档量和放缩说明（案例表 22）：

案例表 22　前中片各部位推档量和放缩说明

代号	推档量（单位：cm）		放缩说明
A	↕	1.03	衣长档差减前袖片 AF 之间的变化量 0.67cm 后，按比例 A 点设定为 1.03cm
	↔	0.5	纵坐标基准线上的点，不放缩
B	↕	0.9	根据 B 点所在位置，结合 A 点变化量，按比例设定为 0.9cm
	↔	0.5	同 C 点
C	↕	0	横坐标基准线上的点，不放缩
	↔	0.5	C 点位于胸围线的 1/2 处，放缩胸围档差的 1/2

④前中侧片推板

基准线约定：以 CB 为纵坐标，CE 为横坐标。

各部位推档量和放缩说明（案例表 23）：

案例表 23　前中侧片各部位推档量和放缩说明

代号	推档量（单位：cm）		放缩说明
B	↕	0.9	同前中片 B 点
	↔	0	纵坐标基准线上的点，不放缩
E	↕	0	横坐标基准线上的点，不放缩
	↔	0.5	C 点位于胸围线的 1/2 处，放缩胸围档差的 1/2
D	↕	0.8	根据 D 点所在位置，结合 B 点变化量，按比例设定为 0.8cm
	↔	0.5	同 E 点

⑤前片下侧推板

基准线约定：以 AB 为纵坐标基准线。

各部位推档量和放缩说明（案例表 24）：

案例表 24　前片下侧各部位推档量和放缩说明

代号	推档量（单位：cm）		放缩说明
B	↕	0.8	衣长档差减前袖片 AF 之间的变化量和前中片 A 点变化量（2.5cm—0.67cm—1.03cm）
	↔	0	纵坐标基准线上的点，不放缩
C	↕	0.8	同 B 点
	↔	0	不放缩
F	↕	0.8	同 B 点
	↔	1	胸围档差的 1/4
D	↕	0.23	衣长档差减 F 点变化量、前袖片 AF 之间的变化量和前中侧片 D 点变化量（2.5cm—0.8cm —0.67cm—0.8cm）
	↔	1	同 E 点

⑥前胸褶贴布推板

前胸褶贴布宽度不变，长度变化胸围档差的 1/4。

（2）后片（案例图 17）

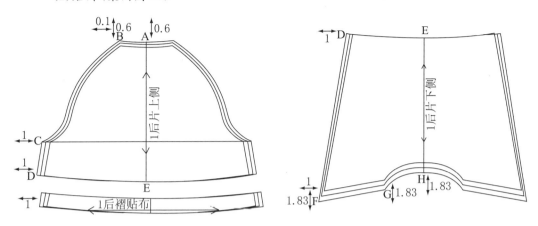

案例图 17　后片推板图

①后片上侧推板

基准线约定：以后中心线为纵坐标、胸围线为横坐标。

各部位推档量和放缩说明（案例表 25）：

案例表 25　后片上侧各部位推档量和放缩说明

代号	推档量（单位：cm）		放缩说明
A	↕	0.6	袖窿深档差（0.67cm）减去后直开领档差（为前直开领变化量的 1/3，即 0.16/3＝0.53cm），约 0.6cm
	↔	0	纵坐标基准线上的点，不放缩
B	↕	0.6	同 A 点
	↔	0.1	B 点大概位于横开领的 2/3 处，取横开领档差（颈围档差/5＝0.16）的 2/3
C	↕	0	横坐标基准线上的点，不放缩
	↔	1	胸围档差的 1/4
D	↕	0	同 C 点
	↔	0.6	同 C 点

②后片下侧推板

基准线约定：以后中心线为纵坐标、DE 线为横坐标。

各部位推档量和放缩说明（案例表 26）：

③后褶贴布推板

后褶贴布宽度不变，长度变化胸围档差的 1/4。

3. 后袖片（案例图 18）

案例表 26　后片下侧各部位推档量和放缩说明

代号	推档量(单位:cm)		放缩说明
D	↕	0	横坐标基准线上的点,不放缩
	↔	1	胸围档差的 1/4
F	↕	1.83	衣长档差减去袖窿深档差(0.67cm)
	↔	1	同 A 点
G	↕	1.83	同 F 点
	↔	0	不放缩
H	↕	1.83	同 F 点
	↔	0	纵坐标基准线上的点,不放缩

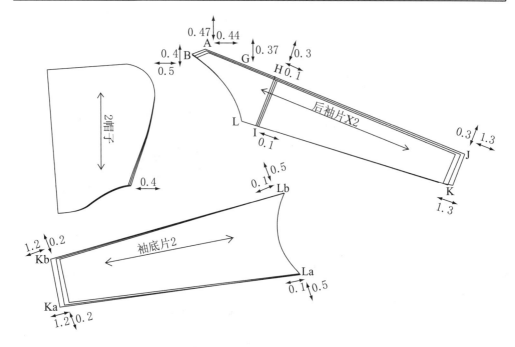

案例图 18　后袖片、帽子推板图

基准线约定:以 L 点为基准,衣身部分按衣身的纵、横丝缕推,袖子纵向按袖中线推,横向按袖肥线推。

各部位推档量和放缩说明(案例表 27):

案例表 27　后袖片各部位推档量和放缩说明

代号	推档量(单位:cm)		放缩说明
A	↕	0.47	同前袖片 A 点
	↔	0.44	同前袖片 A 点
B	↕	0.4	同前袖片 B 点
	↔	0.5	L 点到后中心线的变化量为 0.6cm,而横开领的变化量为 0.16cm,B 点大概位于横开领的 2/3 处(即 0.16×2/3＝0.1cm),所以 B 点的变化量为 0.6－0.1＝0.5cm

代号	推档量（单位：cm）		放缩说明
G	↕	0.37	A点的纵向变化量减去肩斜的变化量0.1cm
	↔	0	肩宽变化量为0.5cm，与L点的变化量0.6cm差不多，不变
H	⤢	0.1	同前袖片H点
	⤡	0.3	同前袖片H点
I	⤢	0.1	同H点
	⤡	0	不放缩
J	⤢	1.3	袖长档差1.5cm减去G点在袖山方向的变化量（约0.2cm）
	⤡	0.3	同H点
K	⤢	1.3	同J点
	⤡	0	不放缩

4. 袖底片推板（案例图18）

基准线约定：以袖底片中线为纵坐标、袖肥线为横坐标。

各部位推档量和放缩说明（案例表28）：

案例表28　袖底片各部位推档量和放缩说明

代号	推档量（单位：cm）		放缩说明
La Lb	↕	0.1	同前后袖片I点变化量
	↔	0.5	袖肥变化量［前后胸围变化量减前后胸、背宽，即（1－0.6）×2］减袖片H点变化量，为0.8－0.3＝0.5cm
Ka	↕	1.2	前后袖片K点变化量减去La、Lb的变化量
Kb	↔	0.2	袖口档差减去前后袖片J点横向变化量

5. 帽子推板（案例图18）

帽子在领口部分推领围差的1/2，即0.8/2＝0.4cm。

6. 挂面推板（案例图19）

基准线约定：以止口线为纵坐标、胸围线为横坐标。

各部位推档量和放缩说明（案例表29）：

案例表29　挂面各部位推档量和放缩说明

代号	推档量（单位：cm）		放缩说明
A	↕	0.5	B点变化量减去前直开领变化量（领围档差的1/5，即0.8/5）
	↔	0	纵坐标基准线上的点，不放缩
B、C	↕	0.67	胸围档差的1/4
	↔	0.16	领围档差的1/5，即0.8/5＝0.16cm
D、E	↕	1.83	衣长档差减去B点变化量
	↔	0	宽度不变，不放缩

7. 里襟推板（案例图19）

里襟宽度不变,长度变化量为挂面止口的长度变化量。

8. 前、后下摆贴布推板(案例图 19)

前、后下摆贴布宽度不变,长度变化胸围档差的 1/4。

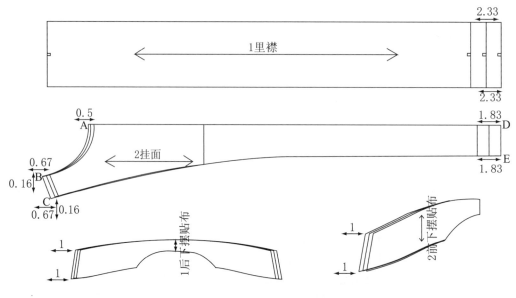

案例图 19 挂面、里襟、下摆贴推板图

9. 里布推板(案例图 20)

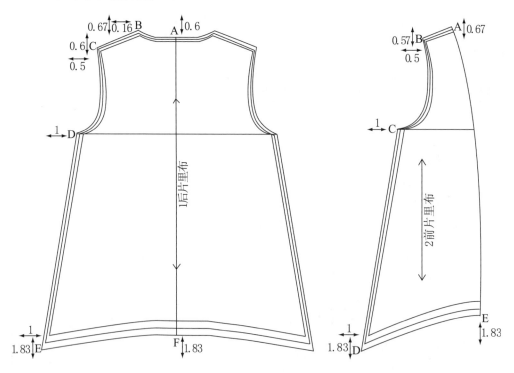

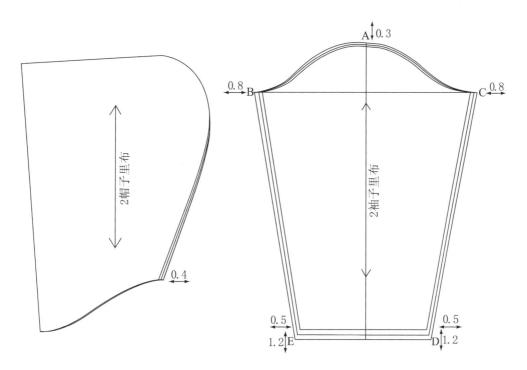

案例图 20　里布样板推板图

①后片里布推板

基准线约定：以后中心线为纵坐标、胸围线为横坐标。

各部位推档量和放缩说明（案例表 30）：

案例表 30　后片里布各部位推档量和放缩说明

代号	推档量（单位：cm）		放缩说明
A	↕	0.6	B点变化量减去后直开领变化量［横开领变化量（领围档差的 1/5，即 0.8/5）的 1/3］，约为 0.6cm
	↔	0	纵坐标基准线上的点，不放缩
B	↕	0.67	胸围档差的 1/4
	↔	0.16	领围档差的 1/5，即 0.8/5＝0.16cm
C	↕	0.6	B点变化量减去肩斜的变化量（同后直开领变化量）
	↔	0.5	肩宽档差的 1/2
D	↕	0	横坐标基准线上的点，不放缩
	↔	1	胸围档差的 1/4
E	↕	1.83	衣长档差减去B点的变化量
	↔	1	胸围档差的 1/4
F	↕	1.83	同E点
	↔	0	纵坐标基准线上的点，不放缩

②前片里布推板

基准线约定:以 AE 线为纵坐标、胸围线为横坐标。

各部位推档量和放缩说明(案例表 31)。

案例表 31　前片里布各部位推档量和放缩说明

代号	推档量(单位:cm)		放缩说明
A	↕	0.67	胸围档差的 1/4
	↔	0	纵坐标基准线上的点,不放缩
B	↕	0.57	A 点变化量减去前肩斜变化量[前直开领变化量(领围档差的 1/5)的 2/3]
	↔	0.5	肩宽档差的 1/2
C	↕	0	横坐标基准线上的点,不放缩
	↔	1	胸围档差的 1/4
D	↕	1.83	衣长档差减去 A 点的变化量
	↔	1	胸围档差的 1/4
E	↕	1.83	衣长档差减去 A 点的变化量
	↔	0	纵坐标基准线上的点,不放缩

③袖子里布推板

基准线约定:以袖中线为纵坐标、袖肥线为横坐标。

各部位推档量和放缩说明(案例表 32):

案例表 32　袖子里布各部位推档量和放缩说明

代号	推档量(单位:cm)		放缩说明
A	↕	0.3	取平均袖窿深变化量(前袖窿深变化量 0.57cm 加后袖窿深变化量 0.6cm 的 1/2)的 50%
	↔	0	纵坐标基准线上的点,不放缩
B、C	↕	0	横坐标基准线上的点,不放缩
	↔	0.8	取前后窿门宽之和 0.8cm(胸围变化 1cm,前后胸背宽变化 0.6cm)
D、E	↕	1.2	取袖长档差减袖山高变化量
	↔	0.5	取袖口档差的 1/2

④帽子里布推板

帽子在领口部分推领围差的 1/2,即 0.8/2＝0.4cm。

(三)拓印成样板

方法同裙子样板拓印,在此不再赘述。

五、背心推板

(一)款式和系列规格设计

1.款式图(案例图 21):"ZJ·FASHION 品牌背心制板"案例中的款式。

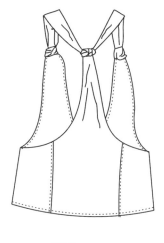

正面   背面

案例图 21　背心款式图

2.系列规格设计

该款背心的中号规格如案例表 33。根据国家号型标准中的 5·4 系列,设定各部位档差和大、中、小码系列规格见案例表 34。

案例表 33　款一外套 M 号(中号)规格表　　　　　　　　单位:cm

号型	衣长	胸围
160/84A	57	94

案例表 34　款一外套系列规格表　　　　　　　　单位:cm

部位	155/80A(S)	160/84A(M)	165/88A(L)	档差
衣长	55	57	59	2
胸围	90	94	98	4

注:1.本规格系列为 5·4 系列,推板时以 160/84A 为基准板。

　2.以上的系列规格为制板规格,已包含缩率、工艺损耗等影响成品规格的因素。

2.背心推板

(1)前片(案例图 22)

①前片推板

基准线约定:以前止口线为纵坐标、腰围线为横坐标。

各部位推档量和放缩说明(案例表 35)。

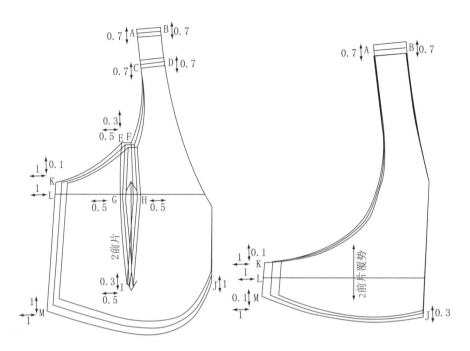

案例图 22 前片推板图

案例表 35 前片各部位推档量和放缩说明

代号	推档量（单位：cm）		放缩说明
A、B	↕	0.7	腰节线档差的 7/10，为 0.7cm
	↔	0	不放缩
C、D	↕	0.7	同 A、B 点
	↔	0	不放缩
E、F	↕	0.3	约取 A、B 点纵向变化量的 1/2 略小
	↔	0.5	省道大概位于胸围的 1/2 处，取 K 点变化量的 1/2
G、H	↕	0	横坐标基准线上的点，不放缩
	↔	0.5	同 E、F 点
I	↕	0.3	取 0.3cm
	↔	0.5	同 E、F 点
J	↕	1	衣长档差减去腰节线的档差 1cm
	↔	0	纵坐标基准线上的点，不放缩
K	↕	0.1	横坐标基准线附近，取 0.1cm
	↔	1	胸围档差的 1/4
L	↕	0	横坐标基准线上的点，不放缩
	↔	1	同 K 点
M	↕	1	同 J 点
	↔	1	同 K 点

②前片覆势推板

基准线约定：以前止口线为纵坐标、腰围线为横坐标。

各部位推档量和放缩说明（案例表 36）。

案例表 36　前片覆势各部位推档量和放缩说明

代号	推档量（单位:cm）		放缩说明
A、B	↕	0.7	腰节线档差的1/6,约0.7cm
	↔	0	不放缩
J	↕	0.3	J点大概位于腰节下衣长的1/3处,取0.3cm
	↔	0	纵坐标基准线上的点,不放缩
K	↕	0.1	横坐标基准线附近,取0.1cm
	↔	1	胸围档差的1/4
L	↕	0	横坐标基准线上的点,不放缩
	↔	1	同K点
M	↕	0.1	取0.1cm
	↔	1	同K点

2.后片（案例图23）

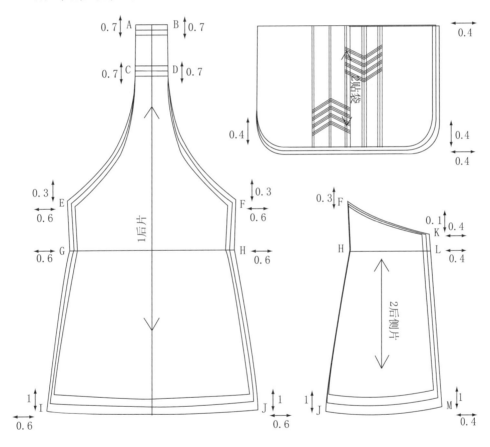

案例图 23　后片、贴袋推板图

①后片推板

基准线约定:以后中心线为纵坐标、腰围线为横坐标。

各部位推档量和放缩说明见案例表37。

案例表 37　后片各部位推档量和放缩说明

代号	推档量(单位:cm)		放缩说明
A、B	↕	0.7	腰节线档差的 1/6,约 0.7cm
	↔	0	不放缩
C、D	↕	0.7	同 A、B 点
	↔	0	不放缩
E、F	↕	0.3	约取 A、B 点变化量的 1/2 略小
	↔	0.6	大概位于胸围的 3/5 处,取整个后胸围变化量(胸围档差的 1/4)的 3/5
G、H	↕	0	横坐标基准线上的点,不放缩
	↔	0.6	同 E、F 点
I、J	↕	1	衣长档差减去腰节线的档差 1cm
	↔	0.6	同 E、F 点

②后侧片推板

基准线约定:以后片分割线为纵坐标、腰围线为横坐标。

各部位推档量和放缩说明见案例表 38。

案例表 38　后侧片各部位推档量和放缩说明

代号	推档量(单位:cm)		放缩说明
F	↕	0.3	同后片 F 点
	↔	0	纵坐标基准线上的点,不放缩
J	↕	1	同后片 J 点
	↔	0	纵坐标基准线上的点,不放缩
K	↕	0.1	同前片 K 点
	↔	0.4	整个后胸围变化量(胸围档差的 1/4)减去后片 F 点变化量
L	↕	0	横坐标基准线上的点,不放缩
	↔	0.4	同 K 点
M	↕	1	同后片 I、J 点
	↔	0.4	同 K 点

3.贴袋(案例图 23)

贴袋的袋口大和袋长均推 0.4cm;褶裥横向推 0.2cm。

4.挂面袖窿贴(案例图 24)

基准线约定:以前止口线为纵坐标、腰围线为横坐标。

各部位推档量和放缩说明见案例表 39。

案例表 39　挂面袖窿贴各部位推档量和放缩说明

代号	推档量(单位:cm)		放缩说明
A、B	↕	0.7	同前片 A、B 点
	↔	0	不放缩
J、M	↕	1	同前片 J 点
	↔	0	不放缩
K	↕	0.1	同前片 K 点
	↔	1	同前片 K 点

5.后片袖窿贴(案例图 24)

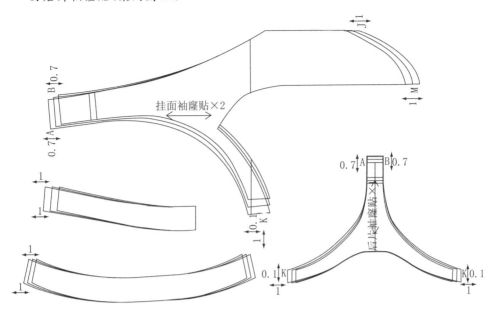

案例图 24　后片袖窿贴、下摆贴推板图

基准线约定:以后中心线为纵坐标、胸围线为横坐标。

各部位推档量和放缩说明见案例表 40。

案例表 40　后片袖窿贴各部位推档量和放缩说明

代号	推档量(单位:cm)		放缩说明
A、B	↕	0.7	同前片 A、B 点
	↔	0	不放缩
K	↕	0.1	同前片 K 点
	↔	1	胸围档差的 1/4
M、J	↕	1	同前片 M、J 点
	↔	0	宽度不变不放缩

6.前后下摆贴(案例图 24)

前后下摆贴宽度不变,长度在侧缝变化胸围档差的 1/4,即 1cm。

7.肩带(案例图 24)

肩带宽度不变,长度一端推 0.6cm(前后衣长档差 2cm 减去前、后衣片长度的变化量为 1.7cm)。

思考与练习:

1.推板的原则是什么?

2.推板的基本步骤是怎样的?

3.结合所学知识,完成设计款的系列样板制作。

过程三：投产产品大货工艺单制作

一、大货生产工艺单设计的内容

服装制作工艺单要按照产品的工艺制作流程来做。工艺单的内容较多，企业可根据不同产品的特点自行设计，一般有以下几点：

1. 产品名称及货号
2. 产品概述
3. 产品平面款式图
4. 产品规格、测量方法及允许误差
5. 成品整烫及水洗要求
6. 缝纫型式与针距密度
7. 面、辅料的配备（包括品种、规格、数量、颜色等）
8. 产品折叠、搭配及包装方法
9. 配件及标志的有关规定
10. 产品各工序的缝制质量要求

二、大货生产工艺单设计的要求

作为服装生产的工艺单设计必须具备完整性、准确性及可操作性，三者缺一不可。

1. 工艺单的完整性：主要是指内容的完整，它必须是全面的和全过程的，主要有裁剪工艺、缝纫工艺、锁钉工艺和整烫、包装等工艺的全部规定。

2. 工艺单的准确性：作为工艺单必须准确无误，不能模棱两可，含糊不清。主要内容包括：

（1）图文并茂，一目了然。在文字难以表达的部位，可配以图解，并标以数据，如两线间距0.8cm，袋口长10.5cm、宽2.5cm等。

（2）措词准确、严密、逻辑严谨，紧紧围绕工艺要求、目的和范围撰写，条文和词句既没有多余，也无不足。在说明工艺方法时，必须说明工艺部位，如：前身、后背、袖大片或袖小片、里子、领头等。

（3）术语统一。工艺文件所用的全部术语名称必须规范，执行服装术语标准规定的统一用语，为照顾方言，可以配注解同时使用，但是在同一份工艺文件中对同一内容，不可以有不同的术语称呼，以免产生误会，导致发生产品质量事故。

3. 工艺文件的可操作性：工艺文件的制订必须以确认样的生产工艺及最后鉴定意见为生产的依据。文件应具有可操作性和先进性，未经实验过的原辅材料及操作方法，均不可以轻易列入工艺文件。

空白生产工艺单见附表3。

思考与练习：

1. 工艺单的内容包括哪些？
2. 结合所学知识，完成设计款式的工艺单制作。

■ 案例：

一、裙子工艺单制作

ZJ·FASHION 生产工艺单制作

女抽褶灯笼裙生产工艺单

款号：WQ—08009　　名称：女抽褶灯笼裙

款式图：

面料小样：

辅料小样：

正面　　背面

规格表（单位：cm）

部位＼尺码	S	M	L	XL
裙长	58	60	62	
腰围	66	70	74	
臀围	91.4	94	97.6	
袋盖宽	9.5	10	10.5	
袋盖长	22	23	24	
口袋宽	20	21	22	
口袋长	30	31	32	

下单工厂：ZJ·FASHION　　完成日期：2015—2—28

名称	货号	门幅（规格）	单位用量
面料		150cm	200cm
里布		100cm	50cm
黏衬			
袋布			
纽扣		2.5cm	2颗
拉链		11 cm	1根
气眼			

面辅料配备

名称	货号	门幅（规格）	单位用量
尺码标			1
明线	配色		
暗线	配色		
吊牌			
洗水唛			1
胶袋			
商标		商标	1

黏衬部位：
1. 腰头
2. 门襟、里襟
3. 袋盖面

裁剪要求：
1. 裁片注意色差、色条、破损
2. 纱向顺直，不许有偏差
3. 裁片准确，二层相符
4. 刀口整齐，深 0.5cm

成衣处理要求：普洗

工艺缝制要求：　　明线针距：13～15针/3cm　　暗线针距：12～14针/3cm

1. 成衣尺寸符合规格要求。
2. 线迹：底面线均匀，不浮线，不跳针等。
3. 合缝要求不拉斜，不扭曲，弧度圆顺，绳线 1cm，宽一致。
4. 裙身缝合处装织带，织带宽 0.5cm，距商标左端 1cm 处夹钉尺码标
5. 商标为折缝夹于后右邻中，距商标左后摆底边 10cm 处
6. 洗水唛夹钉于左侧内缝距底边 10cm 处
7. 吊牌穿挂在尺码标上
8. 整烫：各部位烫平整贴，烫后无污渍、油渍、水渍，不起极光和亮点。
9. 具体操作参照样衣。

制单：徐婷　　　审核：徐婷　　　日期：2015.2.28

女休闲中裤缝制生产工艺单

款号：Wk—08023　　名称：女休闲中裤　　下单工厂：ZJ·FASHION　　完成日期：2015.2.28

款式图：

正面　　　背面

规格表（单位：cm）

部位 \ 尺码	S	M	L	XL
裤长	53	55	57	
腰围	68	72	76	
臀围	94	98	102	
斜插袋	15.5	16	16.5	
后开衩	2.5*13	2.5*13.5	2.5*14	
后袋盖	10.5	11	11.5	
后腰宽	3.5	3.5	3.5	
裤腰襻	8.5	8.5	8.5	
脚口襻	4.5*11.5	4.5*12	4.5*12.5	
抽带（长）	3*16	3*17	3*17	
抽带（短）	3*8	3*8	3*8	
脚口宽	20.5	21	21.5	
立裆深	23.5	24	24.5	

面辅料配备

面料小样：

辅料小样：

名称	货号	门幅（规格）	单位用量
面料		144cm	1cm
里布		100cm	
粘衬			
工字扣	古铜色	直径1.6cm	1
袋布		70cm	
拉链		长12cm	1
蘑菇纽扣	古铜色	直径1.5cm	7
四合扣	古铜色	直径1.4cm	2

名称	货号	门幅（规格）	单位用量
尺码标		1cm	1
明线	配色		11m
暗线	配色		11m
吊牌		52mm	1
洗水唛			1
胶袋			1
商标			1
折标			1

裁剪要求：

1. 裁片注意断层、色差、色条、抽纱、破损，尽可能避免面料的色差和瑕疵点。
2. 纱向要顺直，不要倾斜。
3. 裁片准确，两层相符。
4. 合理套排，加回凹。
5. 刀口齐，刀口深0.4cm。

粘衬部位：

腰面、门里襟、裤腰襻、袋盖、抽带条、脚口襻、单嵌条。

工艺缝制要求：

1. 上腰要求刀眼对准后中缝，前后腰缝份对准两侧缝，不错位，不拉斜，不扭绞，做好平整，腰头四周缝0.1cm宽。
2. 袋口做平整，服贴，不拉开，弧度圆顺，腰宽一致，有0.1cm甲外引。
3. 门里襟长短一致，四周缝0.1cm明线，门襟车12cm明线，裆3.5cm宽单线0.6cm明线。
4. 侧缝褶腰头0.6cm明线；后片分割处车缝0.6cm明线，前后下档缝0.6cm宽明线。
5. 内缝缝腰后缝0.6cm，绢0.6cm明线，位置准确，左右对称。
6. 所有缝份用配色涤纶线，线迹准确，不浮线。
7. 裤腰襻长度宽窄一致，位置准确对称。
8. 商标车于后腰中，尺码标位于商标左端（以穿着者为依据）。
9. 洗水唛夹缝于左侧腰后（以穿着者为依据）。
10. 腰头锁圆头眼1个，钮圆眼处车工字扣，直径1.6cm一粒；脚口襻上订蘑菇纽扣，古铜色直径1.5cm三粒；脚口襻内缝3cm腰处（以穿着者为依据）。
11. 裤腰襻上钉蘑菇纽扣，古铜色直径1.6cm一粒；扣（单个裤脚）。

明线针距：11—13针/3cm　　暗线针距：12—14针/3cm

成衣处理要求：普洗

成衣要求各部位烫平整，服贴，烫后无污渍、油渍、水渍，不起极光和亮点。

制单：何鲁微　　审核：何鲁微　　日期：2015.2.28

款号：WC-08028　　名称：女休闲衬衫

女休闲衬衫生产工艺单

下单工厂：ZJ·FASHION　　完成日期：2015.2.28

款式图：

正面　　背面

规格表　单位：cm

部位 \ 尺码	S	M	L	XL
衣/裤长	64	66	68	
胸围	96	100	104	
袖长	57.5	59	60.5	
袖口	22	23	24	
肩宽	41	42	43	
领高	4.5	4.5	4.5	
前领宽	8.3	8.5	8.7	
后领深	7.6	7.8	8	
前领深	2.23	2.3	2.37	
口袋宽	18	18.5	19	
口袋深	20	20.5	21	
门襟长	18.5	19	19.5	
门襟宽	2	2	2	

面料小样：

黏衬部位：
1. 领面
2. 门襟面
3. 袖头

裁剪要求：
1. 裁片注意色差、色条、破损
2. 纱向要顺直，不允许有偏差
3. 裁片推准确，三层相符
4. 刀口整齐，深0.5cm

成衣处理要求： 普洗

面辅料配备

面料

名称	货号	门幅（规格）	单位用量
面料		112cm	1.5cm
里布		112cm	1.5cm
黏衬		144cm	20cm
袋布			
纽扣		2.5cm	7颗
拉链			
气眼			
绳		112cm	1.5cm

辅料小样：

名称	货号	门幅（规格）	单位用量
尺码标			1
明线	配色	4cm	5cm
明线	配色		
吊牌			1
洗水唛			1
胶袋			
商标		折标	4cm
折标			1

工艺缝制要求：

明线针距：13～15针/3cm　　暗线针距：12～14针/3cm

1. 做口袋，左右口袋无高低，袋口大小一致
2. 做门襟，里襟不外漏，明线间距一致
3. 做领子，领子要有窝势，里子无反止此现象，左右领角无大小、无高低
4. 做袖头、小袖杈不外漏
5. 做袖杈、袖头里面平整，明线间距一致
6. 双明线间距0.5cm
7. 下摆卷边1.5cm
8. 正反面无线头，无污渍
9. 线迹面底线，无浮针、无多针少针
10. 所有拼接双层拷边
11. 纽扣位置与扣眼偏差不得超过0.3cm
12. 熨烫无极光

制单：陈凯　　审核：陈凯　　日期：2015.2.28

女休闲外套生产工艺单

款号：WS-08010　　名称：女休闲外套

下单工厂：ZJ·FASHION　　完成日期：2015.2.28

正面　　背面

规格表

单位：cm

部位 尺码	S	M	L	XL
衣长	78	80	82	84
胸围	96	100	104	108
袖长	60.5	62	63.5	65
袖口	27	28	29	30
肩宽	39	40	41	42
帽高	34	35	36	37
前腰节	37	38	39	40
前下摆罗纹长	5	5	5	5
后下摆罗纹长	5	5	5	5

面料小样：

面辅料配备

名称	货号	门幅（规格）	单位用量	名称	货号	门幅（规格）	单位用量
面料		140cm	230cm	尺码标			1
里布		120cm	200cm	明线		配色	13m
黏衬		110cm	70cm	暗线		配色	13m
袋布		120cm	30cm	吊牌			1
四合扣		1.5cm	2颗	洗水唛			1
拉链		70cm	1条	胶袋			1
气眼		0.5cm直径	1	棉罗纹		120cm	1
松紧		0.5cm内径	180cm				

辅料小样：

黏衬部位：
1. 裁片
2. 里襟
3. 袋口

工艺缝制要求：

明线针距：12～14针/3cm　　暗线针距：11～14针/3cm

1. 成品规格符合要求
2. 线迹：底面线均匀，不浮线，不跳针等
3. 商标为折标夹钉于后领中，距商标左端1cm处夹钉尺码标
4. 洗水唛夹钉于左侧内缝距下摆底边10cm处
5. 吊牌穿挂在尺码标上
6. 品牌缝夹钉用760s/3配色涤纶线
7. 所有缝子缝份用平缝服贴，烫后无污渍，油渍，水渍，不起极光和亮点
8. 整烫：各部位烫平整服贴
9. 具体操作参照样衣
9. 不详之处请及时与我公司联系

裁剪要求：
1. 裁片注意色差，色条，破损
2. 纱向顺直，不允许有偏差
3. 裁片准确，二层相符
4. 刀口整齐，深0.5cm

成衣处理要求：青洗

制单：张虹　　审核：郑丽娜　　日期：2015.2.28

附表 1　＊＊＊＊＊＊＊＊＊　样衣生产通知单

款号：　　　　　　　名称：

下单日期：　　　　　完成日期：

款式图：

规格表（M码　号型：）　　　　　　　　　　单位：cm

部位	尺寸	部位	尺寸	部位	尺寸
衣/裤/裙长		肩宽		前腰节	
胸围		领高		挂肩	
腰围		前领深		后腰节	
臀围		前领宽		下摆宽	
袖长		后领深		裤脚口宽	
袖口		后领宽		立档深	

工艺说明：

面料：　　　　　　　　　　　辅料：

款式说明：

绣花印花：

改样记录：

水洗：

设计：　　　　　　　制板：　　　　　　　样衣：

＊＊＊＊＊有限公司　首件试样封样单（制衣）

表码：

产品名称		修改次数	
货号		修订日期	
试样车间		款式编号	
		试样人	
部位	样衣规格	指标规格	
部位	样衣规格	指标规格	

封样意见：

打样人		审核人	
封样人		封样日期	

附表 3　＊＊＊＊＊＊＊＊＊＊＊＊＊ 生产工艺单

款号：　　　　　　名称：　　　　　　下单工厂：　　　　　　完成日期：

款式图：

面料小样：

辅料小样：

黏衬部位：

裁剪要求：

成衣处理要求：

面辅料配备

名称	货号	门幅（规格）	单位用量	名称	货号	门幅（规格）	单位用量
面料				尺码标			
里布				明线			
黏衬				暗线			
袋布				吊牌			
钮扣				洗水唛			
拉链				胶袋			
气眼				商标			
绳							

工艺缝制要求：　明线针距：　　暗线针距：

规格表
单位：cm

部位＼尺码	S	M	L	XL

制单：　　　　　　审核：　　　　　　日期：

参考文献

[1] 谭国亮. 品牌服装产品规划[M]. 北京:中国纺织出版社. 2007.

[2] 刘晓刚. 品牌服装设计[M]. 上海:东华大学出版社. 2007.

[3] 凯瑟琳·麦凯维,詹莱茵·玛斯罗,时装设计:过程、创新与实践[M]. 郭平建,武力宏,况灿,译. 北京:中国纺织出版社. 2005.

[4] 刘君,陈燕琳. 品牌成衣设计[M]. 重庆:西南师范大学出版社. 2003.

[5] 熊晓燕,江平. 服装专题设计[M]. 北京:高等教育出版社. 2003.

[6] 张文斌. 服装制板(基础篇)[M]. 上海:东华大学出版社. 2012.

[7] 邹奉元. 服装工业样板制作原理与技巧[M]. 杭州:浙江大学出版社. 2006.

[8] 蒋晓雯. 服装生产流程与管理技术[M]. 上海:东华大学出版社. 2003.

[9] 冯翼. 服装技术手册[M]. 上海:上海科学技术文献出版社. 2005.

[10] 潘波. 服装工业制板[M]. 北京:中国纺织出版社. 2002.

[11] 周丽娅,周少华. 服装结构设计[M]. 北京:中国纺织出版社. 2002.

[12] 戴鸿. 服装号型标准及其应用(第二版)[M]. 北京:中国纺织出版社. 2001.

[13] 许涛. 服装制作工艺——实训手册[M]. 北京:中国纺织出版社. 2007.

[14] 刘瑞璞,刘维和. 女装纸样设计原理与技巧[M]. 北京:中国纺织出版社. 2003.

[15] 朱秀丽,鲍卫君. 服装制作工艺——基础篇(第二版)[M]. 北京:中国纺织出版社. 2010.

[16] 蒋金锐. 裙子设计与制作[M]. 北京:金盾出版社. 2001.

[17] 阎玉秀. 女装结构设计(上)[M]. 杭州:浙江大学出版社. 2005.

[18] T100 趋势网:http://www. T100. cn

[19] 中国流行色协会:http://www. fashioncolor. org. cn

[20] 华衣网网:http://www. ef360. com/

[21] 国际服装设计网:http://www. topsjs. com/

[22] 蝶讯网:http://www. sxxl. cn/

[23] 服装工程网:http://www. fzengine. com/

[24] 中国品牌服装网:http://www. china—ef. com/

[25] WGSN:http://www. wgsn. com/search/image_library